重力学与重力勘探

马国庆　李丽丽　王泰涵　编著

U0262681

科学出版社

北　京

内 容 简 介

本书总计九章，围绕全球重力研究地球结构和重力勘探两个主要方面来进行重力相关知识的全面归纳和总结，建立了完善的、理工融合的研究体系。重力学重点阐述重力场模型、重力场特征、重力场作用等，重力勘探围绕卫星、航空、海洋、陆地重力测量装备、资料整理方法、重力异常正演等进行了系统的介绍。本书对于重力学理论与重力勘探的内容对应介绍，突出了重力学理论对于重力勘探的指导作用，又强调了重力勘探对于重力学的反馈改进作用。

本教材适用于地球物理学、勘查技术与工程专业学生及相关研究人员，有助于系统认识重力学和重力勘探的基本知识及未来发展趋势。

图书在版编目（CIP）数据

重力学与重力勘探／马国庆等编著. —北京：科学出版社，2023.3
ISBN 978-7-03-074451-7

Ⅰ.①重… Ⅱ.①马… Ⅲ.①重力学②重力勘探 Ⅳ.①P312②P631.1

中国版本图书馆 CIP 数据核字（2022）第 252245 号

责任编辑：韦 沁 张梦雪／责任校对：何艳萍
责任印制：吴兆东／封面设计：北京图阅盛世

科 学 出 版 社 出版
北京东黄城根北街 16 号
邮政编码：100717
http://www.sciencep.com

北京虎彩文化传播有限公司 印刷
科学出版社发行 各地新华书店经销
*

2023 年 3 月第 一 版 开本：787×1092 1/16
2023 年 3 月第一次印刷 印张：17 3/4
字数：415 000

定价：138.00 元
（如有印装质量问题，我社负责调换）

前　言

　　重力学是一门古老的学科，是经典地球科学的一个重要分支。从 16 世纪末至今的 400 余年内，重力学从重力测量开始，发展到重力场理论研究，再拓展到应用重力资料研究地球外表形状、地球内部结构与构造运动，进而深入资源环境、灾害和空间科学等研究领域，这些构成了现代重力学的基本内容及研究范围。

　　重力学是研究重力随空间、时间的变化及其规律，并将重力数据用于大地测量、地球内部构造、地球动力学、资源勘探、工程建设、灾害预防等方面的基础性学科和应用学科。在基础理论方面，重力学的研究对象与内容包括引力、重力、引力位场及地球重力场的理论研究；重力场的空间、地球表面和内部的分布特征与规律，以及它们所反映的物质质量分布、密度分布的状态、性质、特征与规律的理论研究；因天体运动和地球内部物质运动引起的重力场周期性变化规律与非周期变化的性质、机理的理论研究。重力勘探的物理基础是牛顿所提出的万有引力定律，以重力学基本理论为依据，观测天然的地球重力场，进行相应改正后以获得的由物质密度分布不均匀所引起的重力变化（又称重力异常）为研究对象，依据重力异常可实现对地球结构、地壳构造、矿产及油气资源等的勘探。根据重力测量或重力勘探所承担的地质任务及勘探对象的不同，大体上可以分为区域构造重力调查、能源重力勘探、矿产重力勘探、水文及工程重力测量、天然地震重力测量等。

　　为了获得理论研究的基础数据和资料，重力的测量原理、方法、技术以及重力测量仪器的研制是重力学重要的、基本的研究对象与内容。在此基础上，建立国家重力基本网，一、二级重力网，重力数据库以及与国际联网等同样是重力学的重要组成部分。观测获得的重力数据必须归算到统一的、可对比的某种标准条件下，因此需要进行各种校正、改正、换算等处理，这些处理方法、技术的研究与改进也是必不可少的研究方向。采用经各项改正后的重力异常资料，研究地壳内部的结构、构造，探查固体矿产和油气资源分布，查明大型建筑工程基底的稳定性等是重力学与重力勘探的重要研究对象。地质灾害（如滑坡、天然地震、火山喷发等）发生前，常常伴随重力场的变化。因此，采用高精度重力仪监测重力非正常变化，预测地质灾害发生的时间和地点，亦是重力学研究的重要内容。重力监测包括固体潮汐变化的长期连续监测，火山、地震等特定地质现象的动态重复监测，以及监测结果的解释理论、方法与技术等。

　　总之，重力研究的对象与任务涉及地球表面、内部重力场的时空变化及其规律研究的各个方面，并应用于资源探查、环境保护、灾害预防等与国民经济、国防建设相关的地球科学的各个领域。

　　作为研究地球结构、地质构造以及资源与能源勘探的一种重要的地球物理方法，重力法未来在我国多个领域的应用和发展趋势是值得不断探索和研究的重要课题。随着地质、地球物理工作的不断深入开展，以及现代仪器仪表、数学理论与计算机科学的迅速发展，重力探测在仪器、方法技术、解释理论以及实际应用等各方面得到了全面系统的发展。

本教材将重力学基本理论与重力勘探相对应，强调了重力学理论对于重力勘探的指导作用，同时又突出了重力勘探对于重力学基本理论的反馈作用，是一本理工相融合的教材。

本教材共九章，由马国庆、李丽丽、王泰涵撰写和统稿，是吉林大学"十四五"规划教材，参考引用了国内外地球物理教科书、专著和论文的部分内容和图件。在编写过程中得到了孟令顺和杜晓娟教授的热心指导，研究生孟庆发、王楠、李宗睿、高桐、明彦伯和牛润馨等参加了资料查阅和校对工作。

已故战略科学家黄大年教授，在 2013 ~ 2017 年间多次跟编者讨论本教材的初稿，对于本教材的出版起到了重要的作用，其严谨的写作风格也使我们受益匪浅。

本教材编写过程还得到国内外学者、专家的帮助，在此一并向对本教材的编写和出版给予支持和帮助的所有人表示衷心的感谢。

编　者

2022 年 10 月

目　　录

第一章 概　述

第一节　重力学与重力勘探的研究对象与任务

一、重力学研究对象与任务

重力学是一门历史悠久且经典的地球科学重要分支学科，是研究重力场随空间、时间变化的变化规律，并将重力数据用于大地测量、地球内部构造、地球动力学、资源勘探、工程建设、灾害预防等方面的基础性科学和应用科学。在基础理论方面，重力学的研究对象与内容有以下几点：有引力、重力、引力位场及地球重力场的理论研究；重力场的空间、地球表面和内部的分布特征与规律，以及它们所反映的物质质量分布、密度分布的状态、性质、特征与规律的理论研究；重力场因天体运动和地球内部物质运动引起的周期性变化规律与非周期变化的性质、机理的理论研究。但是，这些理论研究的进展程度是参差不齐的，有些理论研究已相当成熟，并且被广泛应用；有些则是近些年来才取得重要的突破性进展，并在实际应用中得到证实和推广；还有一些则尚在探索之中。

为了获得理论研究的基础数据和资料，重力的测量原理、方法、技术和重力测量仪器的研制是重力学重要的、基本的研究对象与内容。在此基础上，建立国家重力基本网，一、二级重力网，重力数据库以及与国际联网等同样是重力学的组成部分。观测获得的重力数据必须归算到统一的、可对比的某种标准条件下，因此需要进行各种校正、改正、换算等处理，而这些处理的方法、技术研究与改进是必不可少的研究方向。采用经各项改正后的重力异常资料研究地壳内部的结构、构造，探查固体矿产和油气资源分布，查明大型建筑工程基底的稳定性等，都是重力学的重要的研究对象。作为实现这些研究的基础，建立地球内部结构、构造、固体矿产和油气赋存状态的地质模型，进而研究各种地质模型的正、反演问题，给出对应的正、反演理论和方法，以及与其他地质、地球物理资料结合的综合解释方法、联合反演方法等，已成为重力学研究的主要内容，并得到很好的发展。

地质灾害（如滑坡、天然地震、火山喷发等）是指在自然或者人为因素的作用下形成的，对人类生命财产造成损失、对环境造成破坏的地质作用或地质现象。地质灾害发生前，常常伴随重力场的变化。因此，采用高精度重力仪监测重力非正常变化，预测地质灾害发生的时间和地点，也是重力学研究的重要内容。重力监测研究包括固体潮汐变化的长期连续监测、火山和地震等特定地质现象的动态重复监测，以及监测结果的解释理论、方法与技术等。

总之，重力学研究的对象与任务涉及地球表面及内部重力场的时间、空间变化及规律研究的各个方面，应用于资源探查、环境保护、灾害预防等与国民经济、国防建设相关的地球科学的各个领域。随着科学技术的发展以及应用任务的需要，重力学在新理论、新方法、新技术和新仪器等方面的研究任务是相当艰巨的，也是十分光荣的。

二、重力勘探研究对象与任务

根据重力测量或重力勘探所承担的地质任务及勘探对象的不同，大体上可以分为区域构造重力调查、能源重力勘探、矿产重力勘探、水文及工程重力测量、天然地震重力测量等。

（一）区域构造重力调查

区域构造重力调查是国土资源区域地质调查基础工作的一个组成部分，一般在以下几方面发挥重要作用。

（1）研究地球深部构造，如地壳厚度的变化（莫霍间断面的起伏）、深大断裂的可能部位及延伸情况、上地幔密度的不均匀性以及研究地壳的均衡状态等。

（2）研究大地及区域地质构造，划分构造单元；研究结晶基底的起伏及其内部成分和构造；圈定沉积盆地范围，研究沉积岩系各密度界面的起伏和内部构造。

（3）探测、圈定与围岩有明显密度差异的隐伏岩体或岩层，追索两侧岩石密度有明显差异的断裂，进行覆盖区的基岩地质、构造填图。

（4）根据区域地质、构造及矿产分布规律，为划分成矿远景区提供重力场信息。区域重力调查的结果还对地球形状以及导弹、宇航器飞行研究提供极为重要的基础资料。

（二）能源重力勘探

重力测量可以在沉积覆盖区快速、经济地圈出对寻找石油、天然气或煤有远景的盆地；在圈定的盆地内研究沉积层的厚度及内部构造，寻找有利于储存油气或煤的各种局部构造，在条件有利时可以研究非构造油气藏（如岩性变化、地层的推覆、古潜山及生物礁块储油构造等），并直接探测与储油气层有关的低密度体。

（三）矿产重力勘探

矿产重力测量包括金属及非金属矿产的重力测量。它多与其他的物探方法配合，圈定成矿带；在条件有利时，可以探测并描述控矿构造，或圈定成矿岩体；或者直接发现埋藏较浅、体积较大的矿体，或对已知矿体进行追踪等。

（四）水文及工程重力测量

在水文及工程地质方面，重力勘探的主要任务是研究浮土下基岩面的起伏和有无隐伏断裂、空洞，以确保厂房或大坝等工程的安全；寻找水源，如利于储水的地下溶洞、破碎带、地下河道等；监测危岩、滑坡体；研究地面沉降；在地热田的勘测开发过程中，发现热源岩体，监测地下水的升降以及水蒸气的补给情况，以便合理、持久地开发地热田等。

(五) 天然地震重力测量

天然地震重力测量可分为台站重力测量和流动重力测量两种形式。其主要任务是研究重力场在台站点上或在某一地震活动带、沿一条测线或一块面积的重力随时间的变化。在台站点上的观测结果是临震预报的依据之一；在固定测点之间进行的流动重力观测结果是中长期预报的依据之一。

不同的地质勘探阶段可以布置适当比例尺的重力测量工作，以完成相应的地质任务。随着重力仪器测量精度的提高、测量领域的扩大、各项校正方法的逐步完善，以及资料处理和解释方面新方法、新技术的发展，重力勘探所能完成地质任务的能力和勘探效果在日益提高，应用范围也在不断扩大。

第二节 重力学与重力勘探发展现状及趋势

一、重力学与重力勘探国外发展

重力学是一门古老的学科，16 世纪末至今，从重力测量开始，到重力场的理论研究，再拓展到应用重力资料研究地球的外表形状、地球的内部结构与构造运动，进而深入到资源环境、灾害和空间科学等研究领域，这些构成了现代重力学的基本内容及研究范围。

16 世纪，意大利科学家伽利略（G. Galilei）在 1590 年通过从比萨斜塔上投掷铅球的实验和在斜面上滚落球体的实验，发现了物体受地球重力下落的加速度规律。该时期就粗略地求出地球重力加速度的数值为 9.8m/s^2。17 世纪和 18 世纪是科学变革的兴盛时期，重力测量的理论基础是伴随着引力理论、刚体力学的发展而建立起来的。在伽利略发现自由落体以均匀加速度运动和摆的周期运动时间与摆的长度相关的这些认识基础上，惠更斯（C. Huygens）提出了数学摆和物理摆的理论，并研制出第一架钟摆。在此后的 200 多年间，测定重力的唯一工具就是摆。

1672 年，法国天文学家里歇尔（J. Richer）在南美洲赤道附近圭亚那的科学考察，揭示了重力随测点位置的变化。1687 年，牛顿根据开普勒行星运动定律推导出万有引力定律，发表在《自然哲学的数学原理》，这一著名的定律为

$$F=\frac{Gm_1m_2}{r^2} \tag{1.1}$$

式中，F 为引力；G 为引力常数；m_1、m_2 为两个相互吸引物体的质量；r 为物体之间的距离。

由于万有引力和离心运动的发现，牛顿提出了液态均质地球的均衡状态学说，认为地球是一个旋转的椭球体，指出了地球呈两极扁平的特征和重力是由赤道向两极增大的规律，从而解释了里歇尔的观测事实。布格（P. Bouguer）将均衡状态的研究扩展到按共焦层分布的旋转体的研究，引入了水准面的概念。克莱罗（A. C. Clairaut）在《地球形状原理》中提出了以他名字命名的"克莱罗定理"，这一定理适用于旋转椭球体，可以通过在

不同纬度测定的两个重力值来确定椭球体扁率，进而确定椭球体的大小，这对地球物理学有重要的意义。1735～1744 年，布格等通过一系列的观测证实了重力随纬度的变化；1749年又进行了重力随高度变化的观测，并研究了重力的海平面改正（又称高度改正）。

19 世纪初的发展特点是开展新的测量方法研究和可移动仪器的研制，并进行较大区域的野外测量。1811 年，德国天文学家鲍年倍格（J. Bohnenlerger）阐明了可倒摆原理。1818 年英国凯特（H. Kater）研制成第一台可供野外观测的可倒摆仪器。试用结果表明，测量误差约为 35mGal[①]。贝塞尔（F. W. Bessel）研究了可倒摆的理论和误差源，并研制出线摆，并在 1828 年前后用其实施了绝对重力测量。这种仪器的误差已减到约为 10mGal。拉普拉斯应用克莱罗定理计算一批重力点的重力值，给出地球扁率约为 1/330。1873 年，理斯廷将高斯（C. F. Gauss）给出的海平面上的等位面定名为大地水准面。英国数学家斯托克斯（G. G. Stokes）证明了位理论反演问题没有唯一解，位理论反演的目的在于从外部重力场来确定地球内部的物质分布，这是地球物理中十分重要的研究问题。

1854 年英国的普拉特（F. Pratt）整理在喜马拉雅山附近用摆测量的垂线偏差记录时，发现实测值比预期的小，表明地下存在某种补偿作用抵消了一部分高山的影响，在 1855年他提出一个假设，认为山脉是由地下物质从某一补偿深度起，向上膨胀而形成的，山越高，密度越小。但在补偿深度以上的各个岩石柱体的质量都相等。同年，英国天文学家艾里（G. B. Airy）提出另一个假设，认为山脉是较轻的岩石浮在较重的介质上。山越高，它的底部伸入介质中的深度越大，即所谓的"山根"。后人在普拉特和艾里的假说基础上又提出了改进和新的均衡、补偿的假说。

1889 年，美国地质学家杜顿（C. E. Dutton）引进了均衡（isostasy）这一名称。根据均衡学说，可见的物质剩余（山地）和物质亏损（海洋）可通过地壳密度或者地壳厚度的变化而得到补偿，从而在某一补偿深度上达到静力平衡。

19 世纪末，使用摆仪在每个测点上观测半日至一日，可使重力差的精确度从 ±10～±20mGal 提高到 ±5mGal。此时已获得了大量可用的全球重力资料。为了便于重力资料的使用，就要求研究重力数据归算到海平面的问题。赫尔默特（F. R. Helment）在这方面做出了贡献，1901 年，他使用经过空间改正后的 1400 个重力值，得到的地球扁率为 1/298.3，大大提高了地球扁率精度，由此推出的正常重力公式在 20 世纪初得到世界各国广泛的应用。1898～1904 年，库宁（F. Kühnen）和冯特万勒尔（P. Furtwängler）在波茨坦（Potsdam）完成了绝对重力测量。其观测结果被确定为"波茨坦重力系统"的基础。在1909 年该系统被采用为世界重力基准。

20 世纪初，厄特沃什（R. von Eötvös，对称厄缶）研制成适用于野外作业的扭秤，在匈牙利进行了持续的扭秤观测，结果表明扭秤可以反映地下区域的密度变化。在应用地球物理方法勘探石油之初，一个显著的特点就是使用了扭秤。1918 年，施文达尔（W. Schweydar）对德国北部的一个盐丘进行了首次探测，并研究了地形影响的校正方法。他研制的可以照相记录的扭秤，由柏林的阿斯卡尼亚（Askania）公司于 1922 年生产，并

---

① 1Gal = 1cm/s^2。

被一些德国和美国的地球物理勘探公司用以勘探盐丘。1930 年左右，美国使用这种仪器达 125 台。然而，使用摆仪和扭秤观测，每个点的观测时间需要 1 ~ 6h，过于费时。并且扭秤对地形的不规则性反应灵敏，所以它只能在平原地区用来测定单一的构造。对于大区域的快速观测，它们就不能适应需要了，于是研制新型重力仪就被提到日程上来了。

早在 1833 年，赫斯切尔就提出应用弹簧秤测定重力的设想。但是，只有在材料科学和高精度的测量技术取得进展的条件下，才有可能研制成这种仪器。1934 年拉科斯特 (L. J. B. LaCoste) 提出应用长周期地震仪原理研制高精度的弹簧重力仪。沃登 (Sam P. Worden) 研制了石英弹簧重力仪，这类仪器的测量精度达±0. 05 ~ 0. 2mGal；一个观测点的平均观测时间已缩短到 10 ~ 30min。到 1939 年，在地球物理勘探中，这类重力仪几乎完全取代了扭秤。至此，一些国家的政府机构也安排了一系列的重力测量工作，其目的一方面是建立国家重力控制网，另一方面是应用地球物理方法对地质构造和国家资源进行评价。1921 年，维宁·曼尼斯 (F. V. Vening Meinesz) 研制成可用于潜水艇 (30 ~ 80m) 的三摆仪，1932 ~ 1960 年，荷兰、美国、法国、意大利和苏联均使用这种仪器，航行测量了 5000 多个重力点 (精度达 3 ~ 10mGal)，使得海洋重力测量的范围得到扩大。

理论研究上的进展包括重力数据在大地测量和地球物理中的应用，有以下几点：海福德 (J. F. Hayford) 将普拉特的均衡补偿概念发展成确定均衡重力异常和补偿质量密度的方法；鲍伊 (W. Bowie) 和海斯卡宁 (W. A. Heiskanen) 将艾里的均衡概念发展为可确定均衡重力异常和计算"山根"与"反山根"的方法 (Bowie，1917)；维宁·曼尼斯的区域地壳均衡理论研究和三轴椭球的重力测量资料研究 (Meinesz，1950)；建立新的正常重力公式研究；国际大地测量协会 (1930 年) 在国际范围内推荐根据水准椭球的正常重力场推求的重力公式等。20 世纪 30 ~ 40 年代，涅特尔顿 (L. L. Nettleton)、哈曼、哈莱克、让以及其他学者奠定了实用重力学的理论基础。

1945 年以后，在重力测量技术方面的进展有：高精度和大测程的相对重力仪 (精度达±10μGal) 的研制；固定式和可移式自由落体绝对重力仪 (激光干涉和冷原子干涉绝对重力仪) 的制造；海洋重力仪的制造和航空重力仪的试验等。

测量技术的新进展对建立重力网、区域重力测量和重力场的研究有着重大的影响。在 20 世纪 60 年代，各国的国家重力网得到大规模的更新，随后通过国际合作建立了国际重力基准网 (International Gravity Standardization Net，IGSN)，取代了使用多年，存在 -14mGal偏差的波茨坦系统。1957 年，海斯卡宁处理世界重力值时差不多有 17 万个。1987 年，国际重力测量局重力数据库已掌握 350 万个重力值。美国国防部测图局数据库储存观测值超过 1100 万个。由于军事和经济方面的保密规定，很大一部分资料不能随意得到。

重力数据资料的进一步完善和扩充、新的理论的建立以及对资料采用计算机处理，使得重力资料在地球物理领域的作用更为增强。20 世纪 60 年代以来，由于采用计算机处理数据，依据重力资料来模拟地球物质分布的可能性大大增加。现在，计算复杂的地形和地壳结构的重力影响、计算重力场的各种转换都已不再困难，而且速度快、精度高。人工智能数据处理方法、虚拟现实交互建模技术和高精度高效率重力场正反演计算方法等的引入为位场解释提供了新的可能性。这都为重力学的进一步发展创造了条件。

　　关于重力随时间的变化，可分为周期变化和非周期变化。前者一般为地球潮汐与地球自转变化，后者一般为地球物质迁移引起的重力随时间的变化。1914 年，施文达尔在德国波茨坦大地测量研究所的一口竖井内，首次观测到重力固体潮。1949 年，在全球范围内布设了 26 个点同时观测固体潮。在 1957 年国际地球物理年期间，通过长时间记录，揭示了潮汐观测振幅与理论振幅之比具有局部区域变化特性，有可能用以推断地壳的不均匀结构。新的潮汐重力仪和超导重力仪的发展，将精度提高到 ±0.1 ~ 1μGal 的量级，为重力固体潮研究开辟了新的前景。

　　重力非周期变化或长期变化的观测是通过高精度重力复测来揭示的，以发现地球的动力学过程（地震活动、火山活动、地壳均衡升降变化、地质体的活动等）和地表层人类活动（勘探、工程设施）有关的局部重力变化等。这在 20 世纪 50 年代，高精度重力仪发展以后，才得以有效地开展观测与研究工作。

　　随着来自卫星测高法的重力测量方法的出现，海洋中的重力密度测量取得了巨大的飞跃。构造板块几何形状的许多细节，特别是在南半球，第一次变得清晰起来。在 20 世纪 80 年代，大型的国家重力数据库已经适用于许多大陆，导致了许多对大陆构造的研究（Hinze，1985；Thomas et al.，1987；Gibson，1995；Chapin，1998a）。对大陆边缘的弯曲和下沉的研究（Watts and Fairhead，1999），将重力数据作为一个主要的限制因素。

　　重力仪器的进步是由精度的提高、每次测量时间的减少、便携性的提高以及对自动化和易用性的渴望共同推动的。有多种通用类型的重力和重力梯度传感器在不同时期被广泛应用于地球物理勘探，如钟摆重力仪、自由落体重力仪、扭转平衡重力梯度仪、弹簧重力仪、振动弦重力仪、超导重力仪和旋转盘重力梯度仪等。这些仪器已经在不同的时间被用于陆地、钻孔、海洋、海底、海底、空中、空间和月球测量。

二、重力学与重力勘探国内发展

（一）重力测量

　　在中国，对重力的测量和重力学的研究时间较短。在 1933 年，法国科学院院士雁月飞（R. P. Pierre Lejay）与国立北平研究院物理研究所合作，应用 Holweek-Lejay 倒摆型相对重力仪，以上海徐家汇天文台为原点，在中国共测量了 208 个测点。1938 年，方俊教授发表了《中国地壳均衡问题》《中国正常重力公式》等研究论文，并于同年与美国的伍拉德用沃登重力仪在中国测量了若干重力点。1956 ~ 1957 年，在苏联重力测量队的协助下，建立了国家重力基本网和一等网，简称 57 网。1968 年，陕西省测绘地理信息局根据历年测量的 16 万个重力点的资料，编绘出版了 1:250 万的全国布格重力异常图。

　　由于 57 网观测精度较低，于 1983 ~ 1985 年由国家测绘局等单位重建了中国高精度重力网（即 1985 国家重力基本网，简称 85 网）和重力基准。网点重力值平均中误差为 7.8μGal，精度达到当时国际同类网的水平。但经过十余年的使用，85 网在点位的完好性、覆盖面和网形结构等方面的状况，已难以满足社会发展的需要，难以继续担当国家重力基准的重任。为此，于 1999 年在我国又开始了 2000 国家重力基本网（简称 2000 网）

的设计和施测工作。2000 国家重力基本网由 259 个点组成，其中基准点 21 个、基本点 126 个、基本点引点 112 个，网点重力值平均中误差为 7.4μGal，同时建立了国家重力长基线网 1 个，复测及新建了国家重力短基线 8 处，联测了 85 网、中国地壳运动观测网络重力网点 6 个。与 85 网相比，2000 网在重力点的精度、分布及覆盖范围、基准点数量等方面均有显著改善。第一次在中国香港、东北部及西部地区实施了绝对重力测量，覆盖范围由仅限我国内地地区扩展到涵盖港澳地区及南海海域，总点数由 52 个增加到 259 个，特别是在西部地区及南海海域增加布设了重力基准点，使国家重力基本网在上述地区乃至全国的图形结构和强度都得到了很大改善。

为检测和标定重力仪格值，确定重力仪各项校正系数，自 20 世纪 50 年代起，中国人民解放军总参谋部测绘局（简称总参测绘局）在京津公路建立了第一条野外基线场。此后，测绘、地矿等部门陆续建立了北京灵山、江西庐山等一批国家级和部级重力仪标定基线。

中国的地球重力固体潮观测始于 1959 年，由中国科学院测量及地球物理研究所和苏联科学院地球物理研究所在兰州合作进行。1966 年邢台地震后，在北京北安河建立了第一个为监测地震服务的重力（固体潮）台站。此后中国地震局在全国主要构造区和地震带布设固定重力台站 19 个，观测重力场连续变化。多年重复观测得到的重力变化表明，这些重力变化与地质构造、近期地壳及地震活动有一定关系，为中国重复重力观测及对地震预报探索积累了经验。1985 年引进了超导重力仪，其零漂小于 6μGal/a，是中国唯一的一台超导重力仪，在武昌小洪山建立了自动化记录的高精度重力固体潮基准台。

1966～1968 年，中国科学院测量及地球物理研究所首次在珠穆朗玛峰地区测量重力点 100 余个，最高点海拔为 6546m。20 世纪 70～90 年代，中国科学院地球物理研究所在青藏高原中南部、西部和东部先后测量了 425 个测点；地矿、测绘等部门也完成了一批重力测点。这些观测资料都为研究青藏高原地下构造提供了基本数据。

1958～1961 年，广东省地球物理探矿大队在南海沿海进行了小范围重力测量。1965年，中华人民共和国石油工业部组建海洋地质调查一大队，在渤海海域进行 1:20 万的海底重力测量。1968～1977 年，地质部第一海洋地质调查大队与国家海洋局合作，完成了南海海域 1:50 万重力测量。第二海洋地质调查大队完成了北部湾和南海北部重力测量；1980～1982 年，第二海洋地质调查大队完成东海和黄海大部分 1:100 万重力概查，测线总长 5 万余千米。国家海洋局还组织了西太平洋的远洋重力测量与研究工作，已有七艘海洋调查船配备有海洋重力仪。中国科学院海洋研究所和中国科学院南海海洋研究所完成了黄海、东海和南海的重力场与地壳构造的研究。

1984 年 12 月中国首次赴南极考察，国家测绘局用珠穆朗玛峰重力仪联测，获得中国南极长城站重力点的重力值为 982208.83mGal，这是离中国本土最远的重力测点。考察船"向阳红 10 号"沿上海—乌斯怀亚—乔治岛—比戈尔水道—麦哲伦海峡—上海进行了长约41000km 的测量工作。在 1985～1986 年，中国科学院测量及地球物理研究所进行了长城站附近的重力测量与固体潮观测。

微重力测量是以产生重力异常很微小（微伽级）的小尺度、小范围、小埋深的物质体为探测对象。中国自 20 世纪 80 年代后期开展了微重力的理论、观测方法与技术研究，并在铁路路基隐伏危险、矿产资源勘探、山体滑坡监测、有价值的考古项目探查等方面实际应用，取得明显成效。由于微重力测量具有分辨率高、快速、经济等优点，很受重视并很快地得到发展和推广应用。20 世纪 70 年代末，根据国内外经验，地矿、测绘等部门将重力测量作为地质调查中的一项基础工作，开展了区域重力调查。到 1982 年，已有 23 个省（自治区、直辖市）完成重力一级基点网。目前，中国东部及沿海 14 个省（自治区、直辖市）已完成了"五统一"（统一重力基本网、统一坐标系、统一国家高程基准和正常重力场公式、统一地改半径、统一中间层密度）处理的 1∶100 万或 1∶50 万的区域重力资料成果。与此相配合，20 世纪 80 年代就在地质矿产部北京计算中心建立了区域重力数据库。

（二）矿藏资源重力勘探

矿藏资源重力勘探早在 1936~1937 年，满洲石油株式会社在黑龙江和辽宁探测石油矿藏时曾用过重力测量。中国第一位从事石油重力勘探的翁文波教授，于 20 世纪 40 年代初在玉门油矿试验了重力探测方法，在河西走廊、台湾、太湖及上海附近开展了重力测量与勘探工作。1949 年 5 月，上海重力队在太湖一带开展工作，并于 1950 年到延长县、延安地区做重力普查。随着石油勘探的大发展，重力勘探到 1959 年达到高峰，石油工业部的三个重力队在新疆和中国东部地区勘探。地质部在一批大、中、小盆地做重力测量，取得 1∶100 万到 1∶50 万等大量的重力测量成果。20 世纪 60 年代以后，重力工作急剧减少。到 20 世纪 80~90 年代，由于仪器技术的进步和勘探发展的要求，重力勘探又重新提到日程上来，在广大沉积岩地区含油气构造普查上发挥了重大作用，加速了大庆、胜利、大港等油田的进一步勘探开发。我国应用重力勘探方法寻找金属矿藏的工作始于 1936 年，以扭秤在湖南水口探查铅锌矿。20 世纪 50 年代末，使用扭秤测量重力位二次微商的方法在内蒙古超基性岩中寻找铬铁矿，在鞍山含铁石英岩中寻找富铁矿等多种金属矿床。但是仪器精度低，地形条件差，效果不好。20 世纪 60 年代用沃登重力仪和国产中精度重力仪寻找富铁矿、铬、金属矿等都取得一定的地质效果。1975~1976 年，冶金工业部、中国科学院及大专院校组织了找富铁矿的会战，在海南昌江石碌矿区东部发现了重力异常，经钻孔验证有富铁矿存在，扩大了储量；在安徽当涂年陡门的重力异常区钻孔证明有矿。20 世纪 80 年代发现了新疆黄山铜镍矿床，90 年代发现了新疆小热泉子铜矿。20 世纪 60 年代，北京地质学院利用重力资料在京东地区寻找成煤盆地并进行煤田预测研究。20 世纪 70 年代，在浙北用重、磁、电、震综合方法，在 3000km² 面积上指出重点找煤区 25 处，经钻探形成煤田规模 7 处，见煤点 5 处。20 世纪 80 年代在内蒙古大兴安岭中段，用 1∶20 万的重力勘查，圈出了含煤盆地。1964 年在滇南红色盆地进行找钾盐的重力勘探，发现 61 个重力负异常，解释为岩盐引起的有 49 个，验证的 14 个异常中有 13 个见盐矿。

1982 年，云南省地质矿产勘查开发局第十六地质队在富民盆地用重力方法发现了一个有远景储量的盐矿。20 世纪 70 年代，西藏地质局物探大队在羊八井地热勘探中应用了高精度重力测量，取得一定的成果。1985 年，中国科学院地球物理研究所与福建省地质矿产勘查开发局物化探大队协作，进行高精度重力细测，并与磁法、电法、地震测量方法配合，在福州、漳州地区勘探地热田构造，进行了深、浅部地质构造与地热田关系的综合解释与研究。

(三) 重力测量仪器

中国最早进行重力仪器研制的是翁文波教授，他于 1939 年留学英国时自制了零长式金属弹簧重力仪的弹性系统。20 世纪 50 年代，西安石油地质仪器厂先后仿制了金属弹簧重力仪、苏式 TAK-3M 石英弹簧重力仪，精度皆为 0.1mGal 量级。20 世纪 70 年代生产的金属弹簧重力仪，精度达到±0.05mGal，曾在海南石碌矿区用于富铁矿探测。

1967 年地质部北京地质仪器厂石英重力仪投产，生产近 200 台精度达 ±0.03 ~ ±0.05mGal 的仪器。20 世纪 80 年代生产了 ZSM-Ⅳ型和 ZSM-Ⅴ高精度、大测程恒温重力仪。1986 年，中国地震局地震研究所研制的 DZW 型微伽重力仪，采用垂直悬挂系统，具有良好的线性，该仪器结构简单，受环境温度、气压影响小，达到国际同类仪器的水平。

1965 年中国科学院测量及地球物理研究所研制成 HSZ-2 型石英海洋重力仪；1975 年北京地质仪器厂研制成 ZY-1 型振弦式海洋重力仪；1977 年武汉地震大队研制成 ZYZY 型海洋重力仪；1984 年中国地震局地震研究所研制成 DZY-2 型海洋重力仪，并安装在南极考察船"向阳红 10 号"上，取得 3 万 n mile 的记录，技术鉴定性能良好。中国科学院测量及地球物理研究所研制的轴对称式的新型 CHZ 海洋重力仪，在恶劣海况下工作，精度达到 1.35mGal。

中国计量科学研究院自 1965 年开始研制绝对重力仪，经过 10 年努力，研制成准确度达 100μGal 的固定式绝对重力仪。1982 年该院又研制成 NIM-I 型可移式绝对重力仪，该仪器曾参与第一届绝对重力仪国际比对 (International Intercomparison of Absolute Gravimeters，ICAG)，准确度为 20μGal，达到当时的国际先进水平。1985 年该院用研制改进的 NIM-Ⅱ型可移式绝对重力仪参与了第二次绝对重力仪国际比对，并在国内多处开展绝对重力与相对重力联合测量，结果表明其不确定度为±10μGal，于 1988 年 6 月通过国家基金委员会鉴定，该仪器达到国际先进水平。在此基础上，中国计量科学研究院进一步研发完成了新一代 NIM-3A 型绝对重力仪，提高了激光干涉条纹的采样率，进而提高了过零点和时间间隔测量的精度，其不确定度最优可达 5.3μGal，于 2014 年被国家质检总局批准为我国"重力加速度 (绝对法) 校正社会公用计量标准装置"。

(四) 重力理论与方法研究

中国在地球形状和重力场的研究方面自 1949 年起开始了新的起步，几十年来，中国学者在地球形状及重力场进行了多方面的、很有成效的研究。

在重力模型的研究方面，将布耶哈马 (Bjerhammar) 球引入多极子模型使得解算更加方便；提出地球外部场的虚拟单层密度表现理论，且证明它具有和布耶哈马理论一致的优良性质，发展了布耶哈马理论。

在重力场逼近理论方面，提出附加边界值的条件极值逼近和样条逼近，将逼近度进一步提高。导出了泊松积分公式在椭球上 Robin 问题的解，从而给出了椭球上的第一、第三边值问题的解。利用中国的实际重力资料，结合美国国防测绘局航空空间中心 (Defense Mapping Agency Aerospace Center，DMAAC) 的1°×1°平均重力异常及卫星测高数据，采用卫星定位系统与地面重力的联合平差方法，1994 年武汉测绘科技大学利用全球较新的30′×

30′和我国较高精度的 30′×30′ 平均空间异常研制成 360 阶 WDM94 重力场模型,可使全球 30′×30′ 重力异常的精度达 $8.734×10\mathrm{m/s}$。同年,西安测绘研究所在国内外已有资料(国内最新)的基础上研制成 360 阶 DQM94A 和 DQM94B 地球重力场模型,与初始模型 OSU91A 相比较,重力异常精度提高一倍有余,大地水准面的精度提高了 60%;国内多所机构都在构建高精度模型方面进行了研究,有中国科学院测量与地球物理研究所的 IGG 系列和 WHIGG-GEGM01S/02S/03S 系列模型、武汉大学的 WDM 系列模型、西安测绘研究所的 DQM 系列模型及同济大学的 Tongji 系列模型等。陈鑑华等于 2019 年融合地球重力场和海洋环流探测卫星(gravity field and steady-state ocean circulation explorer, GOCE)和重力恢复与气候实验卫星(gravity recovery and climate experiment, GRACE)卫星数据,研制了 220 阶次的重力场模型 Tongji-GOGR2019S,该模型整体精度接近同阶次的 DIR-R6 等 GOCE 卫星第 6 代模型(陈鑑华,2020)。梁伟等于 2020 年基于椭球调和分析和系数变换理论,结合 GOCE 卫星梯度数据和高低卫–卫跟踪测量、ITSG-GRACE 2018 NEQ 系统、卫星测高数据反演的海洋重力异常和地球重力场模型(Earth gravitational model, EGM)2008 反演的大陆重力数据建立了一个新的 5′×5′ 空间分辨率重力场和一种新的高分辨率地球重力场模型 SGG-UGM-2,该模型完全阶次可达 2190 阶。以上研究成果标志着中国大地重力学理论跨进国际先进行列。

在引潮位展开上,中国地震局分析预报中心的郗钦文给出了杜德森规格化与哈特曼–温泽尔规格化之间的转换关系,并给出了 2~4 的杜德森规格化因子与转换系数的具体数值,引潮位展开 3070 项,其精度达到 $5×10^{-11}\mathrm{m/s^2}$,国际高精度固体潮资料分析工作组多次推荐使用这种引潮位展开,郗钦文的展开系数先后被比利时、德国、法国等国家使用。在理论研究上,解释了弹性、不自转、成层分布球形地球、带液核地球、滞弹性地球等的理论潮汐解,在利用小参数方法解决顾及地幔的侧向不均匀性对地潮参数的影响的研究上取得一定突破,引起国际上的关注。

在总结国内外经验与成就的基础上,中国学者先后著有《重力测量与地球形状学》《地球重力场理论与方法》《大地重力学》《中国地球重力场与大地水准面》《固体潮》等重要的理论著作。

中国的地球重力固体潮观测始于 1959 年,由中国科学院测量及地球物理研究所(现合并为中国科学院精密测量科学与技术创新研究院)和苏联科学院地球物理研究所在兰州合作进行的。1966 年邢台地震后,在北京北安河建立了第一个为监测地震服务的重力(固体潮)台站。此后国家地震局在全国主要构造区和地震带布设固定重力台站 19 个,观测重力场连续变化。通过多年重复测量得到的重力变化表明,这些重力变化与地质构造、近期地壳及地震活动有一定关系,为中国重复重力观测及对地震预报探索积累了经验。1985 年,我国引进了超导重力仪,其零漂小于 $6\mu\mathrm{Gal/a}$,是中国唯一一台超导重力仪,在武昌小洪山建立了自动化记录的高精度重力固体潮基准台。在观测方面,武昌重力潮汐基准观测结果与 Wahr-Dehant 的理论重力潮汐模型完全相符。随着观测技术的不断提高,利用全球分布的精密重力场观测资料研究地球动力学问题已成为国际热点课题,因此在全球不同区域建立国际重力潮汐基准就显得特别重要。在同比利时、英国、德国的国际合作基础上,宋兴黎等于 1991 年初步确定了武汉国际重力潮汐基准值。由于该基准值是基于弹簧型重力仪观测资料建立，没有精确考虑海洋负荷和地核近周日摆动共振效应，因此有必要对其进行修正。在补充具有高精度、高连续性和稳定性好等特点的超导重力仪长序列观测资料（1988～1994 年）的基础上，于 2000 年，许厚泽等（2000）对获得的多期观测结果进行了综合分析。在考虑海洋负荷（特别是卫星测高全球海潮和中国近海海潮资料）和地核近周日摆动共振效应的基础上，对早期建立的基准值进行了校正，确定了更为精密的实测模型以提供给空间和地面大地测量以及地球物理观测手段之用。2014 年徐建桥等采用武汉基准台超导重力仪，自 1997 年底至 2012 年共 14 年多的长期连续观测资料，研究了固体地球对二阶和三阶引潮力的响应特征，对武汉国际重力潮汐基准进行了进一步的精化（徐建桥等，2014）。为了研究青藏高原的形成、演化、隆升机制和隆升速率等被地球物理学界普遍关注的热点动力学问题，2009 年底，中国科学院测量与地球物理研究所在拉萨建立了超导重力仪永久观测站，以监测该区域重力场的长期连续变化特征。2012 年徐建桥等采用拉萨超导重力仪观测资料，研究了区域重力潮汐变化特征，发现拉萨重力潮汐观测与理论模型之间仍然存在大约 1% 的差异，可能与青藏高原活跃的构造运动和区域巨厚的地壳有关。2019 年武汉大地测量国家野外科学观测研究站在与武汉基本处于同一纬度区的云南丽江和西藏拉萨分别安装了新型超导重力仪，三地构成一条超导重力长期连续观测的东西链条，为相关研究提供了重要的数据保障。重力固体潮的理论研究经过 50 多年的实践与积累，与国际先进水平的差距逐渐缩小。

近年来，我国重力学科迎来了飞速发展，中国地壳运动观测网络和中国大陆构造环境监测网络的建设为研究中国大陆的重力场变化特征及其相关的科学问题做出了巨大贡献。中国科学院和教育部等部门陆续部署了传统重力仪和量子重力仪的研制工作，先后取得了海空重力仪、绝对重力仪、超导重力仪、原子重力仪和原子重力梯度仪等系列仪器研发的重要进展。伴随着卫星及海空重力布局的加速推进，我国重力学科未来将迈入海–陆–空一体化的立体重力观测时代。

（五）地球内部构造研究

地球内部研究是一项综合性的研究课题，重力方法是其中之一。应用重力异常解释地下密度界面起伏的理论和方法早已被知晓，但用于实际探讨地壳构造始于 20 世纪 70 年代。郑州物探队、辽宁地震队根据重力异常计算深部重力异常，给出了一系列重力剖面莫霍界面深度及结合地磁、地质的综合地壳深部解释剖面图。

中国科学院地质与地球物理研究所用 $\sin x/x$ 方法，估算了华北地区一些剖面的地壳厚度、莫霍界面分布轮廓等；应用西藏珠穆朗玛峰地区资料估算其地壳厚度分布，发现并指出该地带地壳并非最厚之处。1975 年提出用压缩质面反演地下密度界面深度的方法，并在该年海城地震后，首次用以解释辽南海城、营口地区地壳深部构造特征，提供了发震的深部地壳背景。此后并计算与解释研究了中国各地区和全亚洲的地壳构造和地壳厚度等。

自 20 世纪 70 年代中后期起，许多单位、许多学者应用各种不同的重力反演方法及统计方法，对不同地区、不同构造单元的沉积岩底部界面、莫霍界面等各种密度界面的深度分布、起伏轮廓进行了计算或估算，以及做出相应的地质分析与解释，并联系大地构造、地震活动以及矿产资源分布开展了各种研究目的的探讨和应用研究。这些工作使地壳构造研究得到深入和进展，取得相应的社会与经济效益。

在提高解释方法的精度方面，近年已由二维发展到三维反演方法。自 20 世纪 90 年代起，已从常规方法发展到多层密度界面反演、三维数据处理和三度体正反演、视密度填图、弱异常增强与提取、小波变换分解重力场、图像处理以及重力解释工作站和模型数据库的开发等，使重力资料的处理、解释和应用更加方便、效能更高。反演存在解的非唯一性，因此重力反演需要与深地震测深、地磁、地电等资料结合，进行综合解释，缩小不确定性，提高解释结果的可靠性。近年又陆续提出一些综合解释的研究成果。采用重力模型反演莫霍面深度，国内外学者做了大量的工作，主要提出了以地壳均衡假设为基础导出的算法，如维宁·曼尼斯–莫里茨（Vening·Meinesz-Moritz，VMM）方法；以快速傅里叶变换（fast Fourier transform，FFT）算法为基础的帕克–奥登博格（Parker-Oldenburg）区域算法；以球谐分析和球谐综合为基础的 Parker-Oldenburg 扩展算法，且该算法也能利用 FFT 技术；以莫霍面引力信号提取的直接方法，包括一阶泰勒展开线性化方法、凝聚算法等。随着新一代重力卫星任务 GRACE、GOCE、GRACE-FO 的成功发射，人类跨入了卫星重力遥感时代，从而可以快速、高效地获取高分辨率、高精度和（几乎）全球覆盖的静态和时变重力场信息，为采用重力方法研究地球内部物质注入了新的活力。

三、重力学与重力勘探发展趋势

作为研究地球结构、地质构造以及资源与能源勘探的一种主要地球物理方法，重力法未来在我国多个领域应用和发展的趋势如何，一直是值得探索和研究的课题。地质、地球物理工作的不断深入开展以及现代仪器仪表、数学理论与计算机科学的迅速发展，促使重力探测在仪器、方法技术、解释理论以及实际应用等方面得到了全面且系统的发展，已成为现代地球物理方法中的重要方面。

（一）卫星重力测量

2000 年以来，随着地球重力卫星的相继发射，利用重力卫星获取数据并解算地球重力场模型的理论与方法迅速发展，地球重力场模型的精度和分辨率均得到较大提升。虽然目前已经反演出超高阶地球重力场，但仍不能满足当前各个领域的应用需要。按目前发展趋势，要进一步提升地球重力场模型精度和分辨率，可发展以下几个方面。

1. 高精度卫星重力反演

目前国际上获取高精度和高分辨率地球重力场模型主要依靠动力学法，但动力学法本质上是数值积分，存在长弧段轨道误差难以修正、计算难度较大等缺点。未来在长弧段轨道误差控制、非保守力改正模型的精化、高效并行计算等方面需要加快研究。同时，2005 年以来迅速发展的短弧积分法在高精度和高分辨率地球重力场反演上产生了较大作用，利用短弧积分法解算的地球重力场模型精度和分辨率甚至优于同期的部分动力学法产品，未来短弧积分法将大有可为。

2. 参考力模型的精化

无论使用何种卫星重力反演方法，参考力背景模型都是得到高精度和高分辨率地球重力场模型不可或缺的部分。参考力背景模型主要包括扰动模型、地球固体潮汐和地球固体极潮模型、大气与海洋潮汐模型、海洋极潮广义相对论扰动模型和非保守力模型，对上述参考力模型进行改进优化是提升地球重力场模型精度和分辨率的重要手段。

3. 多源重力观测数据融合研究

前人研究已经证明，融合多源重力观测数据对提升地球重力场模型整体精度有较大帮助。挑战性小卫星有效载荷（challenging minisatellite payload，CHAMP）、GRACE、GOCE和 GRACE-FO 任务计划为地球重力反演提供了海量的卫星重力观测数据，同时还有海洋测高数据和地面/航空重力观测数据。如何完美融合上述数据是未来研究的关键问题，目前发布的超高阶地球重力场模型均为融合多源重力观测数据后得到的产品。因此，多源重力观测数据融合研究将是未来研究的热点。

4. 下一代重力卫星任务

2018 年发射的 GRACE-FO 任务计划仅是 GRACE 任务的延续，除搭载实验性质的激光干涉测距仪外与 GRACE 卫星基本没有不同，并不是国际上普遍认为的下一代重力卫星。研发轨道高度 300km 以下、搭载非保守力补偿系统且全面升级科学仪器的下一代重力卫星对反演高精度和高空间分辨率地球重力场模型具有本质性提升。

2022 年，全国人大代表、中国科学院院士、中国自主空间引力波探测"天琴计划"首席科学家罗俊透露，中山大学"天琴一号"卫星近期已获得全球重力场数据，这是我国首次使用国产自主卫星测得全球重力场数据。该项技术此前一直被美国和德国所垄断，"天琴一号"使得我国成为世界上第三个有能力自主探测全球重力场的国家。"天琴一号"是目前国内第一颗由国家正式立项发射的空间引力波探测技术验证卫星。天琴计划"沿途下蛋"的基础研究创新模式，已经生成了多项用于服务国家安全和国民经济的科学技术。

（二）高精度重力测量

目前的技术创新速度可能会持续到未来，最大的传感器分辨率将达到 μGal 范围。进行 1μGal 高分辨率测量所需的时间将继续缩短至 1min 或更少。在不久的将来，重力传感器应该会变得更小，而重力仪将继续变得更自动化，更容易操作。随着自由落体仪器变得更小、更快、更便宜，它将比弹簧重力仪更具竞争力。这些变化的驱动力是在钻孔中放置重力传感器，用于勘探和生产监测。随钻重力测量和重力阵列技术的发展已经初具规模。这些进步将导致新的地球物理应用的发展，以及更先进的重力和地震数据集成。这将包括风险很高的情况，除了重力数据之外还有许多约束。航空重力梯度仪的成熟显著降低了测量成本，用于采集的机载平台将更加灵活。最终，机载重力梯度测量可能会取代陆基采集，因为它速度更快、采样更均匀，且非常准确、价格合理。

随着原子物理和固体物理以及微处理和材料工程的巨大进步，新技术的进步可能会对重力仪器的未来产生重大影响。已经有一长串不同类型的技术被提出用于重力仪，如流体浮子、原子喷泉、原子光谱学、振动石英光束、光弹性扭矩元件、旋转扭矩元件、超辐射光谱学、振动光束、蓝宝石谐振器、压电和电化学，毫无疑问，更多的技术将会出现。

重力勘探从单维、单参量数据转向多维、多参量（原始场、梯度场）数据采集，所获取的多参量数据有效地提高了对地质体的水平和垂直分辨能力，且多数据间的相互约束反演降低了多解性，因而利用多维多参量重力及其梯度数据可获得更加准确的地下构造、地层、地质体位置及物性分布特征，从而为区域构造演化、油气资源评估提供更加有力的支撑。

（三）人工智能重力数据处理

因为人工智能的兴起，聚类、决策树、支持向量机、贝叶斯及人工神经网络等机器学习方法被引入到重力数据的处理。利用机器学习的方法进行反演无须依赖初始模型，也不需要对灵敏度矩阵进行计算和存储，并且有着良好的全局寻优性能，此类方法已逐步成为重力及其他地球物理数据的研究热点。尤其是机器学习的一个分支——深度学习，在不适定的反问题求解方面取得了引领性的进展。深度学习是一种深度的神经网络，能够用非监督式或半监督式的特征学习和分层特征提取高效算法来代替手工获取特征，相比传统的神经网络具有更多的隐含层和更强的复杂函数逼近性能，深度学习与地球物理反演方法具有类似的优化算法，极有助于不适定反问题的求解，这也将在海量重力数据反演中具有巨大的优势。

习　　题

（1）什么是重力学？重力反映了哪种物性的特征？
（2）卫星重力测量是否可实现地球外其他天体密度结构的测量？
（3）请简述重力学研究对象。
（4）请简述重力勘探研究对象。
（5）人工智能对于重力数据处理会带来哪些改变？

第二章　地球重力场

　　地球是一个南北方向稍扁的、旋转着的巨大椭球体，在其内部、表面及附近空间的物体都会受到多种力的作用，包括地球的质量对物体产生的引力、物体随着地球自转而引起的惯性离心力以及其他天体所产生的引潮力，这几种力的合力称为重力。地球内部及其附近存在重力作用的空间被称为重力场。由于引潮力数值较小且在局部范围几乎不变，在重力勘探中常忽略引潮力的作用，将地球质量对物体产生的引力与物体随着地球自转引起的惯性离心力之和称为重力。

第一节　地球形状及内部结构

一、地球形状及大地水准面

　　地球重力场的变化与地球的形状及其内部结构密切相关。地球的自然表面十分复杂，人们将平均海水面顺势延伸到陆地下所构成的封闭曲面视为地球的基本形状，并称其为大地水准面。大地水准面形状的一级近似可视为平均半径为 6376km 的球面；二级近似是一个旋转椭球面，赤道半径比两极半径略长；三级近似是梨形体面，与椭球面相比，它与一个两极略扁的旋转椭球面十分接近，在南极凹进去约 30m，而北极附近则凸出 10m，中纬度地区偏差约为 7.5m，是一个不规则的形状复杂的曲面（图 2.1）。

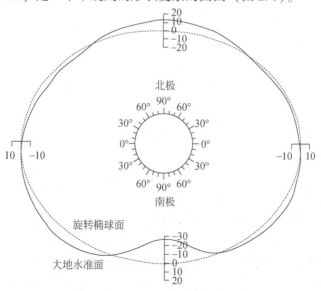

图 2.1　大地水准面示意图（单位：m）

　　实际上，大地水准面比梨形体面复杂得多。在测量中，人们把与大地水准面拟合得最佳的椭球面称为参考椭球面。在 1967 年瑞士卢塞思召开的第 14 届国际大地测量与地球物理协会上，决定以 1967 年大地测量为基准。即参考椭球的赤道半径（长轴）$a =$ 6378140m，极半径（短轴）$c = 6356827$m，扁率 $\varepsilon = (a-c)/a = 1/298.256$。在确定了参考椭球的基础上，人们在度量地面某点的高度时，不是从大地水准面起算，而是从某一个参考椭球面起算，并将大地水准面到参考椭球面的法线距离称为大地水准面的高程异常。Liang 等（2020）利用卫星重力、卫星测高和 EGM2008 的重力数据，基于椭球谐分析和系数变换理论（ellipsoidal harmonic analysis and coefficient transformation，EHA-CT），对新的高分辨率地球重力场模型 SGG-UGM-2 进行了估算，建立了 SGG-UGM-2 2190 阶模型的大地水准面高程异常。大地水准面相对参考椭球面的起伏，宏观地反映了地球的形状及地球内部物质密度分布的不均匀性，高程异常不超过 ±110m，可以被用来研究地球内部物质的密度分布。

二、地球岩石密度

　　自然界中岩石的密度各不相同，这种差异造成了重力场的不均匀变化，同样也是开展重力勘探工作的重要依据。人们对于岩石密度的认识主要来自于地表附近。

（一）决定岩石密度的主要因素

　　大量测定研究结果表明，决定岩石密度大小的主要因素有：①岩石的矿物成分及含量；②岩石的孔隙度及孔隙中的流体；③岩石的埋藏深度及形成年代。应当说明，对某种岩石来说，这三种因素的作用不一定都表现得十分显著。在通常情况下，只有其中的某一种或两种因素起主导作用。而且在不同地质环境下的同种岩石，或者不同时代生成的同种岩石，影响其密度大小的因素也有可能不相同。

（二）岩石密度概述

1. 火成岩的密度特征

　　火成岩密度的大小主要由岩石的矿物成分及含量决定，因为这类岩石的孔隙度很小（一般不超过 1% ~ 2%），它几乎影响不到密度的大小。在火成岩中，通常熔岩的密度较低，而侵入岩的密度较高。

　　表 2.1 列出了一些常见岩、矿石的密度值。由图 2.2 可以看出，从花岗岩类向辉长岩类及橄榄岩类过渡时，其密度值随岩石中较重的铁镁暗色矿物含量的增加而变大。从整体上看火成岩的密度比沉积岩的大，但有部分重叠。

2. 沉积岩的密度特征

　　沉积岩一般具有较大的孔隙度，其密度在很大程度上取决于其孔隙度（图 2.3），而与物质成分的关系不甚明显（某些化学沉积岩石除外）。对于多孔岩石，水充填后比干燥时的密度要大。沉积岩的密度还受其年代、沉积历史以及在地表以下的深度等影响。因此，密度随着埋藏深度和时间而增加，这一作用对黏土和页岩比对砂岩和灰岩更为明显。

表 2.1　常见岩、矿石密度值

名称		密度/(10^3 kg/m³)		名称		密度/(10^3 kg/m³)	
		变化范围	最常见值			变化范围	最常见值
沉积岩	黄土	1.40 ~ 1.93	1.64	金属矿	闪锌矿	3.50 ~ 4.00	3.75
	冲积层	1.96 ~ 2.00	1.98		褐铁矿	3.50 ~ 4.00	3.78
	砾岩	1.70 ~ 2.40	2.00		黄铜矿	4.10 ~ 4.30	4.20
	黏土	1.63 ~ 2.60	2.21		铬铁矿	4.30 ~ 4.60	4.36
	砂岩	1.61 ~ 2.76	2.35		磁黄铁矿	4.50 ~ 4.80	4.65
	页岩	1.77 ~ 3.20	2.40		钛铁矿	4.30 ~ 5.00	4.67
	石灰岩	1.93 ~ 2.90	2.55		软锰矿	4.70 ~ 5.00	4.82
	白云岩	2.28 ~ 2.90	2.70		黄铁矿	4.90 ~ 5.20	5.00
岩浆岩	流纹岩	2.35 ~ 2.70	2.52		磁铁矿	4.90 ~ 5.20	5.12
	安山岩	2.40 ~ 2.80	2.61		赤铁矿	4.90 ~ 5.30	5.18
	花岗岩	2.50 ~ 2.81	2.64		辉铜矿	5.50 ~ 5.80	5.65
	斑岩	2.60 ~ 2.89	2.74		毒砂	5.90 ~ 6.20	6.10
	闪长岩	2.72 ~ 2.90	2.85		锡石	6.80 ~ 7.10	6.92
	辉绿岩	2.50 ~ 3.20	2.91		辉银矿	7.20 ~ 7.36	7.25
	玄武岩	2.70 ~ 3.30	2.99		方铅矿	7.40 ~ 7.60	7.50
	辉长岩	2.70 ~ 3.50	3.03		辰砂	8.00 ~ 8.20	8.10
	橄榄岩	2.78 ~ 3.37	3.15	非金属矿	石油	0.60 ~ 0.90	—
	辉岩	2.93 ~ 3.34	3.17		褐煤	1.10 ~ 1.25	1.19
变质岩	石英岩	2.50 ~ 2.70	2.60		无烟煤	1.34 ~ 1.80	1.50
	片岩	2.39 ~ 2.90	2.64		石墨	1.90 ~ 2.30	2.15
	千枚岩	2.68 ~ 2.80	2.74		岩盐	2.10 ~ 2.60	2.22
	大理岩	2.60 ~ 2.90	2.75		石膏	2.20 ~ 2.60	2.35
	蛇纹岩	2.40 ~ 3.10	2.78		铝土矿	2.30 ~ 2.55	2.45
	板岩	2.70 ~ 2.90	2.79		硬石膏	2.90 ~ 3.00	2.93
	片麻岩	2.59 ~ 3.00	2.80		重晶石	4.30 ~ 4.70	4.47

3. 变质岩的密度特征

变质作用有助于岩石孔隙的充填并使岩石以更致密的形式再结晶，所以变质岩的密度往往随变质程度的加深而增加。因此，经过变质的沉积岩，如大理岩、板岩和石英岩等，一般比原生灰岩、页岩和砂岩致密。对于火成岩的变质类型，如片麻岩与花岗岩、角闪岩与玄武岩等，尽管密度差异不如沉积岩及其变质类型大，但通常也出现相同的情况。正变质岩的密度通常与原岩密度的变化规律相似。但由于变质过程的复杂性，其密度的变化与沉积岩和火成岩相比更加不稳定。因此，难以按密度进行明确的分类（图 2.4）。

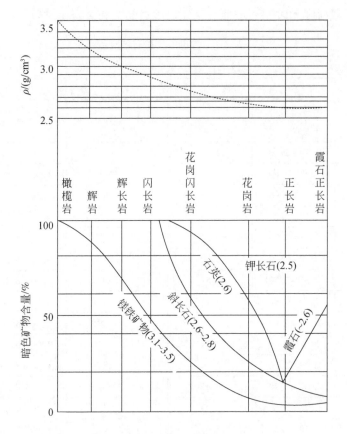

图 2.2　火成岩成分与密度的关系

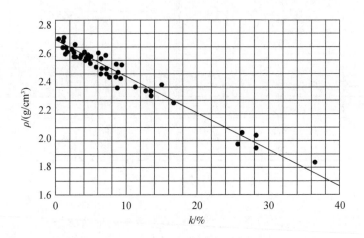

图 2.3　沉积岩的密度与孔隙度的关系图

4. 矿石及混杂物质的密度特征

从表 2.1 列出的部分金属和非金属矿物的密度值，可见矿石的密度往往随着物质成分

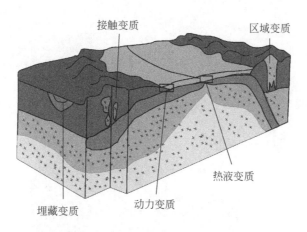

图2.4　岩石变质作用

的改变而明显变化。非金属矿（除了少数例外）的密度比岩石的平均密度（$2.67×10^3\,kg/m^3$）要低，而大部分金属矿物的密度比这个平均值要大。

在矿产勘探中，不仅要研究由不同矿物组成的火成岩、沉积岩以及变质岩的密度变化，而且同时要详细地测量和研究各种金属与非金属矿石的密度变化规律。而在区域地质构造研究中利用重力资料进行解释时，则需要研究含不同矿物成分的地壳不同深度、不同地质构造单元、不同地质背景的密度差别、莫霍面上下的密度差别以及大陆地壳与海洋地壳的密度差别等。

三、地球内部密度结构

人们在对地震波传播速度与密度关系的研究中发现：在地球内部，随着深度的增加密度不断变大，物质分布呈同心圈层结构。莫霍面（A. Mohorovičić，于1909年发现）和古登堡面（B. Gutenberg，于1914年发现）两个主体界面，将地球划分为地壳、地幔和地核三层（图2.5）。

（一）地壳

地壳是指从地球表面至莫霍面之间的地球物质，地壳厚度的变化可达几十千米，地壳的质量约占地球总质量的0.4%。

地壳主要由长石、石英和一些含结晶水的矿物（如角闪石、黑云母）组成，其平均密度为$2.67×10^3\,kg/m^3$。地壳内部还存在着一个主要速度间断面，把地壳分为上地壳和下地壳，这个面称为康拉德界面。上地壳主要是富含硅铝的花岗岩类，平均密度为$2.7×10^3\,kg/m^3$；下地壳主要是富含硅镁的玄武岩类，平均密度为$2.9×10^3\,kg/m^3$；上地壳与下地壳间的密度差约为$0.2×10^3\,kg/m^3$。

地壳还可分为大陆地壳、海洋地壳和过渡带地壳。大陆地壳的厚度在平原地区通常为30～50km，在某些板块汇聚的高山地区，其厚度可达到70～100km。海洋地壳的厚度在深

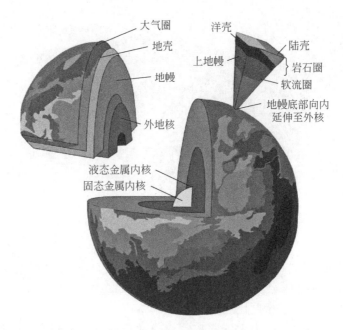

图 2.5 地球内部结构

海地区一般为 5 ~ 15km，其面积约占地壳面积的 60%，其体积约占地壳体积的 20%；在洋中脊处最浅，且不到 3km，随着离开洋中脊距离的增大逐渐增厚直至达到其稳定值；在海底高原和某些海岭地区的厚度可超过 30km。过渡带地壳是指岛弧和大陆边缘地区的地壳，其厚度一般为 15 ~ 30km。

大陆地壳和海洋地壳在成分上有明显的不同。大陆上地壳岩石的主要类型是花岗岩和花岗闪长岩，大陆下地壳的物质是闪长岩、石榴子石等类型的矿物，大陆地壳经过自然风化和沉积变质后将变为花岗岩和花岗闪长岩；海洋地壳的主要成分是玄武质岩石。大陆地壳主要含 SiO_2、Al_2O_3、Na_2O 和 K_2O 等氧化物，而海洋地壳富含 FeO、MgO 等氧化物，详见表 2.2。由于构成大陆地壳的岩石比海洋地壳的岩石更富含硅，其密度要低于大洋地壳；并且大陆地壳的平均厚度为 35km，而大洋地壳的厚度只有 5 ~ 15km；这两种因素使得大陆地壳在重力上是稳定的，在大陆地壳内现在发现最古老的岩石年龄可达 40 多亿年，这远远大于海洋的地壳的最大年龄。

表 2.2 海洋地壳和大陆地壳主要化学成分的比较

氧化物	海洋地壳/% （氧化物含量）	大陆地壳/%（氧化物含量）	
		上地壳	下地壳
SiO_2	48.7	63.3	58.0
TiO_3	0.59	0.6	0.8
Al_2O_3	12.1	16.0	18.0
Fe_2O_3	—	1.5	—

续表

氧化物	海洋地壳/% (氧化物含量)	大陆地壳/% (氧化物含量)	
		上地壳	下地壳
FeO	9.0	3.5	7.5
MgO	17.8	2.2	3.5
CaO	11.2	4.1	7.5
Na$_2$O	1.31	3.7	3.5
K$_2$O	0.03	2.9	1.5
H$_2$O	1.0	0.9	—

(二) 地幔

地幔是指地球内部由莫霍面至古登堡面之间的地球物质。地幔各处的密度均大于$3.3 \times 10^3 \text{kg/m}^3$，并且随深度的加深而变大。地表下670km左右存在着一个速度间断面，这个面又把地幔分为上地幔和下地幔。上地幔主要为辉长岩-玄武岩类和橄榄岩-苦橄岩类，平均密度为$3.5 \times 10^3 \text{kg/m}^3$；下地幔主要为铁镍等金属氧化物，平均密度为$5.1 \times 10^3 \text{kg/m}^3$。莫霍面与上地幔间的密度差大于$0.4 \times 10^3 \text{kg/m}^3$。

(三) 地核

地核是指地球内部由古登堡面至地心之间的地球物质。地核的成分主要是铁、镍或铁镍合金，又称铁镍核。地核的半径约等于地球半径的一半，地核的质量占地球质量的32%，而地核的密度大约是地幔密度的2倍。

地表下5159km处也存在着一个速度间断面，该面又把地核分为液态外核和固态内核。外核的密度为$9.90 \times 10^3 \sim 12.17 \times 10^3 \text{kg/m}^3$，内核的密度为$12.76 \times 10^3 \sim 13.09 \times 10^3 \text{kg/m}^3$（图2.6）。

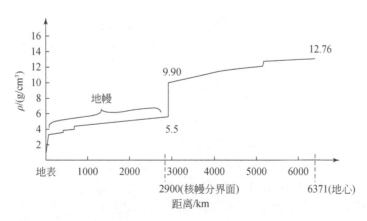

图2.6　地球内部密度随深度变化曲线分布（据Dziewonski and Anderson，1981）

第二节　重力、重力位与重力场基本概念

重力勘探是通过观测地球重力场的时空变化来研究并解决地质构造、矿产分布、水文资源以及与之相关的各类地质问题，是地球物理勘探的一个重要分支。

牛顿发现万有引力定律后，物体之间的相互吸引作用已被认为是普遍现象。这个现象还说明一个众所周知的事实，即在地球附近空间落向地球的物体将以逐渐增加的速度降落，下降速度的递增率就是重力加速度，简称重力，用 g 表示。伽利略证明了地球上某一固定点上，物体的重力加速度都是一样的。

随着探测技术的发展，重力探测不仅仅局限于原始重力异常的测量。重力张量梯度测量是测量重力位的二阶导数，存在九个分量。重力梯度测量具有较高的分辨率，能够更好地进行地质解释，可在运动环境下进行测量，能够提高地质特征的定量模拟质量。

假定地球是一个均匀的，并具有同心层状结构的理想球体，则地球对地球表面上物体的吸引力应当处处相同，且为恒定值。事实上，地球是非球形的，并且是旋转的，内部构造与物质成分是分布不均匀的，因此地球表面上的重力值是变化的。测定和分析空间重力变化已成为地学研究中的一个重要内容，其能反映地下密度横向差异所引起的重力变化，对研究地质构造及寻找各种矿产资源等方面具有极为重要的应用价值。此外，对远程导弹、人造地球卫星和宇宙飞船运行轨迹的精确推算也是不可或缺的。

一、重力

(一) 引力

万有引力定律指出：$Q(\xi, \eta, \zeta)$ 处的质点 m 对 $P(x, y, z)$ 处的质点 m_0 的作用力为

$$f = -G \frac{m_0 \cdot m}{r^3} r \tag{2.1}$$

式中，r 为自 m 指向 m_0 的矢径，即源点 $Q(\xi, \eta, \zeta)$ 到场点 $P(x, y, z)$ 的矢径，$r = [(x-\xi)^2 + (y-\eta)^2 + (z-\zeta)^2]^{1/2}$，负号表示引力 f 与矢径 r 的方向相反；G 为万有引力常数，在国际(SI)单位制中 $G = 6.67 \times 10^{-11}(\text{N} \cdot \text{m}^2)/\text{kg}^2 = 6.67 \times 10^{-11} \text{m}^3/(\text{kg} \cdot \text{s}^2)$。在常用(CGS)单位制中为 $6.67 \times 10^{-8} \text{cm}^3/(\text{g} \cdot \text{s}^2)$。

引力场强度定义为

$$F = \frac{f}{m_0} = -G \frac{m}{r^3} r \tag{2.2}$$

引力场强度是一矢量，其方向为试验质点所受到的引力的方向，其大小相当于单位质量所受引力的大小。在 SI 单位制中，场强的单位为 N/kg 或 m/s^2。

由牛顿第二定律可知，质量为 m_0 的物体受到引力 f 作用时，物体所获得的加速度 a 应为

$$a = \frac{f}{m_0} \tag{2.3}$$

由式（2.2）和式（2.3）可知，引力加速度的大小等于引力场强度的大小。

还应指出，在重力勘探中，习惯上将加速度称为"力"，以后如无注明，提到引力和重力时，均系指引力加速度和重力加速度。

（二）惯性离心力

由动力学可知，在转动系统中存在的惯性力称为惯性离心力，自转地球产生的惯性离心力为

$$C = \omega^2 R \tag{2.4}$$

式中，ω 为地球自转角速度，$\omega = \dfrac{2\pi}{86164}$，rad；$R$ 为从自转轴到场点的垂直矢径。

（三）重力

地球表面的重力是地球内部质量分布的引力、地球自转的惯性离心力和地球以外天体的引力之和。前两种力的强度比第三种力大得多，并且几乎是恒定的。这里主要讨论前两种力之和。而地球以外天体的引力主要是日、月对地球的引力。

根据以上讨论，地球的重力（g）应为地球的引力（F）与惯性离心力（C）的矢量和（图2.7）：

$$g = F + C \tag{2.5}$$

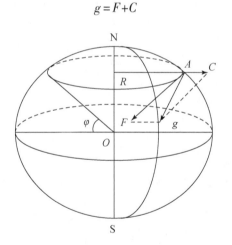

图2.7　重力示意图

在研究重力时，一般取地心为坐标原点，z 轴与自转轴重合，x、y 轴在赤道平面内。

已知地球的平均半径为6376km，总质量为 5.976×10^{24} kg，平均重力为 9.8m/s^2，由图2.7和式（2.4）可知，赤道离心力最大，其值为

$$C = \left(\frac{2\pi}{86164}\right)^2 \times 6376 \times 1000 = 0.0339 \tag{2.6}$$

可见，离心力很小，仅占重力的1/289。图2.7中为了明显表示离心力，夸大离心力来进行示意图的绘制。

引力、离心力和重力的 SI 单位为 m/s^2。重力勘探中使用 SI 的分数单位，记为 g. u.（1g. u. $=10^{-6}m/s^2$）。绝对单位制中，重力单位为 cm/s^2，称为伽，记为 Gal（1Gal $=1cm/s^2 = 10^{-2}m/s^2 = 10^4$g. u.，1mGal $= 10^{-5}m/s^2 = 10$g. u.，1μGal $= 10^{-8}m/s^2 = 10^{-2}$g. u.）。

二、重力位及重力等位面

根据场论，如果一个力能够满足两个条件：①力的大小和方向是研究点坐标的单值连续函数，②力场所做功与路径无关，则可以找到一个新的函数，该函数同样是研究点坐标的单值连续函数。而且这个函数的方向导数，恰好等于这个力场强度在求导方向的分量，该函数即称为该场的位函数，可用位函数来研究场的特征。

重力和重力场完全满足上述的两个条件，因此它也必然有其位函数，重力位的物理意义可以理解为场力所做的功。在地球表面上，任意点上的重力位是由地球全部质量所形成的引力位与地球自转产生的惯性离心力位之和。

（一）引力位

引力场 F 是保守场（沿闭合路线 l 做功为零，即 $\int F \cdot dl = 0$ 或无旋场（$\mathrm{rot}F = \nabla \times F = 0$），考虑到标量梯度的旋度等于零，可引入引力位（标量函数）：

$$F = \mathrm{grad}V = \nabla V \tag{2.7}$$

假设在质点的质量为 m 的引力场中，引力位的定义为移动单位质量从无穷远到该点场力所做的功。可以证明，质点引力位 $V = G\dfrac{m}{R}$。如果一个质量为 M 的物体所产生的引力位应为各质点在 A 点引力位的总和，即

$$V = G\int_M \frac{dm}{R} = G\iiint \frac{\rho}{r}dv \tag{2.8}$$

式中，R 为 M 到计算点的距离；ρ 为密度；v 为体积。

根据位函数的定义，引力在各方向的分量等于引力位在相应方向的偏导数：

$$F_x = \frac{\partial V}{\partial x} = V_x = -G\iiint \frac{\rho(x-\xi)}{r^3}dv$$

$$F_y = \frac{\partial V}{\partial y} = V_y = -G\iiint \frac{\rho(y-\eta)}{r^3}dv$$

$$F_z = \frac{\partial V}{\partial z} = V_z = -G\iiint \frac{\rho(z-\zeta)}{r^3}dv \tag{2.9}$$

式中，坐标原点设在地球的重心上，$r = [(x-\xi)^2 + (y-\eta)^2 + (z-\zeta)^2]^{1/2}$ 是计算点到质量元 dm 的距离。

（二）离心力位

地球自转产生的惯性离心力位为

$$U = \frac{1}{2}\omega^2 r^2 = \frac{1}{2}\omega^2(x^2 + y^2) \tag{2.10}$$

离心力各分量为

$$C_x = \frac{\partial U}{\partial x} = \omega^2 x, C_y = \frac{\partial U}{\partial y} = \omega^2 y, C_z = \frac{\partial U}{\partial z} = 0 \qquad (2.11)$$

（三）地球重力位

地球的重力位等于引力位与离心力位之和，即

$$W = V + U = G \iiint \frac{\rho}{r} \mathrm{d}v + \frac{1}{2}\omega^2(x^2 + y^2) \qquad (2.12)$$

根据位场理论，重力位对任意方向 s 求导数就等于重力 g 在该方向的分量，即

$$g_s = \frac{\partial W}{\partial s} = g\cos(g,s) \qquad (2.13)$$

式中，$\cos(g,s)$ 为 g 与 s 之间夹角的余弦。

重力位共有三个一阶偏导数，它们是重力位分别对 x、y 和 z 坐标轴方向的导数，等于重力在相应坐标轴方向上的分量 g_x、g_y 和 g_z：

$$\begin{cases} g_x = \dfrac{\partial W}{\partial x} = g\cos(g,x) = -G\iiint \dfrac{\rho(x-\xi)}{r^3}\mathrm{d}v + \omega^2 x \\ g_y = \dfrac{\partial W}{\partial y} = g\cos(g,y) = -G\iiint \dfrac{\rho(y-\eta)}{r^3}\mathrm{d}v + \omega^2 y \\ g_z = \dfrac{\partial W}{\partial z} = g\cos(g,z) = -G\iiint \dfrac{\rho(z-\zeta)}{r^3}\mathrm{d}v \end{cases} \qquad (2.14)$$

（四）重力等位面及其特性

当质点位移方向与重力方向垂直时，则有 $\frac{\partial W}{\partial s}=0$，积分得

$$W(x,y,z) = C(\text{常量}) \qquad (2.15)$$

即沿垂直重力方向移动单位质量时，重力不做功，也可解释为垂直于 g 方向的重力位没有变化，这就是我们熟悉的力场中的等位面。如果用不同常数代入式（2.15），可以得到一系列等位面（图2.8），称为重力等位面，或水准面。可知重力等位面上各点的重力与等位面垂直，此为重力等位面的第一个特性。

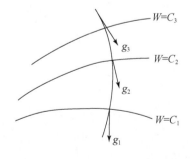

图2.8 重力等位面示意图

　　另外，从力学中知道，水静止时，其自由表面和重力是垂直的，否则就必须有平行于水面的分力存在，这时水将流动而不能静止，因此，静止水面的自由表面（水准面）就是一个重力等位面。

　　当 g 方向与 s 方向一致时，式（2.13）可改为

$$\frac{\partial W}{\partial s} = \frac{\partial W}{\partial g} = g \tag{2.16}$$

　　可见重力位对重力方向的导数等于重力的数值。由于重力的方向指向重力位增加最快的方向（也就是等位面的内法线方向），因此，等位面上各点的重力等于重力位对该点等位面的内法线 n 的方向导数。即

$$g = \frac{\partial W}{\partial n} \tag{2.17}$$

式中，n 为等位面内法线方向。此为重力等位面的第二个特性。

　　将式（2.17）写成两个等位面的差分形式，有

$$\Delta W = \Delta n \cdot g = 常数 \tag{2.18}$$

式中，g 为等位面上的重力值；Δn 为两个等位面内法线方向的距离。式（2.18）表明，两个等位面之间的位差是一个常数，等位面上的重力值 g 与两个等位面之间的距离 Δn 成反比。若等位面上一点的重力值大，则该点附近两个相邻等位面的法向间距就小；反之，若重力值小，则相邻等位面的法向间距就大。而在同一等位面上，重力值并非处处相等。由式（2.18）可知，两个等位面之间的距离并非处处相等，即等位面之间不平行。又因为地球重力值皆为有限值，即 $g \neq 0$，所以 $\Delta n \neq 0$，即两个等位面无论相隔多近，总是不能相交或相切，而是一个单值函数。因此重力等位面之间既不平行，也不相交，又不相切，此为重力等位面的第三个特性。

（五）重力位高阶偏导数

1. 重力位高阶导数的计算

　　重力位不仅有连续的一阶导数，而且还有连续的高阶导数。重力位二阶偏导数由于对称的性质（$W_{xy} = W_{yx}$，$W_{yz} = W_{zy}$，$W_{xz} = W_{zx}$）存在六个二阶偏导数：

$$W_{xx} = \frac{\partial^2 w}{\partial x^2} = \frac{\partial}{\partial x}g_x, \quad W_{xy} = \frac{\partial^2 w}{\partial x \partial y} = \frac{\partial}{\partial x}g_y = \frac{\partial}{\partial y}g_x \tag{2.19}$$

$$W_{yy} = \frac{\partial^2 w}{\partial y^2} = \frac{\partial}{\partial y}g_y, \quad W_{xz} = \frac{\partial^2 w}{\partial x \partial z} = \frac{\partial}{\partial x}g_z = \frac{\partial}{\partial z}g_x \tag{2.20}$$

$$W_{zz} = \frac{\partial^2 w}{\partial z^2} = \frac{\partial}{\partial z}g_z, \quad W_{yz} = \frac{\partial^2 w}{\partial y \partial z} = \frac{\partial}{\partial y}g_z = \frac{\partial}{\partial z}g_y \tag{2.21}$$

　　重力位二阶偏导数的物理意义是重力在某一坐标轴上的分量沿同一或者另一坐标轴的变化率。如 W_{xy} 表示重力在坐标 Y 方向分量沿坐标轴 X 方向的变化率，亦可以是重力在坐标 X 方向分量沿坐标轴 Y 方向的变化率。

　　重力位二阶导数的 SI 单位为 $1/s^2$，在重力勘探中采用 SI 分数单位，称为艾维或者厄缶，记作 E，$1E = 10^{-9}/s^2$，相当于在 1m 距离内重力变化 10^{-3} g. u.。

由位场理论可知，密度为 ρ 质体的引力场是有散场，$\mathrm{div}F = \nabla \cdot F = -4\pi G\rho$，将式 (2.7) 代入后得

$$\nabla^2 V = -4\pi G\rho \tag{2.22}$$

式 (2.22) 称为泊松方程。在质量分布区域外，由于 $\rho=0$ 或者 $\nabla \cdot F = 0$，引力位满足拉普拉斯方程：

$$\nabla^2 V = 0 \tag{2.23}$$

对式 (2.10) 表示的离心力位求导，则离心力位在地球内、外部满足方程：

$$\nabla^2 U = 2\omega^2 \tag{2.24}$$

由以上可知，在地球内、外部重力位应分别满足如下微分方程：

$$\nabla^2 W = 2\omega^2 - 4\pi G\rho（地球内部） \tag{2.25}$$

$$\nabla^2 W = 2\omega^2（地球外部） \tag{2.26}$$

数学上，满足拉普拉斯方程的函数为调和函数。因此，在地球外部空间引力位是调和函数，而离心力位和重力位皆不是调和函数。

常用的重力位的三阶导数是

$$W_{zzz} = \frac{\partial^3 w}{\partial z^3} = \frac{\partial^2}{\partial z^2}\left(\frac{\partial w}{\partial z}\right) = \frac{\partial^2}{\partial z^2}(g_z) = \frac{\partial}{\partial z}\left(\frac{\partial}{\partial z}g_z\right) \tag{2.27}$$

重力位对 z 轴的三阶导数的物理意义是重力的 z 分量对 z 轴变化率的变化率。重力位三阶导数的 SI 单位为 $1/(\mathrm{m} \cdot \mathrm{s}^2)$，记作 $\mathrm{MKS}(W_{zzz})$。常用的 SI 单位的分数单位为 $10^{-9}(\mathrm{m} \cdot \mathrm{s}^2)^{-1}$ 和 $10^{-12}(\mathrm{m} \cdot \mathrm{s}^2)^{-1}$，分别记作 $\mathrm{nMKS}(W_{zzz})$ 和 $\mathrm{pMKS}(W_{zzz})$ 它们分别相当于 1m 距离内重力位二阶导数变化 1E 和 10^{-3}E。

2. 重力位二阶导数与重力等位面的关系

场强为常矢量的场称为均匀场。对均匀场而言，位函数的二阶导数应等于零，或者说，位差相等时等位面为一簇等距的相互平行的平面。由于重力等位面不是处处平行的平面，因此，重力场为非均匀场，重力位二阶导数应不等于零或不全等于零。在上述六个二阶导数中，原来可以用重力扭秤测量出来的只有 W_{xz}、W_{yz}、W_{xy} 和 $W_\Delta = W_{yy} - W_{xx}$，扭秤不能单独测量出 W_{xx}、W_{yy}，只能测量出两者的差值 $W_{yy} - W_{xx}$，即 $W_\Delta = W_{yy} - W_{xx}$。这些导数分别表示重力分量在相应坐标轴的空间变化率。

W_{xz}、W_{yz} 称为重力水平梯度值，W_{zz} 称为重力垂直梯度值。重力梯度值即是重力位对不同坐标轴的二次导数，同时也是重力场强度在 z 分量（g_z）对相应坐标轴的一次导数，如 W_{xz} 表示重力场强度的垂直分量在水平 x 轴方向的变化率；W_{yz} 表示重力场强度的垂直分量在水平 y 轴方向的变化率，W_{zz} 表示重力场强度的垂直分量在重力方向（一般定义为 z 轴方向）的变化率。它们的大小直接反映重力垂直分量在水平方向或垂直方向的变化率，所以称为重力梯度值。重力梯度值是一个矢量。W_{xy} 和 $W_\Delta = W_{yy} - W_{xx}$ 称为曲率值。

下面说明重力二阶导数与等位面的形状、不平行性及疏密性的关系。

1）重力位二阶导数与等位面形状的关系

数学上可以证明，重力位的三个水平二阶导数 W_{xx}、W_{yy} 和 W_{xy} 与考察点附近等位面的曲率有关，因此，W_{xy} 和 $W_\Delta = W_{yy} - W_{xx}$ 表示等位面的弯曲程度，$R = \sqrt{(W_\Delta)^2 + (2W_{xy})^2}$ 称为

曲率矢量，由观测值 W_Δ 和 W_{xy} 求出，与坐标原点处的曲率有一定关系，同时可以看出 R 永远大于或者等于零。当等位面为球面时，$R=0$。因此 R 的大小可以看作是等位面曲面在某一点上与球面间的偏差值。应当注意，这里的"曲率" R 仅代表等位面的弯曲程度。

2）重力位二阶导数与等位面不平行性的关系

图 2.9 中 Q_1 和 Q_2 是不平行的重力等位面，取 Q_1 上的考察点 A 为坐标原点、z 轴与过 A 点的等位面的内法线 n_A 方向一致，xAy 是与 xOy 重合的水平面，z 轴与 Q_2 交于 B 点，$AB=\Delta z$。

对 A 点，z 轴与 n_A 方向一致，$\left(\dfrac{\partial W}{\partial x}\right)_A=(g_x)_A=0$ 和 $\left(\dfrac{\partial W}{\partial y}\right)_A=(g_y)_A=0$，而 $\left(\dfrac{\partial W}{\partial z}\right)_A=(g_z)_A=$ $(g)_A$。对 B 点，z 轴与 n_B 方向不一致，$\left(\dfrac{\partial W}{\partial x}\right)_B=(g_x)_B$ 和 $\left(\dfrac{\partial W}{\partial y}\right)_B=(g_y)_B$ 不等于零或不全等于零，而 $\left(\dfrac{\partial W}{\partial z}\right)_B=(g_z)_B$。由差商和导数定义有

$$\begin{cases}\left(\dfrac{\partial g_x}{\partial z}\right)_A=\dfrac{(g_x)_B-(g_x)_A}{AB}=\dfrac{(g_x)_B}{\Delta z}, & \lim\limits_{\Delta z\to 0}\left(\dfrac{\partial g_x}{\partial z}\right)_A=(W_{xz})_A\\[3mm]\left(\dfrac{\partial g_y}{\partial z}\right)_A=\dfrac{(g_y)_B-(g_y)_A}{AB}=\dfrac{(g_y)_B}{\Delta z}, & \lim\limits_{\Delta z\to 0}\left(\dfrac{\partial g_y}{\partial z}\right)_A=(W_{yz})_A\end{cases}\tag{2.28}$$

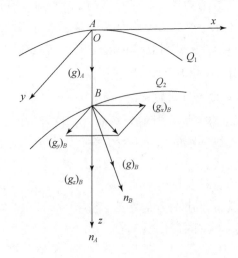

图 2.9　不平行重力等位面

由于在 Q_1 与 Q_2 不平行时，$(g_x)_B$，$(g_y)_B$ 不等于零或不全等于零，即 W_{xz}、W_{yz} 不等于零或不全等于零。因此，W_{xz}、W_{yz} 可表示重力等位面的不平行程度。

W_{xz} 和 W_{yz} 是重力 g 垂直分量沿两个水平方向的变化率，如图 2.10 所示，由 W_{xz} 和 W_{yz} 确定出水平矢量 G。重力 g 沿水平矢量 G 的方向变化最快（重力 g 变化最大），因此，称 G 为重力的水平梯度。

3）重力位二阶导数与等位面疏密性的关系

依差商和导数的定义，有

$$\frac{\left(\frac{\Delta W}{\Delta z}\right)_B-\left(\frac{\Delta W}{\Delta z}\right)_A}{AB}=\frac{(g_z)_B-(g_z)_A}{\Delta z}, \quad \lim_{\Delta z\to 0}\left[\frac{(g_z)_B-(g_z)_A}{\Delta z}\right]=(W_{zz})_A \quad (2.29)$$

由式（2.29）可知，只有 $(g_z)_B$ 不等于 $(g_z)_A$ 时，W_{zz} 才不等于零。在 W_{zz} 不等于零时，若令重力等位面的位差相等，则 A 点附近的等位面间的距离不等。当 $W_{zz}>0$ 时，等位面随 z 增加而变密，否则变疏。可见，重力位的垂直二阶导数 W_{zz} 表示等位面的疏密程度。

值得指出的是，重力等位面为一系列互不平行的曲面，等位面的弯曲程度、不平行性和疏密性不仅与地球的形状、地球的运动有关，还与地球内不同密度物质的分布有关。

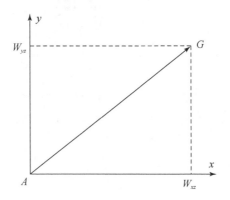

图 2.10　重力水平梯度

第三节　地球正常重力

一、地球椭球体

我们通常认为地球的外表面是一个旋转椭球面，并习惯用大地水准面来逼近这个旋转椭球面。大地水准面在海洋上是平均海平面（或用静止海平面），而在陆地上是用这个平均海平面延伸到大陆内部所形成的包围曲面。按照定义，大地水准面是一个等位面。

遍及地球表面上的重力测量资料表明，地球形状最准确的参考面接近于旋转扁球面，而不是旋转椭球面。但后者便于应用，涉及的变量少。所以，在重力测量中，为了确定正常重力值，选择这样一个旋转椭球体，使其表面与大地水准面接近；其质量与地球的总质量相等；物质呈相似旋转椭球层状分布；旋转轴与地球自转轴重合；旋转角速度与地球自转角速度相等。这样的旋转椭球体，称之为地球椭球体（又叫参考椭球体和标准椭球体）。而在这个椭球体表面上计算出的重力场称为地球正常重力场。

就实际地球而言，大地水准面通常不与地球椭球体表面重合，这是因为地球上部物质密度分布不但有垂向变化，而且横向上也有变化，加上地球表面有高山和海洋，这些因素引起局部异常质量的存在，从而导致了大地水准面的局部畸变，如图 2.11 中质量剩余区

的上方有附加位 ΔW，它使等位面向外翘曲。在均匀的地球里，对于单个异常质量来说，大地水准面的翘曲 Δn 可由式（2.18）计算。在质量剩余区的周围，铅垂线是向内偏斜的，若质量亏损，结果应当相反。

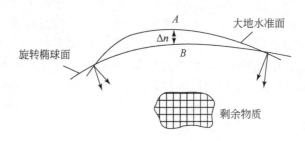

图 2.11　由异常质量引起的大地水准面的偏斜

大地水准面的局部起伏为解释地下构造提供了有用的信息。正如人造卫星观测到的那样，大地水准面的大规模降低和升高与深部密度异常有着直接的关系。其异常源应位于地幔之内。

二、正常重力公式

当地球的形状及其内部物质密度分布为已知时，重力位函数式（2.12）可以求出地面上任一点的重力位。然而，地球表面的形状十分复杂，且地球内部的密度分布并不清楚，因此不可能直接利用公式求得地球的重力位。为此，引入一个与大地水准面形状十分接近的正常椭球体来代替实际地球。假定正常椭球体的表面是光滑的，内部的密度分布是均匀的，或者呈层分布且各层的密度是均匀的，各层界面都是共焦点的旋转椭球面，这样这个椭球体表面上各点的重力位便可根据其形状、大小、质量、密度、自转的角速度及各点所在位置等计算出来。在这种条件下得到的重力位就称为正常重力位，求得的相应重力值就称为正常重力值。

确定正常重力位的方法很多，现在主要采用以下两种方法。

（1）拉普拉斯方法。即将地球的引力位按球谐函数展开，取偶阶带谐前几项之和，再加上惯性离心力位而得到，这时的正常椭球面是一个旋转的扁球面。

（2）斯托克斯方法。即根据地球总质量（M）、地球旋转角速度（ω）、地球椭球的长半轴（a）和地球扁率（ε）确定椭球面上及其外部的重力位，这时正常椭球面是一个严格的旋转椭球面。

由正常重力位推算得到的在正常椭球面（水准椭球面）上的重力公式称为正常重力公式。正常重力场随纬度变化的形式为

$$g_\varphi = g_e(1 + c_1 \sin^2\varphi - c_2 \sin^2 2\varphi) \tag{2.30}$$

式中，g_e 为赤道上正常重力值；φ 为计算点的地理纬度；c_1、c_2 为取决于地球形状的常量，即 $c_1 = \dfrac{g_p - g_e}{g_e}$，为正常重力扁率，$g_p$ 为两极的正常重力值，$c_2 = \dfrac{\varepsilon^2}{8} + \dfrac{\varepsilon c_1}{4}$，$\varepsilon = \dfrac{a-c}{a}$ 为地球

的扁率，a 为赤道半径，c 为极半径。利用斯托克斯方法，给定正常场地球模型的四个参数（M，ω，a，ε），可计算获得赤道和两极的正常重力值，从而计算出式（2.30）中的 c_1、c_2，继而算出不同纬度上的正常重力值 g_φ。

如何确定式（2.30）中的不同参数值，是多年来世界上大地测量学家和地球物理学家关注的问题之一。不同学者所采用的参数值不同，就得到不同的计算正常重力值公式，其中比较常用的有以下几种。

1）1901～1909 年赫尔默特公式

$$g_\varphi = 9.780300(1+0.0053020\sin^2\varphi - 0.0000070\sin^2 2\varphi) \tag{2.31}$$

式中，g_φ 是纬度为 φ 处、海拔为零时的正常重力值，$\mathrm{m/s^2}$，应用的地球参数是 $a=6378200\mathrm{m}$，$c=6356818\mathrm{m}$，$\varepsilon=1/298.2$，$g_e=9780300\mathrm{g.u.}$，以波茨坦为起算点（$9.81274\mathrm{m/s^2}$）。

2）1930 年卡西尼国际正常重力公式

$$g_\varphi = 9.780490(1+0.0052884\sin^2\varphi - 0.0000059\sin^2 2\varphi) \tag{2.32}$$

采用的地球参数为 $a=6378388\mathrm{m}$，$c=6356909\mathrm{m}$，$\varepsilon=1/297.0$。

3）1979 年国际地球物理及大地测量联合会推荐的正常重力公式

$$g_\varphi = 9.780327(1+0.0053024\sin^2\varphi - 0.0000050\sin^2 2\varphi) \tag{2.33}$$

采用的地球参数为 $a=6378137\mathrm{m}$，$\varepsilon=1/298.255$。

在我国，式（2.31）多用于测绘部门，式（2.32）多用于勘探部门。2000 年以后决定全国统一使用式（2.33）。

三、正常重力的分布特征

世界各地的正常重力值（g_φ）的大小和方向随纬度而变化，但是处处都大致指向地心（或铅垂向下）。

赤道附近的正常重力约为 $9.78\mathrm{m/s^2}$，两极附近的正常重力约为 $9.832\mathrm{m/s^2}$，可见正常重力随纬度升高而增大，如图 2.12（b）所示。全球平均重力为 $9.8\mathrm{m/s^2}$，全球正常重力变化量最大为 $0.052\mathrm{m/s^2}$，约占平均重力的 0.5%。

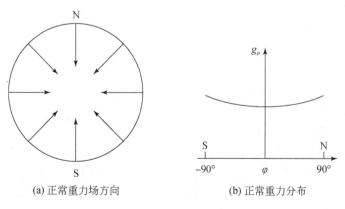

(a) 正常重力场方向　　　　　　(b) 正常重力分布

图 2.12　正常重力示意图

由于两极离心力为零，赤道离心力最大（其值为 $0.0339\mathrm{m/s^2}$），且方向垂直自转轴向外，因此，两极的引力等于重力，而赤道引力应等于 $9.8139\mathrm{m/s^2}$。赤道的重力小于两极的重力，主要因为地球的赤道半径大于极半径，赤道的离心力最大，而两极离心力近似为零的缘故。

从以上讨论可知：

（1）地球的正常重力是人们根据研究的需要而确定的，不同的学者计算出的正常重力值还有所区别，因此它并不是客观上存在，而是按照一定条件推导出来的理论公式；

（2）正常重力值只与计算点的纬度有关，沿经度方向没有变化；

（3）正常重力值在赤道处最小，在两极处数值最大，相差约为 $5\times10^4\mathrm{g.u.}$；

（4）正常重力值沿经度方向的变化率与纬度有关，在纬度 45°处的变化率最大。

第四节　重力组成及重力异常物理意义

一、重力组成及重力变化

三百年前，法国天文学家里歇尔发现地面上的重力加速度并不完全相同。此后，可以将重力测量学的发展史概括成测量重力的变化，并利用这种变化来研究地球的形状及内部结构的历史。

重力的变化包括随不同测点位置的空间变化以及同一测点的重力随时间的变化。引起重力空间变化的因素是：地球不是一个正球体，近似于两极压缩的扁球体，地表面又是起伏不平的，这将引起约 6 万 g.u.（6000mGal）的重力变化；地球绕一定的轴旋转，这能使重力有 3.4 万 g.u.（3400mGal）的变化；地下物质密度分布不均匀能引起几千 g.u.（几百毫伽）的重力变化。重力勘探法正是利用地下物质密度分布不均匀这一因素所引起的重力变化，研究地质构造和达到找矿勘探的目的。

重力在时间上的变化主要表现为太阳、月亮等天体引力引起重力的变化，它表现出一定的周期性，称之为潮汐变化，其变化大小可达 3g.u.。地球形状的变化和地下物质运动等引起的变化为非周期性的，称为非潮汐变化，其变化大小一般不超过 1g.u.。重力在时间上的变化要比在空间上的变化小很多，而且需要很高的测量精度才能发现，因此研究起来很困难。1968 年，美国制成测量灵敏度达到 0.1g.u. 的超导重力仪后，重力学从静力学阶段向动力学阶段过渡，地球重力场的研究开始从三维空间向四维空间（包括时间坐标）过渡。因此，我们不仅可以利用不同地点重力的变化来研究地质构造，还可以利用相同地点不同时间的重力变化来研究地质构造的运动。

大量重力测量结果说明，地面上任意点的实际重力值一般均不等于由正常重力公式计算出的值。地面上任一点的实际重力值取决于纬度、高度、周围地形、重力固体潮和地下物质的不均匀分布五个因素，最后一个因素是重力勘探的重要研究对象。

实际测量结果表明，重力勘探对象为地下密度的不均匀变化所引起的重力变化，一般为 1~10mGal，最大值可达几百毫伽。然而其他四个因素所产生的重力变化有时相当大，如高度相差 100m 重力变化可达 30mGal。因此，为确定勘探对象所产生的重力变化，必须从重力测量结果中去掉那些与勘探无关因素所引起的重力变化。

二、重力异常意义

（一）重力异常概念

重力勘探研究的是由于地下岩石、矿物密度分布不均匀所引起的重力变化，或地质体与围岩密度的差异引起的重力变化，称为重力异常。

实际上，在观测的重力值中，包含了重力正常值及重力异常值两个部分。将实测重力值减去该点的正常值，从而得到重力异常。因此，某点的重力异常也可以定义为该点的实测重力值与正常重力值之差，即

$$\Delta g = g_i - g_\varphi \tag{2.34}$$

式中，g_i 为测点上的实测重力值；g_φ 为该点处对应正常椭球面上的正常重力值。Δg 数值的大小是由地表上测点与正常椭球面的高差及椭球体以上的地形质量和椭球内偏离正常分布的剩余质量所引起的。重力观测是在地表及以上空间进行的，各测点不一定在正常椭球面上，因此不一定正好是上一节所说的正常重力值，需要将地球椭球体上正常重力值换算成测点处的由正常椭球体所产生的正常重力值。

在重力勘探中不是根据一个点上的重力异常值的大小（也不可能只根据一个点的值）进行研究，而是根据一条测线上或一定面积上的重力异常进行研究，这时，关注的是一条测线或一定面积上的重力异常变化。当重力异常变化值为零时，也习惯上说没有重力异常。在一条测线或一定面积上以某一点的重力值作为正常值，而以其他测点的重力值与之比较得到的差值称为相对重力异常。

（二）重力异常物理意义

若在大地水准面上的 A 点进行观测，令地下岩石的密度均匀分布，且都为 ρ_0 时，其正常重力值为 g_φ。当 A 点附近的地下有一个密度为 ρ 的地质体存在，且其体积为 v 时，这个地质体相对于四周围岩便有一个剩余密度 $\Delta\rho$（图 2.13），其大小为 $\Delta\rho = \rho - \rho_0$。

该地质体相对于围岩的剩余质量为 $\Delta\rho \cdot v$。当 $\rho > \rho_0$ 时，则剩余密度 $\Delta\rho$ 为正，或称地质体是"密度过剩"的，并引起正的重力异常；当 $\rho < \rho_0$ 时，则剩余密度 $\Delta\rho$ 为负或称地质体是"密度亏损"的，引起负的重力异常。若令这个地质体在 A 点引起的引力为 F，则在 A 点的重力 g_A 应为 g_φ 与 F 之和。在图 2.13 中，g_φ 的值达 10^7 g. u. 的量级，而 F 的值最大仅达 10^3 g. u. 量级，所以 g_A 与 g_φ 两者的方向相差甚微，因而在 A 点的重力异常为

$$\Delta g = g_A - g_\varphi = F \cdot \cos\theta \tag{2.35}$$

式中，θ 为地质体剩余质量所引起的引力 F 与重力 g 之间的夹角。

可见，在重力勘探中所称的由某个地质体引起的重力异常，就是地质体的剩余质量所产生的引力在重力方向或者铅垂方向的分量，也就是该剩余质量引力位在该点沿铅垂方向的导数值。因此，重力异常实质上就是引力异常。如果有多个地质体存在，在一个测点处

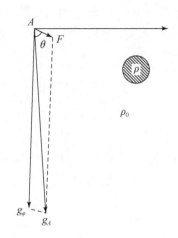

图 2.13　重力异常与剩余质量引力的关系

的重力异常就是各个地质体在这个测点引起的引力异常在铅垂方向的叠加，在一般重力勘探或微重力探查中对坐标系的选择，几乎总是取 z 轴为铅垂向下的方向，并选用 V 表示地质体的剩余质量在其外部产生的引力位，这样重力异常 Δg 可以表示为

$$\Delta g = \frac{\partial V}{\partial z} \tag{2.36}$$

为了使用方便，常用 V_z 表示 $\dfrac{\partial V}{\partial z}$。

（三）　重力异常基本计算表达式

在重力勘探中，主要研究地质体所引起的重力异常 Δg，有时也研究地质体引力位的二阶、三阶导数，因此，所谓重力异常的基本计算公式也包括引力位二阶、三阶导数公式。

就规则形体的重力异常而言，按其平面分布特点，可分为二度体异常与三度体异常，做正演计算时需要区别对待。

从理论上说，二度体异常的场源是指沿走向方向无限延伸，且在走向方向上埋藏深度、截面形状、大小和物性特点皆稳定不变的地质体。显然这种地质体的重力场沿走向方向是不变的，在计算其异常的剖面上，只需取一条垂直于走向的剖面就能代表异常的绝大部分特征。也就是说，在空间的坐标系中取两个轴的方向量度即可，故称为二度异常。

三度体是指没有明显走向的地质体，它的异常近于等轴状。对于三度体异常，只研究其在某一剖面上的变化特征是不够的，必须研究异常的平面特征，因此，异常的计算与空间的三个坐标方向均有关。

自然界并不存在上述理论上的二度体。一般情况下，当地质体走向长度比起截面的线度与埋藏深度都大得多时，将研究的剖面取在沿走向的中部，就可以当作二度体来计算了。如有一些虽然在走向方向上延伸有限，但埋藏较浅的地质体也可以近似地看成二度体；反之，若其埋藏较深，则可看成三度体。因此，二度与三度是一个相对的概念。对场源分出类型是为了讨论问题和理论计算方便。

1. 三度体重力异常计算的基本表达式

所谓三度体是三个方向均有限的物体。如图 2.14 所示，以地面上某一点 O 作为坐标原点，z 轴铅垂向下即沿重力方向，x、y 轴在水平面内，由式 (2.8) 可知，若物体的剩余密度均匀时，该三度体的引力位应为

$$V = G\rho \iiint_v \frac{\mathrm{d}v}{r} = G\rho \iiint_v \frac{\mathrm{d}\xi \mathrm{d}\eta \mathrm{d}\zeta}{[(x-\xi)^2 + (y-\eta)^2 + (z-\zeta)^2]^{1/2}} \tag{2.37}$$

由式 (2.37) 可求得

$$\Delta g = V_z = \frac{\partial V}{\partial z} = -G\rho \iiint_v \frac{(z-\zeta)\mathrm{d}\xi \mathrm{d}\eta \mathrm{d}\zeta}{[(x-\xi)^2 + (y-\eta)^2 + (z-\zeta)^2]^{3/2}} \tag{2.38}$$

$$V_{xy} = \frac{\partial^2 V}{\partial x \partial y} = 3G\rho \iiint_v \frac{(x-\xi)(y-\eta)\mathrm{d}\xi \mathrm{d}\eta \mathrm{d}\zeta}{[(x-\xi)^2 + (y-\eta)^2 + (z-\zeta)^2]^{5/2}} \tag{2.39}$$

$$V_{xz} = \frac{\partial^2 V}{\partial x \partial z} = 3G\rho \iiint_v \frac{(x-\xi)(z-\zeta)\mathrm{d}\xi \mathrm{d}\eta \mathrm{d}\zeta}{[(x-\xi)^2 + (y-\eta)^2 + (z-\zeta)^2]^{5/2}} \tag{2.40}$$

$$V_{yz} = \frac{\partial^2 V}{\partial y \partial z} = 3G\rho \iiint_v \frac{(y-\eta)(z-\zeta)\mathrm{d}\xi \mathrm{d}\eta \mathrm{d}\zeta}{[(x-\xi)^2 + (y-\eta)^2 + (z-\zeta)^2]^{5/2}} \tag{2.41}$$

$$V_{xx} = \frac{\partial^2 V}{\partial x^2} = G\rho \iiint_v \frac{[2(x-\xi)^2 - (y-\eta)^2 - (z-\zeta)^2]\mathrm{d}\xi \mathrm{d}\eta \mathrm{d}\zeta}{[(x-\xi)^2 + (y-\eta)^2 + (z-\zeta)^2]^{5/2}} \tag{2.42}$$

$$V_{yy} = \frac{\partial^2 V}{\partial y^2} = G\rho \iiint_v \frac{[2(y-\eta)^2 - (x-\xi)^2 - (z-\zeta)^2]\mathrm{d}\xi \mathrm{d}\eta \mathrm{d}\zeta}{[(x-\xi)^2 + (y-\eta)^2 + (z-\zeta)^2]^{5/2}} \tag{2.43}$$

$$V_{zz} = \frac{\partial^2 V}{\partial z^2} = G\rho \iiint_v \frac{[2(z-\zeta)^2 - (x-\xi)^2 - (y-\eta)^2]\mathrm{d}\xi \mathrm{d}\eta \mathrm{d}\zeta}{[(x-\xi)^2 + (y-\eta)^2 + (z-\zeta)^2]^{5/2}} \tag{2.44}$$

$$V_{zzz} = \frac{\partial^2 V}{\partial z^3} = 3G\rho \iiint_v \frac{[-2(z-\zeta)^3 + 3(z-\zeta)(x-\xi)^2 + 3(z-\zeta)(y-\eta)^2]\mathrm{d}\xi \mathrm{d}\eta \mathrm{d}\zeta}{[(x-\xi)^2 + (y-\eta)^2 + (z-\zeta)^2]^{7/2}} \tag{2.45}$$

在引力位高阶导数中，V_{xz}、V_{yz}、V_{zz} 和 V_{zzz} 较常用。

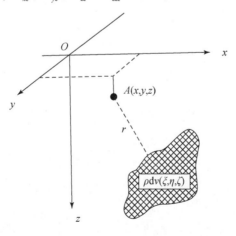

图 2.14　地质体重力异常的计算

2. 二度体重力异常计算的基本表达式

所谓二度体是横截面的形状和深度沿某一水平方向不变且沿该方向无限延伸的物体。如图 2.15 所示，以地面上某一点 O 作为坐标原点，z 轴铅垂向下即沿重力方向，x、y 轴在水平面内，且 y 轴与二度体的走向平行，若物体的剩余密度 ρ 均匀时，该二度体的重力异常可由三度体的重力异常［式（2.38）］求得。

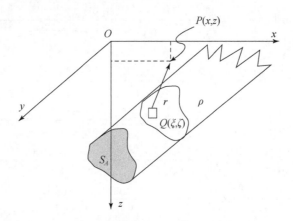

图 2.15　二度体重力场和引力位计算参考图

令式（2.38）中 $y=0$，η 的积分限为 $-\infty \sim \infty$，有

$$
\begin{aligned}
\Delta g &= -G\rho \iint_{S_A} \mathrm{d}\xi \mathrm{d}\zeta \int_{-\infty}^{\infty} \frac{(z-\zeta)\mathrm{d}\eta}{\left[(x-\xi)^2 + (y-\eta)^2 + (z-\zeta)^2\right]^{3/2}} \\
&= -2G\rho \iint_{S_A} \frac{z-\zeta}{(x-\xi)^2 + (z-\zeta)^2} \mathrm{d}\xi \mathrm{d}\zeta
\end{aligned} \tag{2.46}
$$

式中，S_A 为横截面积。

由式（2.46）可推得二度体的引力位公式，即

$$
\begin{aligned}
V &= \int \Delta g \mathrm{d}z = \int \left[-2G\rho \iint_{S_A} \frac{(z-\zeta)\mathrm{d}\xi \mathrm{d}\zeta}{(x-\xi)^2 + (z-\zeta)^2} \right] \mathrm{d}z \\
&= 2G\rho \iint_{S_A} \ln \frac{1}{\left[(x-\xi)^2 + (z-\zeta)^2\right]^{1/2}} \mathrm{d}\xi \mathrm{d}\zeta
\end{aligned} \tag{2.47}
$$

利用式（2.46）或式（2.47）还可求得

$$
V_{xz} = \frac{\partial^2 V}{\partial x \partial z} = \frac{\partial}{\partial x}(\Delta g) = 4G\rho \iint_{S_A} \frac{(x-\xi)(z-\zeta)}{\left[(x-\xi)^2 + (z-\zeta)^2\right]^2} \mathrm{d}\xi \mathrm{d}\zeta \tag{2.48}
$$

$$
V_{xx} = \frac{\partial^2 V}{\partial x^2} = 2G\rho \iint_{S_A} \frac{(x-\xi)^2 - (z-\zeta)^2}{\left[(x-\xi)^2 + (z-\zeta)^2\right]^2} \mathrm{d}\xi \mathrm{d}\zeta = -V_{zz} \tag{2.49}
$$

$$
V_{zz} = \frac{\partial^2 V}{\partial z^2} = \frac{\partial}{\partial z}(\Delta g) = 2G\rho \iint_{S_A} \frac{(z-\zeta)^2 - (x-\xi)^2}{\left[(x-\xi)^2 + (z-\zeta)^2\right]^2} \mathrm{d}\xi \mathrm{d}\zeta \tag{2.50}
$$

$$
V_{zzz} = \frac{\partial^3 V}{\partial z^3} = \frac{\partial^2}{\partial z^2}(\Delta g) = 4G\rho \iint_{S_A} \frac{3(x-\xi)^2(z-\zeta) - (z-\zeta)^3}{\left[(x-\xi)^2 + (z-\zeta)^2\right]^3} \mathrm{d}\xi \mathrm{d}\zeta \tag{2.51}
$$

习　　题

（1）地球的引力位、离心力位、重力位对某一坐标轴和某一方向的偏导数的物理意义是什么？

（2）何为重力等位面？等位面有哪几个特性？重力位二阶偏导数与重力等位面有何关系？

（3）赤道处的重力值小于两极处的重力值的原因是什么？

（4）将地球近似看成半径为6370km的均匀球体，若极地处重力值为9.8m/s，试估算地球的总质量。

（5）地球表面上任意点的重力由哪几个因素所决定的？"引起重力变化的因素就是引起重力异常变化的因素"这个说法对吗？为什么？

（6）假定沿某一剖面上各点的正常重力值的大小和方向皆相同，示意绘出当地下存在有剩余密度小于零的球形地质体时，沿剖面各点的重力分布图。

第三章　重力仪的分类

地球表面上任何一点的重力值都可以用重力仪实际测量出来。重力仪和重力梯度仪是进行重力和梯度测量的工具，统称为重力测量仪器。重力法的应用范围在很大程度上取决于重力测量所使用的仪器——重力仪，它能决定重力法所能解决的问题，甚至决定重力法应用的发展进程。

第一节　重力测量分类

一、仪器类别

凡与重力有关的物理现象，原则上都可以用来测定重力值。如果测定出来的数值是该测点的重力绝对数值，则称其为绝对重力测量；如果测定出来的数值是该测点与另一测点（也可以是重力基准点）间的重力差值，则称其为相对重力测量。在建立高级别的基准观测站或进行地震监测等工作时，大多采用绝对重力测量；在找矿勘探和地质研究工作以及建筑工程项目中，大多采用相对重力测量。与绝对重力测量相比，实施相对重力测量更简便易行。

在重力测量中，按测定重力的方法不同可分为动力法和静力法。

动力法通过观测物体在重力作用下的运动状态（路程和时间）来测定重力，如利用物体的自由下落或上抛运动，或利用摆的自由摆动。这些方法通常用来测定绝对重力值，按动力法原理设计的测定绝对重力值的仪器称为绝对重力仪。

静力法通过观测物体在重力作用下静力平衡位置的变化来测定两点间的重力差，如观测负荷弹簧的伸长量（线位移系统）或摆杆的偏移角度（角位移系统）。按静力法原理设计的仪器只能测定两点间的重力差值，故称为相对重力仪。

重力仪按其所测量的环境和空间不同，可以分为地面重力仪、航空重力仪、海洋重力仪、井中重力仪及卫星重力仪。按其所测量的重力参量的不同，可以分为单分量重力仪、三分量重力仪和重力梯度仪。

二、仪器的相关指标

重力勘探要求能测量出重力场的微弱变化，即要求能准确地测量出 $1 \sim 10$ g.u.，甚至更小的重力变化，该值约占地球平均重力值的千万分之一到百万分之一，因此，要求重力仪具有高灵敏度、高精度、轻便化、数字化和自动化等良好性能。

（一）重力仪的灵敏度

灵敏度是指仪器能够感觉出的场强度的最小变化。显示灵敏度（亦称读数分辨率）指的是在读数装置上估计出的最小可辨读数。对无数字显示的仪器，如 ZSM 型石英弹簧重力仪显示灵敏度为 0.1g. u. ；对有数字显示的仪器来说，最末的一位数字即代表场值，如 CG-3 型石英弹簧重力仪显示灵敏度为 0.01g. u. 。

灵敏度与显示灵敏度是两个不同的概念。一般情况下，仪器的显示灵敏度有一定的随机误差；而灵敏度是某种仪器对一定强度的重力场感知的标定量，应注意它们的区别。

（二）重力仪的精度

精度是反映测量结果与真实值接近程度的量，它与误差大小相对应，误差大、精度低；误差小、精度高。通常，误差又可分为系统误差、偶然误差和过失误差。

通常情况下，精度可分为以下三种。

（1）准确度：描述系统误差影响程度的量；

（2）精密度：描述偶然误差影响程度的量；

（3）精确度：描述系统误差和偶然误差综合影响程度的量。

在重力勘探中，往往不区分精密度与准确度在含义上的差别，而笼统地称为精度，只在必要时加以区分。

应注意的是，不应将仪器的灵敏度与精度混淆。如果一台仪器的精度很高，则它的灵敏度自然很高；而一台仪器的灵敏度很高，它的精度不一定很高。

第二节　地面重力测量仪器

一、绝对重力测量仪器

当前国际上研制的测定绝对重力值的仪器的原理都是根据自由落体定律得出的，具体又可分为自由下落法和对称自由运动法（又称上抛法）。

（一）自由下落法绝对重力仪

1. 自由下落法绝对重力仪的基本原理

所谓自由落体运动是指物体在只受重力作用下，沿垂线所做的加速直线运动。自由落体方法首先是 1946 年法国的伏莱（C. Volet）提出的。如图 3.1 所示，在任意时刻 t 自由落体的运动方程式为

$$h = h_0 + v_0 t + \frac{1}{2} g t^2 \tag{3.1}$$

式中，h_0 为落体的起始高度；t 为从起始高度起算的下落时间；v_0 为下落时初速度；g 为重力加速度。

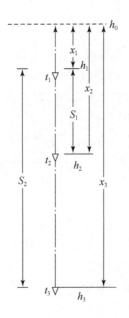

图 3.1　自由下落法

式（3.1）中含有 h_0、v_0 和 t 三个未知数，故必须测定三组 h_i 和 t_i 值，由式（3.1）解出 g 值。设自由落体在三个位置上的参数分别为 t_1、h_1，t_2、h_2 和 t_3、h_3，并设 $x_1 = h_1 - h_0$，$x_2 = h_2 - h_0$，$x_3 = h_3 - h_0$，按式（3.1）可得

$$x_1 = v_0 t_1 + \frac{1}{2} g t_1^2, x_2 = v_0 t_2 + \frac{1}{2} g t_2^2, x_3 = v_0 t_3 + \frac{1}{2} g t_3^2 \tag{3.2}$$

将式（3.2）中的第二、第三式分别减去第一式，再令 $S_1 = x_2 - x_1$、$S_2 = x_3 - x_1$，$T_1 = t_2 - t_1$、$T_2 = t_3 - t_1$，在消去 v_0 后可简化求得

$$g = \frac{2\left(\dfrac{S_2}{T_2} - \dfrac{S_1}{T_1}\right)}{T_2 - T_1} \tag{3.3}$$

这就是自由下落法求 g 值的实用公式。可见，只要精确地测定出距离 S_1、S_2 和时间间隔 T_1、T_2，就可计算出精确的绝对重力值 g。

2. 国产 NIM 型绝对重力仪

我国是当今少数几个能进行绝对重力测量的国家之一。中国计量科学研究院从 1964 年开始研制下落式绝对重力仪，1975 年制成准确度为 ±1g. u. 的固定式仪器。1980 年制造出 NIM-I 型可移式仪器，参加了在巴黎进行的国际比对，准确度约为 ±0.2g. u.。1985 年后，制造出 NIM-Ⅱ 可移式绝对重力仪，重量也减轻至 250kg，1.5 ~ 2 天完成一个点的测量。在参加巴黎的第二次国际比对时，准确度为 ±0.1g. u.，并在国内和区域内完成了大量验证性测量。在此基础上，中国计量科学研究院进一步研发完成了新一代 NIM-3A 型绝对重力仪，准确度为 ±0.05g. u.，并于 2014 年被国家质检总局批准为重力加速度社会公用计量标准装置。

　　目前典型的激光干涉绝对重力仪分别以激光波长和原子钟作为长度基准和时间基准，内部装有角锥棱镜的落体作为敏感元件，落体在真空中自由下落的运动加速度即为当地的重力加速度。角锥棱镜是一种可以保证反射光与入射光绝对平行，仅传播方向相反的特殊光学器件，以它为敏感元件可以自然消除水平扰动对垂直方向上重力测量的影响，大幅提高测量精度。

　　中国计量科学研究院自行研制的 NIM-Ⅱ型绝对重力仪是根据自由落体原理制造的，实际上是一台迈克尔逊干涉仪。主体直角棱镜（1）装在落体上，它的光心和落体的质心重合，由高度稳定的氦-氖激光器（2）射出的光束通过狭缝（3）和准直透镜（4）而投射至主分光镜（5）上。激光束分成两路，一路经主分光镜反射至主体直角棱镜（1）；另一路则透过主分光镜，经反射镜（6）反射至固定参考主体直角棱镜（7），这两路光束分别经棱镜（1）和（7）的折射，再通过主分光镜（5）、反射镜（8）和透镜（9）一起反射进入光电倍增管（10）（图3.2）。这种结构就是一台迈克尔逊干涉仪。在落体下落的过程中，由于两光束的光程差不断改变，它们在空间叠加时就形成明暗交替的干涉条纹，这个光程差就是落体下落距离的变化。只要记录出干涉条纹数目，由式（3.4）即可求得自由落体下落的距离。

$$S_{\mathrm{d}} = N\frac{\lambda}{2} \tag{3.4}$$

式中，λ 为激光波长；N 为干涉条纹数。

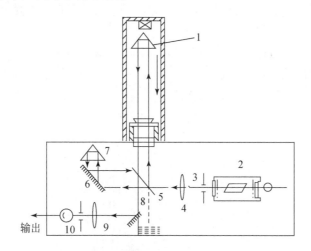

图 3.2　激光干涉系统原理图
1. 主体直角棱镜；2. 氦-氖激光器；3. 狭缝；4. 准直透镜；5. 主分光镜；6、8. 反射镜；
7. 固定参考主体直角棱镜；9. 透镜；10. 光电倍增管

　　干涉条纹数用电子计数器计数，由光电倍增管输出。与此同时，对时间的记录则采用铯（铷）原子钟作频率标准。为了保证精度，减少空气阻力的影响，自由落体应安置在高真空度的容器内下落。干涉条纹信号变化一个整周期。结合原子钟的时钟信号，可以得到条纹信号幅值为零时的所有时刻序列，即落体轨迹，对其进行最小二乘法拟合，即可求解出落体受到的重力加速度。

3. FG-5 型绝对重力仪

FG-5 型绝对重力仪由美国国家标准与技术研究院同 AXIS 公司在 1992 年联合研制成功，是目前测量精度最高、最具有商业化价值的绝对重力仪。该仪器亦采用自由落体原理，重 32kg，架设时间为 1~2h，包括激光器、落体室、超长弹簧、干涉仪和计算机控制系统，落体下落长度为 20cm，在 0.2s 内完成一次测量，每次测量记录 700 个时间–位置距离对，用最小二乘法拟合求解 g，精度可达 0.01~0.02g.u.。FG-5X 型绝对重力仪为 FG-5 型绝对重力仪的升级版，它的自由落体距离增加了约 13cm，落体块驱动系统从原有的单轨升降改进为双轨平衡升降，精度与 FG-5 型绝对重力仪相同。

FG-5 型绝对重力仪采用了无阻力下落装置，落体室采用一个真空无阻力盒（DFC）来抛落和接触自由落体 W。即 DFC 由伺服电机首先释放落体 W，在测量过程中跟踪落体 W，但并不接触，最后在落体末端接触落体 W，这样，可消除落体室内残留空气和静电荷等产生的阻力。

参照光学单元安装在一个活动的长期垂直体（即超长弹簧）中，在超长弹簧中，用机械补偿系统来消除超长弹簧的热漂移。FG-5 型绝对重力仪采用在线式干涉仪，以便使落体室内的自由落体测试质量块与悬挂在超长弹簧内的参照测试质量块保持在一条垂线上，从而消除干涉仪基底倾斜等对测量结果的影响。FG-5 型绝对重力仪的光学系统与其他重力仪的光学系统相比，主要优点是对落体质量块的运动冲击引起的系统运动不敏感；两个干涉光束的夹角能够调节以产生更好的干涉条纹；新的光束路径的设计可以容易得到所需用于调整系统的各种数据。

FC-5 型绝对重力仪的另一个主要改善是干涉仪中采用了耐用的碘稳频 He-Ne 激光器（图 3.3）。该激光器无须标定，激光频率的稳定性可达 10^{-10} 以上。控制系统采用 PC 便携微机控制，可自动启动重力仪工作：实时数据采集、存储、打印、绘图以及后处理等。并对重力观测数据实时作光束传播时间改正、地球潮汐改正、气压改正、仪器有效高度改正、极移改正、海潮改正等。

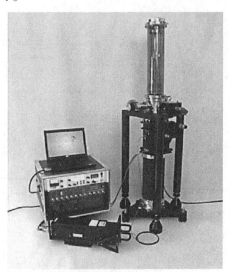

图 3.3　FG-5 型绝对重力仪

（二）上抛法与下落法绝对重力仪

上抛法的原理是将物体垂直上抛，然后再自由下落。上抛法与下落法绝对重力测量与自由落体法绝对重力测量的基本原理相同，只不过考虑了物体运动的往返过程。为了使绝对重力值测量达到 10^{-2} g.u. 级（微伽级）的精度，近年来又出现了根据物体的上抛和下落运动来测定重力值的仪器，原理如下。

如图 3.4 所示，设在铅垂方向上有两个位置 A 和 B，AB 间距离为 H。物体上抛至 A 位置的时刻为 t_1，速度为 v_1；至 B 位置的时刻为 t_2，速度为 v_2；到达最高点 C 时速度为零。然后下落至 B 点的时刻为 t_3，速度仍是 v_2；下落至 A 点的时间为 t_4，速度仍是 v_1。若该物体仅受重力作用，则由能量守恒定律可得

$$\frac{1}{2}mv_1^2 = \frac{1}{2}mv_2^2 + mgH \tag{3.5}$$

因为在上抛、下落运动中，物体上下经过对称位置时的速度是相等的，所以有

$$v_1 = \frac{1}{2}g(t_4 - t_1)$$

$$v_2 = \frac{1}{2}g(t_3 - t_2)$$

将 v_1、v_2 代入式（3.5）中可得

$$g = \frac{8H}{(t_4 - t_1)^2 - (t_3 - t_2)^2} \tag{3.6}$$

若以 $H = \frac{1}{2}N\lambda$ 代入，则有

$$g = \frac{4N\lambda}{(t_4 - t_1)^2 - (t_3 - t_2)^2} \tag{3.7}$$

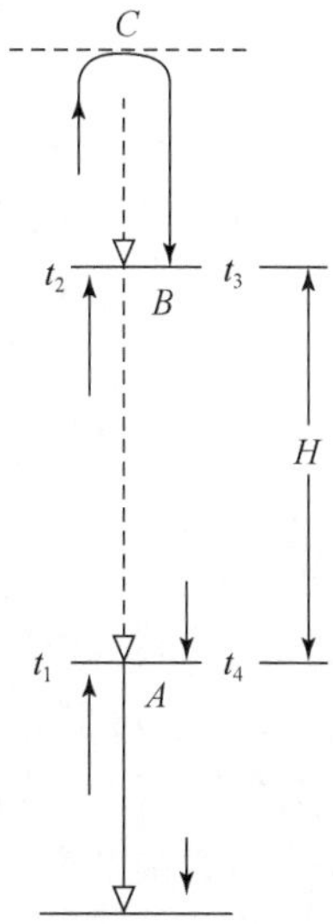

图 3.4　上抛法原理

由于上抛和下落时经过同一点的速度相同，所以落体受到残存空气阻尼和计时误差影响相似，从而能很好地消除这两种误差的系统性影响。这种仪器的测距及测时系统与下落法相似。

重力 g 是高度的函数，那么两种仪器所测定的重力值是什么高度上的值呢？可以证明，下落法测定的 g 值是自由落体质心起始位置以下 $Z = 2S_2/7$ 处的数值，S_2 为自由落体下落的全程；上抛法测出的 g 值是物体最高点以下 $Z = \left(\dfrac{H}{2} + H_B \right)/3$ 处的数值。其中，H_B 为 B 点的高度。

二、相对重力测量仪器

相对重力测量一般用相对重力仪进行。为了测量重力的变化或进行重力的相对测量，最轻便、最快速及最结实的野外仪器是由重荷及弹簧组成灵敏系统（传感器）的重力仪。自 20 世纪 30 年代开始研究以来，已经设计了几十种这样的仪器（Chapin，1998b）。几十年来，世界上比较流行的或者应用最广泛的传感器有两种：一种是拉科斯特（LaCoste）和隆贝格（Romberg）发明的，以"零长弹簧"思想为基础而设计的倾斜零长金属弹簧传感器，其代表作是目前世界上应用最广泛的拉科斯特-隆贝格（LaCoste-Romberg，L-R）金属弹簧重力仪；另一种是石英零长弹簧传感器，如加拿大先达利（Scientrex）公司的 CG-3、CG-5、CG-6 型全自动重力仪及在我国曾经使用过的加拿大 World-Wide 重力仪和美国的沃登重力仪。零长弹簧是一种具有特殊预拉力的拉伸弹簧，由于其具有相对尺寸小、灵敏度高、作为动态测量敏感元件可以很好地克服横向扰动等特点，常常作为高精度、高灵敏度、有长期稳定性要求传感器（如重力仪、地震仪等）的理想型敏感元件。20 世纪 50 年代末至今由北京地质仪器厂生产，并在我国得到广泛应用的 ZSM 型重力仪（精度达 $\pm 0.03 \times 10^{-5} \mathrm{m/s}^2$，比 L-R 金属弹簧重力仪便宜约 90%），就属于石英弹簧重力仪。还有一种"虚弹簧设计"的传感器，它利用磁性悬浮物而不是弹簧，实现了与弹簧仪器相同的效果，而没有物理弹簧所固有的缺点。在这个系统中，测量使重荷悬浮到零点所需要的电压，便得到重力测量值。此外，还有一些独特的测量重力的方法。

（一）工作原理

一个具有恒定质量的物体在重力场中的重量随重力 g 值的变化而变化。如果用另外一种力或力矩（弹力、电磁力等）来平衡这种重力（重量）或重力矩的变化，通过对该物体平衡状态的观测，就有可能测量出重力的变化或两点间的重力差值。用于相对重力测量的重力仪就是利用弹力矩平衡重力矩原理，根据物体平衡状态的观测测量重力的变化。

按物体受力而产生位移方式的不同，重力仪可分为平移式和旋转式两大类。在日常生活中使用的弹簧秤从原理上说就是平移式重力仪。若设弹簧的原始长度为 L_0，弹力系数为 k，挂上质量为 m 的物体后，其重量 mg 与弹簧形变产生的弹力大小相等（方向相反）时，重物处在某一平衡位置上，其平衡方程式为

$$mg = k(L - L_0) \tag{3.8}$$

式中，L 为平衡时弹簧的长度。如果将该系统分别置于重力值为 g_1 和 g_2 的两点上，则弹簧的伸长量不同，平衡时弹簧的长度分别为 L_1 和 L_2，由此可得同式（3.8）一样的两个方程式，将它们相减便有

$$\Delta g = g_2 - g_1 = \frac{k}{m}(L_2 - L_1) = C_0 \cdot \Delta L \tag{3.9}$$

可见，只要 k 与 m 不变，两点间的重力差 Δg 就与重物的线位移差 ΔL 成正比。比例系数 C_0 称为重力仪的格值，用它就可以将重物的位移量换算成重力差。

（二）构造上的基本要求

假定上述弹簧秤式的重力仪，在重力全值（约为 10^7 g.u.）的作用下，弹簧伸长量为 10cm。一个半径为 50m、中心埋藏深度为 100m、剩余密度为 0.5g/cm³ 的球体，在其中心的正上方引起的最大重力异常大约为 2g.u.，这样的重力变化只能引起弹簧长度变化 2×10^{-6}mm。可见，重力仪既要能够灵敏地感受到重力的微小变化，又要能够观测出这一变化。

不同类型重力仪的构造虽然差别甚大，但任何一台重力仪都有两个最基本的部分：一个是静力平衡系统，用来感受重力的变化，故又叫灵敏系统，是仪器的心脏，当重力变化时，系统中的平衡体（重荷）便会产生位移；另一个是测读机构，用来观察平衡体的移动，并测量位移的大小，根据平衡体的位移，可以换算出重力的变化。

对灵敏系统来说，必须具有较高的灵敏度以便感受出微小的重力变化；对测读机构来说，它应具备足够大的放大能力以分辨出平衡体微小的移动，能够测量较大的重力变化范围，以及读数与重力变化间的换算方法简单。

（三）平衡方程式与灵敏度

弹簧重力仪的静力平衡系统（也称灵敏系统）是用来感觉重力变化的机构，有代表性的旋转式重力仪的灵敏系统如图 3.5 所示。图 3.5 中，摆杆（1）的重荷为 m，它与支杆（3）固结为一体，可绕旋转轴 O 转动，此旋转轴可以为水平扭丝或一对水平扭转弹簧。主弹簧（2）下端点与支杆（3）相接。在某一测点 A 处，由于重力的作用使摆杆静止于

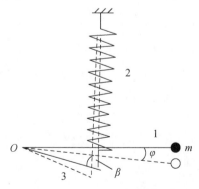

图 3.5　旋转式重力仪灵敏系统示意图

1. 摆杆；2. 主弹簧；3. 支杆

固定位置（平衡位置上）。当此装置移到和 A 点重力值不等的 B 点时，平衡体产生位移，位移角度（$\Delta\varphi=\varphi_B-\varphi_A$）的大小与两点之间重力值变化量（$\Delta g=g_B-g_A$）的大小有关。根据 $\Delta\varphi$，通过某种换算关系便可确定 Δg。

这样，平衡体（摆杆与 m）在重力矩和弹力矩的作用下可在某一位置达到平衡。设 M_g 表示平衡体所受的重力矩，它是 g 与对摆杆水平位置偏角 φ 的函数；M_τ 表示平衡体所受的弹力矩，它仅是 φ 的函数。在平衡体静止时，合力矩 M_0 为零，即

$$M_0=M_g(g,\varphi)+M_\tau(\varphi)=0 \tag{3.10}$$

这就是重力仪的基本平衡方程式。从该式出发，可以讨论仪器的角灵敏度等问题。所谓角灵敏度，是指单位重力的变化所能引起的平衡体偏角的大小。偏角越大，则表示仪器越灵敏。由式（3.10）可知，g 的变化将引起 φ 的变化。为此，将式（3.10）对 g 和 φ 微分得

$$\frac{\partial}{\mathrm{d}g}M_g(g,\varphi)\mathrm{d}g+\frac{\partial}{\mathrm{d}\varphi}M_g(g,\varphi)\mathrm{d}\varphi+\frac{\partial}{\mathrm{d}\varphi}M_\tau(\varphi)\mathrm{d}\varphi=0 \tag{3.11}$$

稍加整理即可获得角灵敏度的表达式：

$$\frac{\partial\varphi}{\mathrm{d}g}=\frac{\dfrac{\partial}{\partial g}M_g(g,\varphi)}{\dfrac{\partial}{\partial\varphi}M_g(g,\varphi)+\dfrac{\partial}{\partial\varphi}M_\tau(\varphi)} \tag{3.12}$$

式（3.12）称为重力仪的一般灵敏公式，它反应灵敏系统对重力变化的灵敏程度。对于灵敏系统，要求它必须有较高的灵敏度，能够感觉出微小的重力变化。

因此，提高灵敏度有以下两个途径。

（1）增大式（3.12）中的分子，就其物理意义而言，增大分子就是增大重荷 m 及平衡体质量中心至转轴 O 的距离 L，其结果会增加仪器的重量和体积，也使各种干扰因素的影响加大，故一般不采用。

（2）减小式（3.12）中的分母，即 $\dfrac{\partial}{\partial\varphi}M_g(g,\varphi)+\dfrac{\partial}{\partial\varphi}M_\tau(\varphi)\leqslant0$，称为敏化条件。

当稳定平衡时，$\dfrac{\partial}{\partial\varphi}M_g(g,\varphi)+\dfrac{\partial}{\partial\varphi}M_\tau(\varphi)<0$；当随遇平衡时，$\dfrac{\partial}{\partial\varphi}M_g(g,\varphi)+\dfrac{\partial}{\partial\varphi}M_\tau(\varphi)=0$；当不稳定平衡时，$\dfrac{\partial}{\partial\varphi}M_g(g,\varphi)+\dfrac{\partial}{\partial\varphi}M_\tau(\varphi)>0$。

敏化条件的物理意义是设计制造重力仪时，使灵敏系统趋于随遇平衡的稳定状态。既减小平衡系统的稳定性，但又不使其达到不稳定状态，让分母趋于零而不等于零，则灵敏度可达到任意需要的程度。为实现这一要求，可采用加敏化装置的方法（质量敏化、弹簧敏化、电力敏化）、倾斜观测法以及适当布置主弹簧位置等方法。图 3.5 中主弹簧与平衡体的这种连接方式，使主弹簧与支杆之间的夹角为锐角，就带有自动"助动"作用，且随着角的减小，灵敏度会逐步提高。

（四）测读机构与零点读数法

测读机构是重力仪中用来观察平衡体位移和测量重力变化具体数值的部分。如前所

述，平衡体位移量 $\Delta\varphi$ 与重力的变化量 Δg 有关。计算表明，若 $\Delta g = 10 \text{g. u.}$，则 $\Delta\varphi = 1$；若 $\Delta g = 0.1 \text{g. u.}$，则 $\Delta\varphi$ 会更小。可见，对于平衡体这么微小的位移，肉眼是无法观察的。为此，要求测读机构必须具有足够的放大能力，能够分辨出平衡体的微小位移。由测读机构的作用可知，它应包括放大部分（如光学放大、光电放大或电容放大等装置）和测微部分（测微读数器或自动记录系统）。

现代重力仪都采用补偿法进行观测、读数，即采用零点读数法。也就是把灵敏系统中平衡体在重力变化时所产生的位移仅作为重力变化的信息，并不直接测定位移的大小，而是用另外的力去补偿重力的变化。这个方法的含意是选取平衡体的某一平衡位置作为测量重力变化的起始位置（即零点位置）；重力变化后，第一步通过放大装置观察平衡体对零点位置的偏离情况；第二步用另外的力去补偿重力的变化，即通过测微装置再将平衡体又调回到零点位置，通过测微器上读数的变化来记录重力的变化。重力仪的零点位置一般都定在平衡体的质心与其转轴所构成的平面为水平面时的位置（水平零点位置）。

采用这种读数法的优点是扩大了直接测量范围，减小了仪器的体积，以相同的灵敏度在各点施测，读数换算较易于实现线性化等。

在现代重力仪中，用来观察和测量重力变化的测读装置是光学装置。简单的光学装置如图3.6所示。由灯泡（1）发出的光经透镜（2）进入棱镜（3），经反射由棱镜底面的狭缝（4）射出，经另一透镜（5）投射在与平衡体杆臂固定在一起的平面镜（6）上，并由它反射，再经透镜（5）进入望筒。望筒中有刻度片（8）和一个放大镜（7）。在望筒中可以看到很细的一条亮线［狭缝（4）的像］，这条亮线随着平衡体杆臂的偏转而在刻度片上左右摇动。当亮线与刻度片上的零线重合时，表示平衡体处于水平零点位置。当亮线离开零刻度时，利用测微螺丝（10）改变弹簧（9）的张力，把亮线调回到零刻度上。最后，根据测微螺丝上的读数变化，就可求出重力的变化。

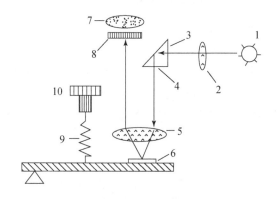

图3.6　光学装置示意图

1. 灯泡；2、5. 透镜；3. 棱镜；4. 狭缝；6. 平面镜；7. 放大镜；8. 刻度片；9. 弹簧；10. 测微螺丝

（五）影响重力仪精度的因素及消除影响的措施

影响重力仪精度的因素主要有温度变化，气压、静电力和磁力变化，安置状态不一致，重力仪零点漂移等，这些都能使平衡体发生移动，而且这些影响比重力的作用大许

多。所以，与提高仪器灵敏度相比，消除这些影响以保证重力仪的测量精度则是一个更为复杂的问题。

1. 温度变化影响

温度变化会使重力仪各部件热胀冷缩，各着力点间相对位置发生变化；弹簧的弹力系数和空气的密度（与平衡体所受浮力有关）也是温度的函数。以石英弹簧为例，它的弹性温度系数约为 1.2×10^{-4}，即温度变化 $1℃$，相当于重力变化了 1200g. u.（即重力全值 10^7g. u. 与弹性温度系数之积）。因此，克服温度变化的影响是提高重力仪精度的重要保证。

目前为减小或消除这一影响，采用以下方法：①研制与选用受温度变化影响小的材料作仪器的弹性元件；②附加自动温度补偿装置；③采用电热恒温使仪器内部温度基本保持不变。

2. 气压影响

气压变化会使空气密度改变，从而使平衡体所受的浮力发生变化，并在仪器内腔形成额外的气流。消除的方法有两点：①将弹性系统放在高真空容器内；②在与平衡体相反方向上加一个等体积矩的气压补偿装置。

3. 静电力和磁力变化影响

用石英制成的摆杆，当它摆动时，会与残存的空气分子摩擦而产生静电，静电荷的不断累积将使仪器读数发生变化。为此，常在平衡体附近放一适量的放射性物质，使空气游离而导走电荷。对于金属弹簧重力仪来说，如果用含铁磁性材料作元件，就会受到地磁场变化的影响。为此，要将弹性系统消磁，并用磁屏进行屏蔽。在野外观测时，借助指北针定向安放仪器，永远让摆杆顺着地磁场方向摆动。

4. 安置状态不一致的影响

重力仪在各测点上安置得不可能完全一样，因而摆杆与重力的交角就不会一致，从而使测量结果不仅包含有各测点间重力的改变值，还受摆杆与垂直方向交角不一致的影响。可以证明，为了使后者的影响降低到最小限度，应取平衡体的质心与水平转轴所构成的平面为水平时的平衡体位置作为重力仪的零点位置。为此，重力仪都装有指示水平的纵、横水准器和相应的调平脚螺丝，有的还装有灵敏度更高的电子水准器和自动调节系统。

5. 重力仪零点漂移

弹性重力仪中的弹性元件，在一个力（如重力）的长期作用下将会产生蠕变和弹性滞后（弹性疲劳）等现象，致使弹性元件随时间推移而产生极其微小的永久形变。它严重地影响了重力仪的测量精度，带来了几乎不可克服的零点漂移。例如，当我们在一个点上进行观测后，过一段时间再在同一点上重复观测，即使消除了各种外界因素的影响，两次观测的结果仍不相同。重力仪读数这种随时间而改变的现象称为零点漂移（或叫零位变化）。为消除这一影响，必须获得重力仪零点漂移的基本规律和在工作时间段内零点漂移值的大小，以便引入相应的校正。所以，在制造仪器时，应选择适当材料和经过时效处理，尽量使零点漂移小，并努力做到使它成为时间的线性函数。这是在恒温精度提高以后，衡量重力仪性能好坏的重要标志。此外，在野外工作中，必须在一批重力值已知的重力基点网的控制下进行测量，才有可能进行零点校正。

（六）重力仪分类

从构造上，重力仪可以分为平移式和旋转式两大类型；从制作材料上及工作原理上可以分为石英弹簧重力仪、金属弹簧重力仪、振弦重力仪及超导重力仪等；根据应用领域可以分为地面重力仪、海洋重力仪、航空重力仪以及井中重力仪等。

地面重力仪根据用途可分为两类：一类是用于野外流动观测以获取测区内重力分布的资料；另一类是用于固定台站观测重力随时间的变化情况，用于天然地震预报研究、地下水位监测或做重力固体潮测量等。下面介绍应用比较广泛的石英弹簧重力仪及金属弹簧重力仪。

三、石英弹簧重力仪

石英弹簧重力仪的品种虽多，但工作原理相同。在 2020 年的珠穆朗玛峰高程测量中，应用国产"珠峰号"高精度重力仪进行重力测量，是人类首次在珠穆朗玛峰顶开展重力测量，为高精度的珠穆朗玛峰高程测量提供了历史最好的海拔起算基准。

下面以国产 ZSM-V 型仪器为例予以介绍。

（一）仪器性能指标

国产 ZSM-V 型仪器性能指标见表 3.1。

表 3.1　国产 ZSM-V 型仪器性能指标

项目	性能指标
观测精度	$\varepsilon \leqslant \pm 0.3$ g. u.
读数精度	$\leqslant \pm 0.1$ g. u.
直接测量范围	约 1400g. u.
测程范围	约 50000g. u.
格值	0.9 ~ 1.1g. u.
读数范围内格值变化	<1/1000
亮线灵敏度	16 ~ 20g. u.
恒温温阶	15℃、30℃、45℃
恒温精度	±0.2℃
零点漂移	45℃条件下≤1g. u. /h
电净	±2.5V 电池组，功耗<1W
净重	6kg

（二）仪器的构造

该仪器的主体结构如图 3.7 所示，它包括以下几部分。

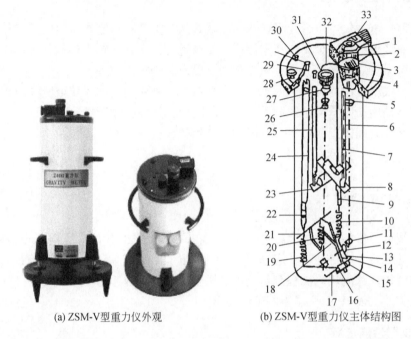

(a) ZSM-V型重力仪外观　　　　(b) ZSM-V型重力仪主体结构图

图 3.7　ZSM- V 型重力仪外观及主体结构图

1. 目镜筒；2. 目镜座；3. 刻度片；4. 纵水准器调节孔；5. 场镜；6. 计数器连杆；7. 纵水准器调节连杆；8. 纵水准器；9. 读数测微螺丝；10. 读数弹簧；11. 棱镜；12. 物镜；13. 指示丝；14. 温度补偿丝；15. 温度补偿杆；16. 温度补偿扭丝；17. 测量扭丝；18. 摆杆；19. 测量弹簧；20. 主弹簧；21. 摆扭丝；22. 测程测微螺丝；23. 横水准器；24. 测程调节连杆；25. 横水准器调节连杆；26. 聚光镜；27. 灯泡；28. 电源开关；29. 横水准器调节孔；30. 外接电源插孔；31. 灯座；32. 水准器；33. 计数器

1. 弹性系统

弹性系统（图 3.8）位于仪器主体的底部（图 3.7）。由重荷（铂环）（1）、摆杆（2）、水平摆扭丝（3）、主弹簧（4）及温度补偿装置（5、8、12、13）、读数弹簧（6）、测程调节弹簧（10）等组成。除重荷（1）及温度补偿丝（5）为金属外，其他均用熔融石英制成，被一个石英矩形框架支撑并固定在密封容器的顶盖下。

2. 光学系统

其光学系统结构见图 3.9，它是一个放大倍数约 200 的长焦距显微镜，由指示丝（7）形成的亮线影像指示平衡体的位置。当亮线与刻度片中的零线重合时，表示平衡体已处在零点位置。

3. 测量系统

由读数、测程调节装置及纵、横水准器等组成。读数装置如图 3.10 所示。测微螺丝（1）通过连杆（2）与仪器面板上的测微读数器（3）相连，转动测微器的旋钮可以带动

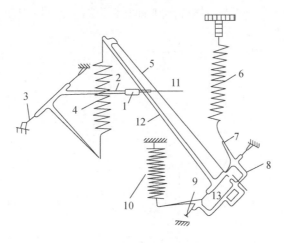

图 3.8　弹性系统结构图

1. 重荷；2. 摆杆；3. 水平摆扭丝；4. 主弹簧；5. 温度补偿丝；6. 读数弹簧；7. 读数弹簧连杆；
8. 温度补偿框架；9. 读数框架扭丝；10. 测程调节弹簧；11. 指示丝；12. 温度补偿杆；13. 温度补偿扭丝

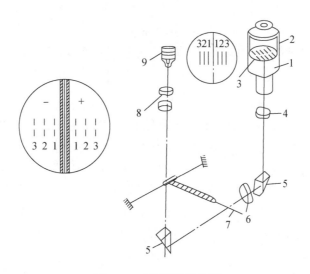

图 3.9　光学系统结构图

1. 目镜座；2. 目镜筒；3. 刻度片；4. 场镜；5. 全反射镜；6. 物镜；7. 指示丝；8. 聚光镜；9. 灯泡

测微螺丝旋转，它的底部压着一个钢球（4），钢球的下面为导向装置（5），它连着读数弹簧（6）。随着测微螺丝的旋转，导向装置带动读数弹簧伸缩，以改变主弹簧的弹力矩，从而将平衡体调回到零点位置，此时计数器上的数字即为仪器的读数。测程调节装置与读数装置不同之处在于测程调节弹簧（图 3.8 的 10）的弹力系数比读数弹簧的大数十倍，因而它的微小伸缩可以补偿较大的重力变化。此外，在同样的连杆上是一个精密的螺丝（图 3.7 的 22、24），可用相配的改锥进行测程的调节。为保证仪器安置水平，在仪器中部装有相互垂直的两个水准器。上面的一个平行于摆杆，称为纵水准器；下面的一个平行于摆扭丝，称为横水准器。仪器主体外围绕有电热恒温丝，然后装入保温瓶内，保温瓶与金属外壳间充填有隔热材料。

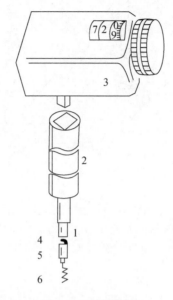

图 3.10　读数装置

1. 测微螺丝；2. 连杆；3. 测微读数器；4. 钢球；5. 导向装置；6. 读数弹簧

4. 平衡方程式

图 3.11 为简化后重力仪灵敏系统工作原理图。AB 为主弹簧，其弹力系数为 K，原始长度为 S_0，受力后的长度为 S，转轴 O 至主弹簧中轴线垂直距离为 D；平衡体质心至 O 的长度为 L，支杆 OB 长度为 r；m 为摆杆、支杆及重荷的总质量。以 O 为坐标原点，取摆杆在水平位置上方 α 角时的位置作为零点位置，并设由 O 至此时主弹簧下端点 B 的连线为 x 轴正方向，纵轴垂直 x 轴向上。为减轻主弹簧负担，事先给扭力系数为 τ 的扭丝加的预扭角为 θ_0。（从 E 开始逆时针旋至零点位置后再焊接在石英框架上）。

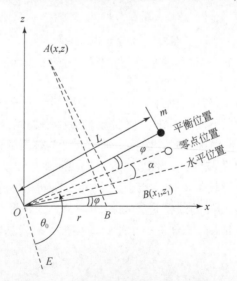

图 3.11　重力仪灵敏系统工作原理图

在重力作用下（图 3.11 为重力减小的情况），设摆杆静止的平衡位置与零点位置夹角为 φ；则整个系统对转轴 O 产生的力矩分别如下所示（取顺时针方向为正）。

重力矩为 $M_s = mgL\cos(\varphi+\alpha)$；

扭力矩为 $M_\tau = -\tau(\varphi+\theta_0)$；

弹力矩为 $M_K = -K(S+S_0)D$。

由解析几何可知

$$S = [(x-x_1)^2 + (z-z_1)^2]^{1/2}, \quad D = (x_1 z - x z_1)/S \tag{3.13}$$

而 $x_1 = r\cos\varphi$，$z_1 = r\sin\varphi$，所以在 $S_0 = 0$（称零长弹簧）的条件下有 $M_K = -KSD = -Kr(z\cos\varphi - x\sin\varphi)$，则系统的平衡方程式为

$$mgL\cos(\varphi+\alpha) - \tau(\varphi+\theta_0) - Kr(z\cos\varphi - x\sin\varphi) = 0 \tag{3.14}$$

采用零点读数法时，有 $\varphi=0$，式（3.14）变为

$$mgL\cos\alpha - \tau\theta_0 - Krz = 0 \tag{3.15}$$

当取水平位置作零点位置时，又有 $\alpha=0$，则有

$$mgL - \tau\theta_0 - Krz = 0$$

$$g = \frac{\tau\theta_0 + Krz}{mL} \tag{3.16}$$

式（3.16）中仅 g 和 z 为变量，取微分得

$$\mathrm{d}g\big|_{\varphi=\alpha=0} = \frac{Kr}{mL}\mathrm{d}z \tag{3.17}$$

式（3.16）及式（3.17）表明，当平衡位置、零点位置都取在水平位置时，仪器的平衡状态仅与主弹簧上端点的 z 坐标有关，当重力变化时，可以通过调节主弹簧上端点 z 坐标来使仪器重新回到水平位置。z 的改变是通过读数装置来完成的，并可换算出重力的改变量，因而式（3.17）说明了这类仪器的测量原理。

在式（3.14）中，因为 g 的变化可引起 φ 的变化，对式（3.14）中的 g 与 φ 求微分，经整理可得到仪器角灵敏度表达式：

$$\frac{\mathrm{d}\varphi}{\mathrm{d}g} = \frac{mL\cos(\varphi+\alpha)}{\tau + mgL\sin(\varphi+\alpha) - Kr(z\sin\varphi + x\cos\varphi)} \tag{3.18}$$

应用零点读数法时，$\varphi=0$，式（3.18）变成：

$$\frac{\mathrm{d}\varphi}{\mathrm{d}g}\bigg|_{\varphi=0} = \frac{mL\cos\alpha}{\tau + mgL\sin\alpha - Krx} \tag{3.19}$$

显然，当纵向倾角 α 不同时，仪器灵敏度不同，它们的关系示于图 3.12 中。当 $\alpha \to \alpha_0$（水平面以上某一位置）时，灵敏度趋于无限大，成为不稳定平衡；所以 α_0 就是用倾斜法提高灵敏度的临界角。正如前面已经指出的那样，取摆杆在某一倾斜角位置作为零点位置，虽然可以使灵敏度达到预定要求，但因在各测点上安置状态不同会带来很大的误差，故通常不采用这种办法来改变仪器的灵敏度。

若取水平位置作为零点位置，即 $\varphi=\alpha=0$，式（3.18）就简化成

$$\frac{\mathrm{d}\varphi}{\mathrm{d}g}\bigg|_{\varphi=\alpha=0} = \frac{mL}{\tau - Krx} \tag{3.20}$$

此时灵敏系统的连接方式可以简化为图 3.13。从式（3.20）可见，这种条件下仪器

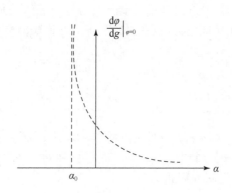

图 3.12　角灵敏度与 α 关系曲线

的灵敏度仅仅与主弹簧上端点 A 的 x 坐标有关。当 x 减小时,灵敏度会提高;当 $x = \tau / Kr$ 时,灵敏度会趋于无穷大。可见适当改变主弹簧上端点在坐标系中的位置(沿 x 方向),就可以获得理想的灵敏度,且不受倾斜因素的影响,这就是用来进行灵敏度调节的理论依据。

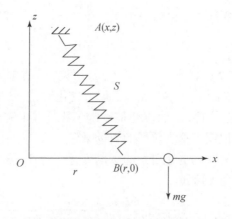

图 3.13　灵敏系统简化图

　　最后要说明一点的是,根据不同的需要可以制造出不同 S_0 的弹簧, $S_0 > 0$、 $S_0 = 0$ 和 $S_0 < 0$ 分别称正长弹簧、零长弹簧和负长弹簧,这都是从应力与应变的关系来区分的,见图 3.14。

　　国外同类型的石英弹簧重力仪主要有美国 Texas Instruments 公司制造的 Worden 型系列重力仪、加拿大 W. Sodin 公司生产的 410 型系列重力仪、加拿大 Scinirex 公司制造的 CG 系列全自动重力仪。CG 型系列(现有 CG-3 型、CG-5 型、CG-6 型)全自动重力仪可自动读数、自动进行固体潮校正和自动倾斜补偿,直接测量范围不小于 7000g. u. ,电热恒温工作范围为-40 ~ +50℃,在测点上获得的数据都存入仪器内的固体存储器中,以便送入打印机或计算机。仪器的核心部件是在一个电容器极板之间由石英弹簧悬挂的一个重荷,重荷位置与重力有关,改变电容器的电压使重荷与零点位置重合,测量这个电压即可换算出

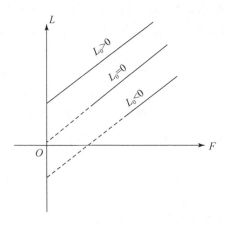

图 3.14　不同类型弹簧的应力与应变关系

重力值。IGS2/CG-4 型自动重力仪可实现一机多用,配备一台 MP-4 质子磁力仪的探头既可测重力,又可测磁场。

　　CG-3 型全自动重力仪由加拿大制造,该仪器的灵敏系统结构与前面介绍的重力仪不同,重荷是悬挂在石英弹簧上的,当重力变化时,重荷的位置上、下移动,因此,它属线位移系统。图 3.15 为仪器外貌及工作原理图。

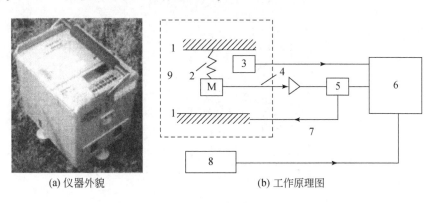

(a) 仪器外貌　　　　　　　　　　　　(b) 工作原理图

图 3.15　CG-3 型全自动高精度石英弹簧重力仪

1. 可变电容器;2. 弹簧;3. 温度传感器;4. 控制电路;5. 模数转换器;6. 数据接收器;
7. 反馈电压;8. 倾斜灵敏元件;9. 真空容器;M. 重荷

　　作用在重荷 M 上的重力是靠弹簧的弹力及较小的静电恢复力来平衡的,重力的变化是通过电容位移转换器感觉到的。重力变化时,重荷位置上下移动,则电容量发生变化,在控制电路中就有电流通过,由此得到的直流电压经反馈回路加到电容器极板上,则在重荷 M 上产生一静电力使其回到初始位置,这一反馈电压与重力变化的大小有关。反馈电压经模数转换器转换为数字信号并送到仪器的数据接收系统,进行处理、显示和存储。该仪器设有 16KB 的标准内存,可储存 420 个测点的数据。若存储更多数据,存储器可扩充到 48KB。

CG-3 型重力仪的精度可达 0.1g. u.，测程范围为 70000g. u.，可进行全球性的相对重力测量。该类仪器自动化程度高，操作方便，能自动记录和存储数据，并可与 PC 机对接，便于数据的整理和计算。

目前较为常用的仪器为 CG-5 型高精度石英弹簧重力仪，该仪器是由加拿大 Scintrex 公司生产的重力仪。该公司于 1988 年开始生产新型全自动 CG-3 型重力仪，CG-5 型是继 CG-3AutoGrav 之后发展起来的最新升级换代产品，它具备 CG-3 型重力仪的全部功能，继承了微处理器控制的自动读数与数据采集系统，自动倾斜监控装置能够进行自动倾斜补偿。该仪器还具有十分坚固的传感器，噪声大幅降低，有标准的 10g. u. 分辨率，计数的重复性也非常好，在以 10s 为间隔的连续计数下，其误差也能保证在 0.05g. u. 内，启动时仪器可自检和自动校准，还有在线地形校正；信息和菜单都清楚地显示在大型 1/4VGA 图形显示器上，27 键的字符键盘使得操作更加方便；具有灵活的数据格式，可用 USB 及 RS-232 快速传输数据；配有小巧高效的 6Ah、10.78V 袖珍锂电池，使之成为轻便的自动重力梯度仪；该仪器机械设计简单，配有普通型和加长型三脚架，以适应不同野外工作环境的需要，仪器外形呈方形，如图 3.16 所示。

图 3.16　CG-5 型重力仪

CG-5 型重力仪的重力传感器、控制板以及电池都集成在一个轻型的防潮箱内。没有电缆、不用记录簿，是一套真正易用的一体化完全便携式重力仪。它能根据操作者输入的地理位置以及时区资料，对各个读数进行自动计算，并进行实时潮汐修正。熔融石英系统具有内在的强度和良好的弹性，以及重荷附近的限制活动范围的装置，所以仪器无须夹固装置。电子电路的反馈电压能够覆盖 80000g. u. 的量程而不用重置测程。又由于采用了低噪的电子电路和高精度的自动校准的模数转换器，仪器分辨率达 0.01g. u.。CG-5 型重力仪采用了内置的倾斜传感器，不断更新倾斜信息，从而能自动补偿因重力传感器的倾斜而引起的测量误差。自动倾斜补偿范围为 ±200rad · s。并能在 ±200rad · s 的范围内自动进行倾斜误差的实时改正。智能信号处理能自动去除由局部受到冲击和振动所引起的测量误差，同时石英对磁场变化不敏感，使得仪器的磁场影响系数通常小于 1.5g.u./Gauss。

　　为了防止被外界温度影响，石英弹性系统、模数转换器以及对温度敏感的电子元件和倾斜探头都装在一个高稳定度、两极恒温的恒温器中，外部温度的变化可以降至很低。而残留的温度影响则利用传感器，在软件中改正。正常仪器的恒温操作范围为 −40 ~ +45℃。整个灵敏系统封在一个双层真空容器中，隔离了大气压力变化的影响。对于石英弹簧系统其长期漂移是极其稳定的，再加上软件的实时改正，可以将长期零位漂移降低到 0.2g.u./d 以下。

　　CG-6 型重力仪（图 3.17）是加拿大 Scintrex 公司最新生产的一种陆地全自动相对重力仪。采用无静电熔凝石英弹簧作为传感器，其独特的专利设计使仪器基本上不受磁场、环境温度、大气压力影响，具有较强的稳定性、重复性、抗冲击能力；全量程可直读，小体积、轻重量、低功耗，很好地满足野外重力流动测量的需求。CG-6 型重力仪在前一代 CG-5 型重力仪基础上改进，延续了 CG-5 型重力仪固体潮改正、倾斜改正、零漂改正、温度改正和自动滤波等优点，并且在传感器性能、仪器外观、操作界面等方面进行改进，主要包括：①对传感器进行重新设计，改进传感器性能，使其绝对零漂率（在未进行软件零漂改正的情况下）从 1000μGal/d 降低到 200μGal/d，提高读数分辨率以及仪器的使用寿命，同时数据采样频率从 6Hz 提高到 10Hz，大大增加了数据信息量；②仪器的体积和重量明显减小，高度相比 CG-5 型减少 32%（仅为 21.5cm），提高了仪器抗风能力，仪器重量减少 35%（仅为 5.2kg），提高了仪器携带和运输的便捷性；③进一步优化操作界面，操作按键减少至五个，使得仪器操作更为方便。

图 3.17　CG-6 型重力仪

　　主要技术参数如下所示。

　　传感器类型：无静电熔凝石英；读数分辨率：0.1μGal；重复率：优于 5μGal；采样率：10Hz；全球定位系统（global positioning system，GPS）精度：标准<3m；残余漂移：优于 20μGal/d；未补偿残余漂移：<200μGal/d；自动倾斜补偿范围：±200 角秒；测量范

围：0 ~ 8000μGal；自动改正：潮汐、仪器倾斜、地震噪声等；工作温度：−400 ~ +450℃；重量：5.2kg；存储空间：4GB。

四、金属弹簧重力仪

目前应用较多的金属弹簧重力仪主要有美国的拉科斯特–隆贝格（LaCoste-Romberg，L-R）重力仪及德国的 GS 型重力仪。

由美国 LaCoste-Romberg 公司生产的 L-R 重力仪是当今世界上公认的性能好、精度高的仪器，该仪器分为 D 型（勘探型）与 G 型（大地型）两种。前者精度高；后者测程大，适用于全球测量而不需调测程，这种仪器采用了零长（度）弹簧作为主弹簧。

大约在 1932 年拉科斯特设计了零长弹簧，这是一种按特定条件制成的弹簧。这种弹簧的弹力与弹簧支点到力作用点之间的距离成比例，即弹力与弹簧的长度成比例，而不是与它的伸长量成比例。这就意味着应力–应变曲线是一条通过原点的直线，弹力为"零"时对应的弹簧起始长度为零。制作零长弹簧的办法是在制造弹簧时先施加一个预应力，如把一个弹簧翻转，使得在弹簧拉开之前就需要一个初始力。用零长弹簧制成的重力仪，在理论上可以调节到无限大周期。

（一）技术指标

拉科斯特–隆贝格（L-R）金属弹簧重力仪技术指标见表 3.2。

表 3.2　L-R 金属弹簧重力仪技术指标

参数	D 型	G 型
测量范围	2000g. u.	70000g. u.
测量精度	0.02g. u.	约 0.04g. u.
零点漂移	约 5g. u. /月（使用 1 年以上）	约 5g. u. /月（使用 1 年以上）
	约 10g. u. /月（使用 1 年以下）	约 10g. u. /月（使用 1 年以下）
重复性	约 0.05g. u.	约 0.1g. u.
电源	DC 12V	DC 12V
净重	3.2kg	3.2kg

（二）仪器结构与工作原理

该仪器的弹性系统结构如图 3.18 所示，包括重块、秤臂、零长弹簧（主弹簧）及消震弹簧，它们共同构成了灵敏系统、上下摆杆和连杆、测微螺丝等。当重力改变时，秤臂倾斜，旋转测微螺丝，使摆杆上下倾斜，带动主弹簧，让秤臂回到零点位置。

采用上下两根摆杆来传动的主要作用是放大主弹簧的伸长量，如对 G 型来说，约为 116 倍。消震弹簧的作用有三点：一是使旋转轴 O 成为虚轴（图 3.19），大大减小了摆系对旋转轴的摩擦系数；二是削弱了振动影响，使摆的约化长度保持不变；三是旋转轴移至

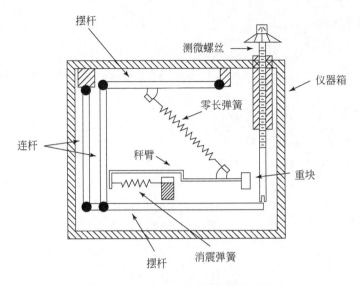

图 3.18　L-R 重力仪弹性系统结构图

O 点，使摆长减小，主弹簧上端点坐标 x 也减小，从而提高灵敏度。

　　图 3.19 为工作原理图，秤臂 OB 从转轴 O 到质心的长度为 l；主弹簧 A 端固定在 Y 轴上，且让 $OA=OB=$ 常数 b。主弹簧为零长弹簧，其变形后长度为 L，弹力系数为 K。设秤臂与 Y 轴夹角为 α，则由图 3.19 可知其平衡方程式为

$$mgl\sin\alpha = KLd \qquad\qquad (3.21)$$

式中，d 为 O 点至主弹簧中轴线的垂直距离。

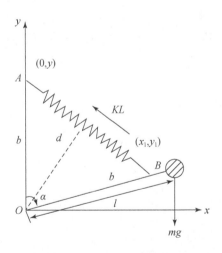

图 3.19　弹性系统工作原理图

　　因为 A 点坐标为 $(0, y)$，B 点坐标为 (x_1, y_1)，则有

$$d = \frac{x_1 y - x y_1}{L} = \frac{x_1 y}{L} \qquad\qquad (3.22)$$

代入式（3.21）中便有

$$mgl\sin\alpha = Kx_1 y \tag{3.23}$$

因 $x_1 = b\cos\left(\dfrac{\pi}{2}-\alpha\right) = b\sin\alpha$ 代入式（3.23）得 $mgl\sin\alpha = Kby\sin\alpha$，$mgl = Kby$，所以

$$\frac{\mathrm{d}g}{g} = \frac{\mathrm{d}y}{y} \tag{3.24}$$

这即是该仪器测量重力变化的原理表达式。

　　将式（3.23）对变量 g、α、x_1 求微分得到

$$mgl\cos\alpha\,\mathrm{d}\alpha + ml\sin\alpha\,\mathrm{d}g = Ky\,\mathrm{d}x_1$$

因

$$\mathrm{d}x_1 = b\cos\alpha\,\mathrm{d}\alpha$$

故上式经整理后为

$$\frac{\mathrm{d}\alpha}{\mathrm{d}g} = \frac{ml\sin\alpha}{(mgl-Kby)\cos\alpha} \tag{3.25}$$

可见，若采用零点读数法，观测时使 $\alpha \to \dfrac{\pi}{2}$，灵敏度就会趋于无穷大。

（三）读数装置

　　L-R 重力仪弹性系统装在由热敏元件控制的恒温箱内。它有两套读数装置，一套是人工光学读数装置，与 ZSM 型重力仪类似；另一套是与计算机相连的电容放大读数装置，见图 3.20。A 为平衡体的重荷，A_1、A_2 为两块金属板，它们和 A 组成两个平行板电容器 C_1 和 C_2；Z_1 和 Z_2 为电桥中两个阻值一定的电阻，V_i 为输入频率稳定的电信号，V_0 为输出的电信号。当 A 位于 A_1 与 A_2 正中间时，$C_1 = C_2$，$Z_1 C_1 = Z_2 C_2$，电桥平衡，无输出信号；在重力变化后，重荷 A 有位移，使 $C_1 \neq C_2$，则 $V_0 \neq 0$。该信号被送入锁相放大器中，经放大、整流、滤波而后送入记录仪中，用放大了的电流推动记录笔在记录仪上自动记录下来。

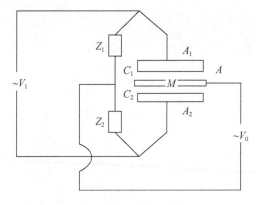

图 3.20　电容放大读数装置

另一类金属弹簧重力仪是由联邦德国 ASKANIA 仪器厂生产的 GS 型系列仪器，较新型号为 GS-15 型重力仪。GS-15 型重力仪精度高，可达到±0.1g. u. 以上，直接测量范围为 8000g. u.，测程范围为 60000g. u.。仪器采用双层恒温，体积较大，宜在固定台站工作。零点漂移可小于每月 1g. u.。该类仪器型号虽多，但结构上差异不大，现以 GS-11 型重力仪为例简介如下（图 3. 21）。

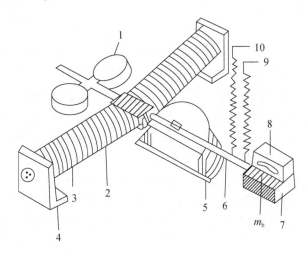

图 3.21　GS-11 型重力仪弹性系统略图

1. 气压补偿装置；2. 一对水平悬挂的螺旋状弹簧；3. 在 2 之腔内反绕的一对弹簧，起温度自动补偿作用；4. 支架；5. 阻尼盒；6. 摆杆；7. 重荷；8. 装有小球的空隙（用作格值测定）；9. 测程弹簧；10. 测微弹簧

灵敏系统工作原理示于图 3.22。设主弹簧的扭力系数为 τ，原始预扭角为 θ_0，α 为平衡体静止时与水平面的夹角，则系统的平衡方程式为

$$mgL\cos\alpha - \tau(\theta_0 + \alpha) = 0 \tag{3.26}$$

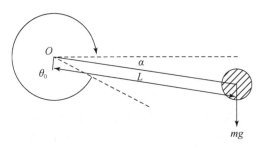

图 3.22　GS-11 型重力仪灵敏系统工作原理图

灵敏度为

$$\frac{\mathrm{d}\alpha}{\mathrm{d}g} = \frac{mgL\cos\alpha}{mgL\sin\alpha + \tau} \tag{3.27}$$

令 $\alpha = 0$，得水平位置时的平衡方程式和灵敏度分别为

$$mgL - \tau\theta_0 = 0 \tag{3.28}$$

$$\frac{\mathrm{d}\alpha}{\mathrm{d}g} = \frac{mL}{\tau} = \frac{mgL}{\tau\theta_0} \cdot \frac{\theta_0}{g} = \frac{\theta_0}{g} \tag{3.29}$$

可见这类仪器的灵敏度基本上是常数,属非助动型。测读机构有光电放大装置供人工读数用;也有阻容电桥装置的电容放大读数系统,可自动记录。

五、超导重力仪

超导重力仪器包括超导重力仪和超导重力梯度仪,是利用超导电性构建的工作在液氮温度条件下的精密相对重力测量仪器。超导重力仪是 20 世纪 60 年代末发展起来的,它的原理与弹簧式重力仪等弹簧重力仪器不同,是利用某些金属(如铌、铝、铅等)的超导性质,以及在超导体表面形成超导屏蔽电流而产生排斥外磁场的磁矩而设计的。美国 GWR 仪器公司研制并生产的 GWR-T 型超导重力仪,于 20 世纪末趋于成熟,完成了敏感探头的结构定型,再往后的工作主要是改进液氮低温系统,延长可持续工作时间。超导重力仪一直由 GWR 公司独家生产,实测噪声水平为 $0.1 \sim 0.3\mu\mathrm{Gal/Hz}^{1/2}$($1 \sim 20\mathrm{mHz}$),年漂移为微伽($\mu\mathrm{Gal}$)量级,是目前性能最好的时变重力测量仪器,已被广泛应用于地球动力学研究、重大自然灾害监测与预警等领域。我国只有中国科学院测量与地球物研究所引进了一台。

20 世纪 90 年代,美国斯坦福大学的 Paik 及其同事开始研制超导重力梯度仪,其应用目标为引力波探测、空间重力测量和基础物理研究等。2002 年,迁移到美国马里兰大学的 Paik 研究组报道了低至 $0.02\mathrm{E/Hz}^{1/2}@0.5\mathrm{Hz}$ 的仪器噪声本底,这一结果比常温传统梯度仪低了 $2 \sim 3$ 个量级,获得广泛关注。正值此时,基于旋转加速度计的航空重力梯度仪在资源勘查领域取得了巨大成功。很自然地,国际上的多家机构,包括英国的 ARKeX、加拿大的 Gedex 和澳大利亚的力拓集团,均开始研制航空超导重力梯度仪,旨在突破旋转加速度计梯度仪的分辨率极限,获得更大深度的资源勘查能力。然而,航空超导重力梯度仪的研发并不顺利,迄今没有一家机构研制出与旋转加速度计梯度仪性能相当的航空超导重力梯度仪,说明其实用化仍需突破一系列难度超乎寻常的技术瓶颈。

我国超导重力仪器的研制历程比较曲折。早在 1970 年,中国科学院物理研究所、中国科学院地质研究所及河北省地震大队就开始联合研制超导重力仪。遗憾的是,该项目没有坚持到实用仪器的成形。40 年后,我国重新启动了超导重力仪器的研制工作,中国科学院电工研究所研制了超导重力仪。华中科技大学开始研制航空超导重力梯度仪和流动超导重力仪,已完成实验室样机研制,并攻克了部分工程化的关键技术,但总体技术成熟度距航空勘查应用还有较大的差距,需要在交叉耦合噪声等外部抑制技术方面取得进一步突破。

(一)超导重力仪的基本原理

超导电性现象是指在温度接近于绝对零度(即 $-273\,^\circ\mathrm{C}$)时,某些金属的电阻急剧地减少而趋于零。在已经达到超导状态的导体中可以承载很大的电流,只要这个电流不超过一定的极限,因导体电阻就能趋近于零而无能量损耗,也就是电能不会转化为其他形式的能量。由此，若将超导体作为回路，电流就能无衰减地永久流通下去。再有，这种超导物体还具有完全的抗磁性，即在外磁场不超过某一临界值的情况下，其表面可形成超导屏蔽电流而产生一种磁矩，起着排斥外磁场的作用。

由超导线圈所形成的永久磁场相当于重力仪中的扭丝或弹簧；超导球相当于摆杆，在相对重力仪中，摆杆是用扭力或弹力来支持的，这里用磁场来支持小球，所以这个永久磁场又称"磁弹簧"。超导重力仪中的反馈力就相当于弹簧重力仪中的读数补偿弹簧，恢复超导球至初始平衡位置，实际上就是采用了零点读数法。

（二）超导重力仪的结构

超导重力仪的结构如图3.23所示，由四个在绝对零度附近的铌丝绕成的超导载流线圈（1）对称地安置在真空罐（2）外侧。当有外部电流激励时，线圈中流过极稳定的持续电流，形成稳定的永久磁场。空心超导体小球（3）由于它的抗磁性，在永久磁场中，受的重力与磁场的反作用力形成平衡，悬浮在空中。只要没有其他外力作用，空心超导体小球的悬浮状态是稳定的。随着观测点重力的变化，小球空心超导体也随之上下移动，因此可根据空心超导体小球的位置测定重力的变化。

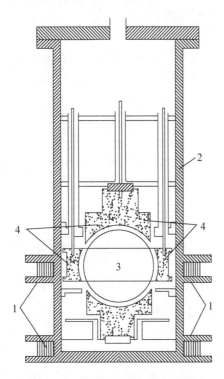

图3.23　超导重力仪结构示意图

1. 超导载流线圈；2. 真空罐；3. 空心超导体小球；4. 电容极板

空心超导体小球的位移可用电容传感器检测，该检测系统是在超导球的周围装置六块电容极板（4）与空心超导体小球组成的。上下两块电容极板与空心超导体小球组成电容

器 C_1；四周四块电容极板与空心超导体小球组成电容器 C_2。小球的垂直位移产生的信号由此经锁相放大器放大输出；同时，该信号又可以反馈到上下电容器极板而产生反馈静电力，以使空心超导体小球及时回复到零点位置。所以，可以由测量这一反馈电压来测量重力的变化。

超导重力仪的主体真空罐浸在低温液氦的杜瓦瓶内，整个仪器又放在超导磁屏蔽室内，以防外界磁场干扰。超导重力仪确实具有灵敏度高、稳定性好的特点，尤其是它避免了弹性重力仪中的弹性系统因弹性疲乏或其流变性而产生的零漂，因此它可能达到微伽级或更高的精度，现今许多国家用它来记录地球潮汐。但是超导重力仪也存在一些问题，如温度变化对超导电性的影响、线圈本身的不稳定、系统的噪声等都直接影响超导球的悬浮状态及其检测。因此，实际上超导重力仪还是存在有"零漂"。虽然其量级不大，但要重力仪达到微伽级或更高的精度，还是应该引起重视的。此外，如何精确标定超导重力仪仍是有待解决的问题，且仪器笨重、造价昂贵，目前只适于台站做专门观测。1987 年以来各国在超导材料研制方面的突飞猛进，低价、轻便、实用的超导重力仪的产生应是不太久远的事情。

六、向自动化、数字化迈进的重力仪

在地面重力测量中，原来重力仪精度一般在 ±0.1 ~ 0.3g.u.（10 ~ 30μGal），属于毫伽级。至 20 世纪 70 年代，L-R 重力仪中的 D 型、GS-15 型仪器等，已达到了 ±0.01g.u. 量级，即微伽级的精度。近年来，重力仪又向自动化、数字化方向前进了一大步，前面提到的 CG-3 型、CG-5 型、CG-6 型重力仪即是例子。L-R 重力仪的 D 型仪器也已进行了成套数字化改装，整个系统包括一个编码轴、一个数字化箱及一个野外计算机。数字化装置可记录年、月、日等，还可做电源控制及仪器操作的监控，如防止未调平就读数等。野外采集的数据，可用 IBM 系列机进行各项处理及绘图。这样，在重力测量中可减少人为误差、保证精度，也减少了处理时间，降低了生产成本。

第三节　航空重力测量仪器

航空重力测量数据是以飞机为载体，通过惯性导航系统（inertial navigation system, INS）、GPS 定位装置和航空重力仪等系统获得地球重力场数据的过程。

最早提出航空重力测量数据的方法在 20 世纪 50 年代，近二十年来，航空重力测量数据的技术发展才变得较为迅速。重力加速度 g 的微小变化称为重力异常 Δg，且 Δg 的数量级要比重力加速度 g 小很多，在地球物理学领域中，重力加速度微小的变化更受学者的关注。测量稳定平台的加速度也要比 Δg 大得多，另外，测量平台还受到各项干扰，所以当下解算出的重力异常的精度受到科技水平、导航定位设备和航空重力仪测量精度不高的限制，导致重力异常的精度不能达到实际应用的标准。在 20 世纪末期，迅猛发展的动态差分 GPS 技术使得航空重力测量数据的垂向加速度改正的精度达到了所需要求，在世界各国成功掀起了研究航空重力测量的热浪。自 20 世纪 90 年代开始，航空重力标量测量技术试验的成功，使得世界上有些国家已投入实用商业化的研究中，如俄罗斯、加拿大、美国、法国和丹麦等一些国家使用航空重力测量技术完成了两极地区、山区和高纬度等地区的局部重力测量试验，并且提高了测量数据的分辨率和精度。航空重力仪测量数据的结构示意如图 3.24 所示。

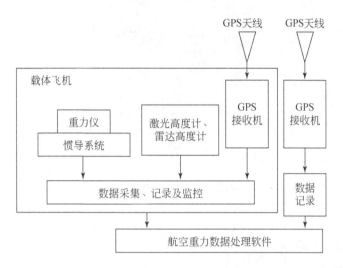

图 3.24　航空重力仪测量数据的结构示意图

　　目前，在航空重力测量领域中，测量数据系统主要分为两大类：平台式航空重力测量数据系统和捷联式航空重力测量数据系统。平台式航空重力测量数据系统是通过将航空重力仪安装在阻尼平台上实现重力数据测量的，其中阻尼平台又分为二轴平台和三轴平台。另外，比较三轴稳定平台式航空重力仪和双轴稳定平台式航空重力仪可知，前者是使用三轴平台惯性导航系统来实现重力传感器的稳定测量方位的，因此平台具备更加稳定的姿态，并且还可以减弱水平加速度对重力异常解算精度的影响。捷联式航空重力测量数据系统具有和平台式测量系统一致的测量精度，但实现重力测量的方式有所不同，是通过捷联式惯导和 GPS 组合实现重力测量的系统。

一、双轴稳定平台式航空重力仪

　　双轴稳定平台式重力仪测量系统比较有代表性的是美国研究并生产的 L-R 重力仪系统、Bell 重力仪系统和德国研究并生产的 KSS-31 型重力仪系统，并且得到了广泛的使用。美国在 2002 年成功研制出 L-R Ⅱ 型航空重力仪系统，并在 2005 年完成了技术的升级与改进，如图 3.25 所示。该重力仪在飞行试验中的测量数据的内符合精度高达 0.93mGal，分辨率达 5.0km，测量平台稳定性的提高带动了航空重力测量数据系统的精度和分辨率的提高。

图 3.25　L-R Ⅱ型航空重力仪

二、三轴稳定平台式航空重力仪

　　加拿大的 SGL（Sander Geophysics Ltd.）公司和俄罗斯莫斯科重力测量技术公司等都分别成功研究出三轴稳定平台式航空重力仪测量系统，分别为 AIRGrav 重力仪和 GT 系列重力仪。加拿大的 SGL 公司是从 1992 年开始投入科研精力研制 AIRGrav 航空重力测量系统的，该系统由三个惯性极的加速度和两个二自由度的挠性陀螺组成，稳定平台的水平姿态角的摇摆范围被控制在 10″以内，因此载体飞机的横滚波动对该系统的测量精度影响很小，所以载体飞机可起伏飞行进行系统测试。该系统在第一次飞行试验中，试验数据的重复测线精度已高达 1mGal。在 20 世纪 60 年代，俄罗斯莫斯科重力测量技术公司开始了航空重力仪的研制；GT-1A 重力仪系统在 2001 年 9 月的俄罗斯北部实现了首次测量试验，之后在澳大利亚和南非等地区又进行了飞行的测量试验。如图 3.26 所示，该系统包括三个加速度计和三个陀螺仪，其中稳定平台装置是由两个陀螺仪和两个水平加速度计组成的，一个陀螺仪用来控制方位，另一个加速度计用来获得垂向的加速度。因为三轴稳定平台与 GPS 系统位于同一坐标系下，所以可使用 GPS 系统的观测数据实现平台数据的误差削减，来保持平台的水平位置，这项技术比之前的方法先进。飞行测试的结果显示，GT-1A 系统的测量精度达到了 0.5mGal。在 2010 年前后，GT-1A 系统升级为 GT-2A 系统，精度和分辨率都有所提高，更能满足地质勘探的要求。目前，GT 系列重力仪包括 GT-1A、GT-2A、GT-2M 和 GT-X 等型号，其中 GT-2M 是海洋重力仪，GT-1A 和 GT-2A 两个系统已经商用。

三、捷联式惯性导航组合的航空标量重力仪

　　自 20 世纪 90 年代，加拿大率先开始研制捷联式惯性导航组合的航空标量重力测量系

图 3.26 GT-1A 型航空重力仪

统。1995~1998 年的飞行试验表明：该系统的重复测线的内符合精度达到了 2~3mGal，且分辨率为 5~7km。从 2001 年开始，新型航空重力测量系统的研制由德国三家科研单位（BEK、IEN 和 IFF）率先开启，德国科研单位对于该项目的目标是将航空重力测量的精度提高到资源勘查的标准上，即测量精度实现 1mGal。捷联式航空重力测量系统与平台式重力测量系统的不同之处还在于，前者不仅可实现重力扰动的垂直分量的测量，还可实现重力扰动的水平分量的测量。

第四节 海洋重力测量仪器

海洋重力测量一般采用静力法相对重力测量，由于海洋重力仪在动基座上（如船舶、潜艇等）进行测量工作，因此需要面临恶劣海况的干扰，各种影响加速度信息和厄特沃什效应的因素会影响到重力加速度的测量结果。

海洋重力测量发展至今，已有大约百年的历史，一共经历了摆仪、摆杆型海洋重力仪和轴对称型海洋重力仪三个阶段。20 世纪 20 年代，荷兰科学家费宁梅内斯首次成功地在潜水艇上使用摆仪进行了海洋重力观测。随后，布朗对摆仪进行了改进，消除了二阶水平加速度和垂直加速度的影响，大大提高了摆仪的测量精度，但是并没有从原理上改变其测量效率低、费用昂贵以及操作复杂等固有缺陷。摆杆型重力仪在 20 世纪 60 年代应运而生，常见的摆杆型重力仪有美国生产的 L-R 重力仪、德国生产的 KSS-5 型重力仪以及国内自主研发的 ZYZY 型重力仪。摆杆型海洋重力仪的传感器为近似水平安装的横杆，该杆只能在垂直方向摆动，用空气或磁阻尼方式对摆杆施加强阻尼，以消除由于波浪等运动引起的垂直加速度，通过光学装置测量摆杆位移的速率从而得到重力变化的信息。相较于摆仪只能单点测量的工作模式，摆杆型重力仪能完成走航式重力测量，从而实现了重力测量从离散到连续的跨越。但是由于存在摆杆型重力仪测量原理带来的缺陷，即便采用了各种手段避免交叉耦合效应（即水平干扰加速度和垂直干扰加速度互相影响，又称 CC 效应）对测量结果的影响，可高达数十毫伽的交叉耦合效应误差仍然是摆杆型海洋重力仪的主要误差源，限制着重力测量精度的提高。轴对称型海洋重力仪被称为第三代海洋重力仪，其传感器有两种：弦振型加速度计通过测量弦的谐振频率得到重力变化值；力平衡加速度计通过测量传感器在力平衡时反馈电流的变化得到重力变化值。它不受水平加速度的影响，从理论上消除了交叉耦合效应误差，能在较恶劣的海况下工作，其精度、分辨率、可靠性相比较于摆杆型重力仪存在很大的优势，逐渐成为重力仪的主流产品。常见的轴对称型重力仪有美国 BGM-3 型重力仪、德国 KSS-30 型重力仪以及国内研发的 CHZ 型重力仪等。

我国海洋重力仪的研制始于 20 世纪 60 年代初期，由于起步时间较晚，只经历过摆杆型重力仪和轴对称型重力仪的海洋重力测量工作。1963 年中国科学院测量及地球物理研究所成功研制国内首台 HSZ-2 型石英海洋重力仪；1975 年北京地质仪器厂成功研制 ZY-1 型振弦式海洋重力仪；1977 年武汉地震大队成功研制 ZYZY 型远洋重力仪，两台样机交付国家海洋局使用；1984 年中国地震局地震研究所成功研制 DZY-2 摆杆型海洋重力仪，并于次年安装于南极考察船“向阳红 10 号”上，取得了 3 万 n mile 的记录，技术鉴定性能良好，测量误差稳定在 ±2.4mGal。1986 年，中国科学院测量与地球物理研究所经过 6 年时间科研攻关研制成功的 CHZ 型海洋重力仪，是国内技术较为先进的轴对称型海洋重力仪，于 1988 年获得了中国科学院科技进步奖一等奖，经过实船测量，与德国 KSS-30 型海洋重力仪水平相当。CHZ 型高精度海洋重力仪的技术指标在之后的长时间内均为国内最高水平，由于缺乏资金和国外成熟产品的冲击，CHZ 型高精度海洋重力仪一直停留在实验样机阶段。在上述仪器中，除了 HSZ-2 型石英海洋重力仪的设计精度较低，仪器要放在常平架上工作之外，其他仪器设计精度大同小异，均放在陀螺稳定平台上工作，其差异主要体现在承受扰动加速度的能力上。20 世纪 90 年代以后由于体制、经费等方面的因素，国内海洋重力仪相关研究基本停止。2011 年，出于对重力场辅助导航和地球重力勘探等方面的研究需求，在国家重大仪器开发专项资金的支持下，国内恢复了对海洋重力仪的研究工作。在国家高技术研究发展计划（863 计划）的支持下，自然资源部航空物探遥感中心联合国防科学技术大学开展了 SGA-WZ01 型捷联航空重力仪的研制工作，中船重工集团 707 所联合东南大学、哈尔滨工业大学等单位进行了 GDP-1 型动态重力仪的研制工作，并相继开展了样机海洋重力测量试验。2013 年，海洋测绘部门在南海利用科考船进行了同机测试实验，同时对 SGA-WZ01 型重力仪、GDP-1 型重力仪，以及美国 L-R S I 型海–空重力仪采集数据，经过多个航次 500n mile 的试验，分析结果表明，国产两型重力仪与美国 L-R S I 型海–空重力仪精度基本相当。

目前海上重力测量的方法主要有两类。

一类是将重力仪用潜水钟或沉箱由船上放入海底，用遥控和遥测方法操纵仪器进行读数，所用仪器多是地面常用重力仪改装的，只是增加了遥控测读装置和仪器的自动调平系统。这种方法只适用于浅海或海底地形比较平坦的地区，而且只能单点测量。并且测量工作效率远低于陆地，测量精度与陆地相近。

另一类是将重力仪装在船上，在船只航行中进行连续测量。由于在运动中进行重力测量，给测量增加了许多干扰，如船只航行的加速度、海浪冲击使船只的颠簸等。为保证重力测量的精度，消除这些干扰，必须采用特制的海洋重力仪、陀螺稳定平台、自动记录系统和数据处理系统等。此类测量方法的测量精度不如第一类方法，但工作效率和自动化程度远高于第一类，是目前深海和大洋重力测量的主要方法。

数十年来，世界各国研制了各种类型的海洋重力仪。多数海洋重力仪是在陆地重力仪的基础上改进与发展而制成的。在此仅介绍几种主要类型的海洋重力仪。

一、SAG-2M 型海洋重力仪

SAG-2M 型海洋重力仪是一款由航天十三所自主研制的最新的国产海洋重力测量设备，现已推入市场。该设备采用的重力传感器是一种动态范围可达 ±2g（g 为重力单位，指度量重力加速度的单位）的高精度石英加速度计，该型重力传感器具有精度高、输入范围大、动态适应性强的优点。该设备将重力传感器集成于高精度三轴陀螺数学平台，该型数学平台无机械转动部件，无倒台故障模式，动态适应性强、可靠性高。SAG-2M 型重力仪具有宽范围输入、高动态适应性，使其完全能够适用于航空重力测量。该型重力仪产品特点有以下几点：测量范围大、动态特性好、效率高；可靠性高、操作方便、易维护；具有姿态、速度和位置信息输出功能；载体适应能力强，可搭载包括船舶、飞艇、飞机等各类载体进行重力测量。SAG-2M 型海洋重力仪由重力测量单元（含显控装置、重力仪主机、主机底座）、电源单元组成。

二、美国 MGS-6 型海洋重力仪

MGS-6 型海洋重力仪是美国 Micro-g & LaCoste 公司新一代高精确、高可靠性动态测量全球范围重力值的精密仪器，是在 L-R S I 型和 L-R S II 型海空重力仪基础上发展起来的第三代动态稳定平台重力仪，代表着国际海洋重力仪的尖端水平。其传感器内部的摆系统采用力平衡反馈方法（力平衡反馈电容），使质量块摆杆始终位于极板的中心位置，通过测量反馈电压来测量重力的变化。与上一代 L-R S I 型海空重力仪相比，这种方法具有响应快、精度高的特点，在拐弯或姿态变化较大时能迅速回到平衡位置，消除了交叉耦合效应，整个系统无须锁摆装置，在恶劣海况下仍可获得高质量数据。此外，测量范围从 200Gal 扩大到了 500Gal，稳定平台控制范围从 25° 增长到了 35°，系统的设计更加紧凑，体积小、重量轻，便于搬运和安装。国内外最新海洋重力仪技术参数对比如表 3.3 所示。

表 3.3　国内外最新海洋重力仪技术参数对比

海洋重力仪		MGS-6 型海洋重力仪	SAG-2M 型海洋重力仪
技术指标	全球测量范围	±500000mGal	±1000000mGal
	系统零漂	<3mGal/月	<3mGal/月
	感器温度设置点	45～65℃	53℃
稳定平台	平台纵摇	±35°	全姿态
	平台横摇	±35°	全姿态
控制系统	记录速率	1Hz	最高 200Hz

海洋重力仪		MGS-6 型海洋重力仪	SAG-2M 型海洋重力仪
系统性能	静态重复精度	0.02mGal（2min 以内）	0.2mGal
	动态重复精度	0.25mGal（2min 以内）	1mGal
其他	工作温度	5~50℃	-10~40℃
	输入功率	平均 75~100W（27℃），最大 300W	工作功率≤150W，最大功率≤450W
	物理尺寸	61.4cm×55.5cm×72.0cm（包括 UPS 和内置安装架）	主机：29cm×26cm×28cm；测量单元：59.5cm×79cm×68cm；电源：40cm×50cm×40cm
	重量	68kg（传感器、常平架及框架）；101kg（所有组件）	主机 18kg，测量单元 120kg，电源 45kg
	外形		

　　MGS-6 型海洋重力仪代表了 LaCoste 系列海洋重力仪系统最新的发展，系统集成了经时间测试、低漂移的零长弹簧重力传感器，其先进的电子系统、友好的软件界面及更紧凑的传感器平台集成在一个一体化的全自容机架内，可方便地安装在科学调查船上，用以获取海上高精度地球重力加速度变化资料。MGS-6 型海洋重力仪具有 500000mGal 量程，适用于全球重力范围测量，动态重复精度达 0.25mGal。

三、Sea Ⅲ 型海洋重力仪

　　2020 年中国新建的极地科考破冰船——"雪龙 2"号引进了 Micro-g & LaCoste 公司最新生产的 Sea Ⅲ 型海洋重力仪，该套设备也是 Sea Ⅲ 型在中国的首套应用。"雪龙 2"号是无限航区航行破冰科考船，而 Sea Ⅲ 型海洋重力仪测量量程大于等于 $20000 \times 10^{-5} \mathrm{m \cdot s^2}$，满足其全球测量的使用需求。作为该型重力仪的国内首套应用用户，为了测试该型仪器的工作状态、检查其静态工作性能（静态月漂移）及动态精度，分别于 2019 年 12 月和 2020 年 6 月组织对其进行了实验室内静态测试及海上动态精度测试，为后续其他用户提供相关参考依据。

　　Micro-g & LaCoste Sea Ⅲ 型海洋重力仪（外形见图 3.27）由工作终端、常平架、重力仪主机、减震阻尼、UPS 电源及控制系统等组成，系统结构紧凑、布局合理，便于设备操作与维护。Sea III 型海洋重力仪采用第三代高可靠性固态光纤陀螺、固态加速度计及高度集成的数据控制系统，以提升仪器的可靠性与稳定性。

图 3.27　"雪龙 2" 号 Sea III 型海洋重力仪安装图（据陈清满等，2021）

Sea III 型海洋重力仪在设计上沿用了 Sea II 型摆杆-斜拉零长弹簧原理。传感器主体为一个由零长弹簧支撑的铰链摆（图 3.28），摆前部设有上下两个空气阻尼器，空气阻尼器会对摆的垂直运动产生较强的阻尼作用；摆后部为由摆和两块固定于传感器内的金属板构成的一组电容器。当重力变化或有垂直干扰加速度作用在摆上时，摆的摆动会引起电容器中电容量的变化，电容量的变化率直接反映出摆的摆动速率。电容变化信号通过电容位置指示器转换为直流电压信号输出，经模数转换和系统软件处理即可计算出重力值。

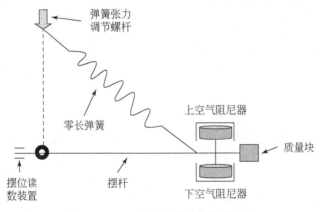

图 3.28　Sea III 型海洋重力仪原理图

相比目前国内应用较多的重力仪为上一代 Sea II 型海洋重力仪，Sea III 型海洋重力仪传感器和常平架体积更小，系统集成度更高；系统重量更轻，约降低 30%，易于拆装转移，为不同科考船间的相互共享提供了良好条件。采用的常平架滑环技术和传感器恒温恒压控制，使得系统平台更加稳定可靠，常平架可机械锁止，不需单独拆卸，仪器拆卸和养护更为便捷。表 3.4 为 Sea Ⅲ型海洋重力仪精度指标统计表。

表 3.4 SeaⅢ型海洋重力仪精度指标统计表

组件	参数	指标
传感器	原理类型	零长弹簧−摆速传感器
	静态范围	$0.2\text{m} \cdot \text{s}^2$
	动态量程	$\pm 5\text{m} \cdot \text{s}^2$
	月漂移	$<3\times10^{-5}$（$\text{m} \cdot \text{s}^2$）/月
稳定平台	平台纵摇	$\pm 35°$
	平台横摇	$\pm 35°$
	平台固定周期	4min（阻尼系数0.707）
	平台反馈控制	高精度微型惯性测量仪
系统性能	分辨率	$0.01\times10^{-5}\text{m} \cdot \text{s}^2$
	静态重复精度	$0.025\times10^{-5}\text{m} \cdot \text{s}^2$
	动态重复精度	$0.25\times10^{-5}\text{m} \cdot \text{s}^2$
	动态精度	$0.65\times10^{-5}\text{m} \cdot \text{s}^2$

综上可知，Sea Ⅲ型海洋重力仪零点漂移小，具备较好的静态线性漂移率，月漂移约为 $0.85\times10^{-5}\text{m} \cdot \text{s}^2$，满足海洋调查规范要求。

该型重力仪分辨率高，重力仪观测值能够清晰反映当地固体潮变化特征。Sea Ⅲ型海洋重力仪在"雪龙2"号测得的动态精度远优于国家海洋调查规范的要求，在近年来新配的海洋重力仪中精度也处于较优水平，统计计算海上测网交叉点不符值，动态内符合精度为 $0.23\times10^{-5}\text{m} \cdot \text{s}^2$。海上动态精度优良，测量可信度高，优良的动态精度得益于"雪龙2"号船舶的稳定性、振动噪声低及重力仪自身采集软件较高的计算精度滤波算法。目前Sea Ⅲ型海洋重力仪已经搭载上"雪龙2"号参与相关极地航次调查，该仪器运行稳定，抗干扰能力强。后续将结合极地现场应用情况，进一步分析探讨该型重力仪极区使用性能。

第五节 井中、卫星重力测量仪器

一、井中重力仪

在竖井或坑道中进行地下重力测量时，可采用地面常规使用的重力仪；而钻井中的地下重力测量则必须采用井中重力仪。限于井孔的直径与环境条件，要求钻井重力仪具有直径小，可承受较高的温度及压力的变化，并在与铅垂线有一定偏离的条件下进行测量。1966 年，LaCoste-Romberg 公司制出第一台实用的钻井重力仪。仪器的早期试验非常成功，其后即用于研究油气田。1977 年，又研制出耐高温的细口径 L-R 钻井重力仪及低速测井绞车。该仪器的最小直径为 10cm，可在井斜为 14°、环境温度为 200℃、环境压力为172MPa（兆帕）的高压下连续工作 30h，重力测量精度为 0.03g.u.。在 3m 的垂直间隔内相应的密度测量精度为 0.01g/cm³，此仪器可用于陆上及海洋的钻井重力测量。

二、卫星重力测量

利用人造卫星测量地球的重力场，与传统的重力测量完全不同，并不是把重力仪安放在人造卫星上，因为在高速运转的人造卫星内，物体是失重的，任何重力仪放在里边都无法工作。自苏联于 1957 年 10 月 4 日成功发射世界上第一颗人造地球卫星 Sputnik-1 后，美国也大力发展卫星技术，卫星技术在很多学科领域得到广泛应用，也为测绘学和地球物理学的发展开辟了新的途径，其中就包括卫星重力学。卫星重力学是将卫星当作地球重力场的探测器或传感器，通过对卫星轨道的摄动及其参数变化观测，以研究和了解地球重力场的变化。因此研究地球重力场就不只局限于应用天文、大地和地面重力测量资料，利用卫星观测资料建立全球重力场模型和确定大地水准面的理论和技术得到了迅速发展。Kaula 于 1966 年首次利用卫星轨道摄动分析理论和地面重力资料建立了 8 阶地球重力场模型，并出版了 *Theory of Satllite Geodesy* 一书，奠定了卫星重力学的理论基础。

挑战性小卫星有效载荷（CHAMP）卫星是高低斩道、卫-卫跟踪重力场测量卫星，由德国地球科学研究中心和德国航空航天中心合作研制，于 2000 年 7 月 15 日成功发射，后于 2010 年 9 月 19 日再入大气烧毁，如图 3.29（a）所示；GRACE 卫星是美国国家航空航天局（National Aeronautics and Space Administration，NASA）跟德国航空航天中心的合作项目，于 2002 年 3 月 17 日成功发射，发射时其预计寿命为 5 年，一直超期服役到 2017 年坠毁，是观测地球重力场变化的卫星，如图 3.29（b）所示；地球重力场和海洋环流探测卫星（GOCE）是欧洲航天局研制和发射的最先进的探测卫星之一，于 2009 年 3 月发射升空，2013 年 10 月中旬燃料耗尽，偏离运行轨道，最终于 11 月 10 日碎片坠落于地球表面，被认为是欧洲首颗利用高精度和高空间分辨率技术提供全球重力场模型的卫星，重约 1t，属于低轨道卫星，装备有一套能够对地球重力场的变化进行三维测量的高灵敏度重力梯度仪，欧洲航天局可根据 GOCE 卫星收集的数据绘制一幅高清晰度地球水准面和重力场图，以便于对地球内部结构进行深入研究，如图 3.29（c）所示。重力卫星 CHAMP、GRACE、GOCE 的探测原理如图 3.30 所示。

加速仪(置于卫星质心)

(a) CHAMP卫星

(b) GRACE卫星

(c) GOCE卫星

图 3.29　重力卫星 CHAMP、GRACE、GOCE 示意图

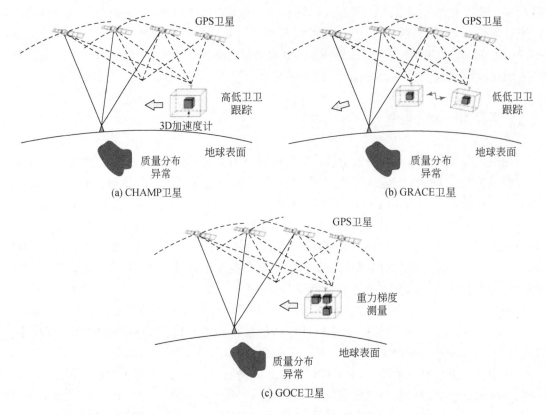

图 3.30　重力卫星 CHAMP、GRACE、GOCE 探测原理示意图

第六节　重力梯度仪

常规重力测量观测重力位的铅垂一次导数，即 Δg 或 V_z。重力梯度测量可以得到重力位的二次导数，如 V_{xx}、V_{xy}、V_{xz}、V_{yy}、V_{yz} 和 V_{xz}，它们是重力位的一次导数 V_x、V_y、V_z 在 x、y、z 方向上的变化率，如图 3.31 所示。

重力梯度测量技术作为一种高精度、高分辨率重力场信息的重要获取手段，起源于 19 世纪末，且在最近 20 年得到了快速发展。为什么现今人们对梯度的测量如此重视呢？这是因为重力梯度测量与重力测量相比具有许多优点。

（1）重力梯度异常能够反映场源体的细节，如图 3.32 所示，即具有比重力本身高的分辨率，这是重力梯度测量最主要的优点。

（2）常规重力仪只测量重力场的一个分量（铅垂分量），而一台重力梯度仪能够测量九个重力场梯度张量分量中的五项，梯度仪测量中多个信息的综合应用能够加强应用重力数据做出的地质解释。

（3）特别是梯度仪不受不利于常规重力仪的、在运动环境（如船和飞机）下的、大的运动加速度的影响，具有较强的抗动态干扰能力（图 3.33）。

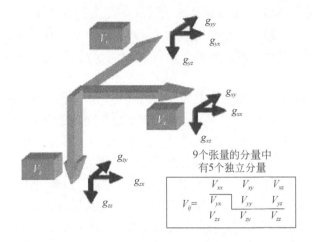

图 3.31　重力梯度测量张量图

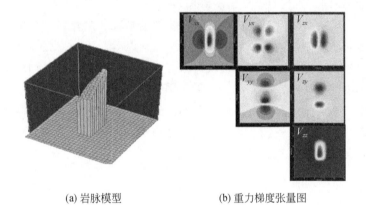

(a) 岩脉模型　　　　　　　(b) 重力梯度张量图

图 3.32　岩脉模型重力梯度张量图

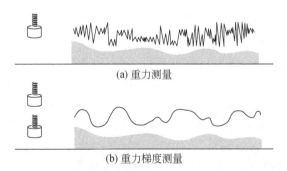

(a) 重力测量

(b) 重力梯度测量

图 3.33　航空重力测量及航空重力梯度测量对比

此外，重力梯度测量数据能够提高地质特征的定量模拟质量。作为航空重力梯度测量，它对高度不太敏感；作为卫星梯度测量，它可覆盖全球，且周期短、测量结果应用价值高。它在大地测量、地球物理、地质、地震、海洋、导弹弹道、航空和空间等学科领域都可以得到广泛应用。

重力梯度测量的原理可大致分为两类：扭力测量和差分加速度测量。前者用于检测质量上的力矩以获取重力梯度值；后者通过测量两个加速度计之间的加速度差来获得重力梯度观测值，因而可消除加速度计之间大部分公共误差的影响，它较前者更有发展前景。19世纪末，匈牙利物理学家厄缶发明扭称后，重力梯度测量进入勘探领域，并在早期的油气勘探中发挥了重要作用。1999年，首套航空重力梯度系统开始商业应用，随后通过多轮改进，仪器硬件系统日趋稳定可靠，数据处理解释方法技术日益完善，同时得益于高空间分辨率和不受地形条件限制等优势，航空重力梯度测量技术重要性日益凸显，在资源能源勘探中得到了广泛应用。

现有勘探用航空重力梯度测量系统全部出自洛克希德·马丁（Lockheed·Martin）公司，硬件系统核心源于贝尔航天（Bell Aerosapce）公司重力梯度仪（gravity gradient instrument，GGI）技术，根据测量对象分为部分张量系统和全张量系统两类。由于移动平台重力梯度测量系统研制涉及惯性导航、稳定平台研制等军事敏感技术，西方国家对我国实行严格的出口禁运。因此，立足国内现有研究基础，整合产、学、研优势力量，自主研发高精度重力梯度测量系统，同时围绕实际应用开展飞机环境状态研究、重力梯度张量正演数值模拟、重力梯度张量分量转换处理等相关方法技术研究，对打破西方国家的技术封锁和垄断，推进我国重要装备国产化，丰富地球物理勘探手段，推动矿产资源勘查、地质科学研究和国防建设都具有重要意义。

一、扭秤

匈牙利物理学家厄缶设计了一台使石油工业发生革命的仪器——扭秤，并于1886年发表了他的发明。厄缶在20世纪初评价了仪器对地质构造的灵敏度，于1908年发表了这个结果。在第一次世界大战期间，德国、匈牙利、前捷克斯洛伐克应用扭秤成功地做出了与石油沉积有关的盐丘图。

紧接着一些国际石油公司，如Anglo-Persian公司应用几台扭秤进行了全球测量。1922年，厄缶扭秤由Shell和Amerada公司进口到美国。1922年末，通过Spindletop构造的试验性测量，清楚地表明这个构造能够被扭秤发现。1924年，Amerada公司第一次发现了Nash盐丘，构造图是一幅简单而漂亮的矢量指向穹窿中心的圆圈。后来又发现了其他一些盐丘和油田，如Lovell Lake油田、Texas和Houston油田，整个Los Angeles盆地和Texas的一部分都完成了详细的重力梯度图，测量精度达到±1E。重力梯度测量是第一个广泛用于石油勘探的位场方法。当时，在寻找石油和天然气方面，扭秤还没有竞争者。在以后的10年里，10亿bbl[①]以上

①　　$1bbl = 7.056 \times 10^3 in^3 = 1.15627 \times 10^2 dm^3$。

的石油及至少 79 个产油构造的发现归因于扭秤的应用。

由于扭秤梯度测量的测量时间较长，测点附近的地形起伏影响相当严重，只能在平缓的地区应用，以及梯度测量数据的解释方法研究没有跟上，20 世纪 20 年代末以来，它被地震仪、重力摆仪及稳定弹簧重力仪所取代。

扭秤没有得到广泛的应用，其原因并非重力梯度值本身没有价值，而是测量仪器的缺点。重力异常梯度的固有优势在于它是重力异常的变化率，反映了地下的密度突变引起的重力异常的变化，因此它具有比重力异常更高一级的分辨率。虽然没有方便的、高精度的梯度仪，但是重力梯度值在国内外一直没有停止使用。没有实际测量的梯度值，人们就应用理论公式或频率域方法，把重力异常测量值变换为各次导数，如 $\partial g/\partial z$、$\partial^2 g/\partial z^2$ 等，在重力解释中加以利用。

近 50 年来，重力二次导数法作为从叠加异常中分离局部异常的主要方法之一，一直在石油及金属矿勘探中用于突出局部构造或岩体、矿体引起的局部异常，以发现它们的水平位置。至今，这个方法还没有失去它的作用。重力梯度异常是应用重力法寻找断裂的主要根据，这是因为具有垂直位移的断裂可以看作是一些台阶，而重力梯度对于台阶的棱边特别敏感。根据重力剖面向上延拓值水平二次导数的零点位置的横向偏移，在已知模型上顶面深度的条件下，可以求出水平板模型斜截面的倾角、水平厚度及位置。重力异常梯级带清楚地显示出大断裂的水平位置，然而一些控制油气藏或矿体的次级断裂被较大的构造所掩盖。应用重力铅垂二次导数的相关分析，能够有效地发现次级断裂。目前世界上应用较多的一种直接探测与油气藏有关的低密度体的方法所采用的重力场要素就是经过归一化的重力梯度值。

利用理论公式将重力异常变换为各种重力高次导数或重力梯度值，已经表现出比重力异常好的优越性。但是，计算值毕竟不是实测值。与实际测量值相比，计算值有两大缺点。第一，由一些理论公式计算出的重力高次导数比模型理论值小许多，无法用于定量解释。与实测值相比，计算结果比较光滑、规整，缺少实际地质体引起的异常细节。第二，把重力异常变换为重力高次导数的频率域变换方法，实际上是一种高通滤波器。这个滤波器除了突出叠加异常中的局部异常外，特别放大了由比探测目标小的地质体所引起的重力效应及观测误差，即高频干扰，计算出了许多虚假的导数异常，这是重力数据处理、解释中经常面对的难题。

二、重力梯度仪

在重力场要素中，重力垂直梯度 $\partial g/\partial z$ 即重力异常在铅垂方向上的变化率比较容易测量。起初没有重力梯度仪，人们就利用一台重力仪在不同高度位置测量以计算梯度值。在一个测点的两个不同高度处的重力差值除以高差，便可得到近似的重力垂直梯度。实际上，重力垂直梯度的测量已经有很长的历史。

早在 1881 年，Jolly 就利用大约高 21m 的建筑测量了重力垂直梯度。1938 年，Hammer 利用 290m 的高层建筑测量重力垂直梯度，观测精度达到 ±3E。1943 年，Thyssen 利用 CRAF 重力仪及高差为 0.5 ~ 1.5m 的移动三脚架，在野外观测重力垂直梯度，平均测量精度为±50E。1953 年，Houston 技术实验室利用沃登重力仪，在 3.5m 高的三脚架上面进行观测，梯度值的观测精度为±37E。1956 年，Tyssen 等首次利用重力垂直梯度研究地质问题。使用了沃登重力仪及 4m 高的三脚架。梯度值的平均观测精度为±10E。Neumann（1972）及 Fajklewicz 等（1976）应用垂直梯度探测近地表的小地质构造、岩石的蚀变、洞穴、隧道等。1985 年，Introcaso 和 Huerta 利用垂直梯度为工程地基确定浅部结晶基底的形态。

在 20 世纪 70 年代，出于对导航和导弹发射的需要，美国海军研制了一种测量重力梯度的仪器——Bell 重力梯度仪，该仪器中的传感器一度为国防秘密。1991 年后，这项军事技术开始用于勘探地球物理及其他领域（图 3.34）。

图 3.34　Bell 重力梯度仪

Bell 重力梯度仪是由 12 台分开的重力仪组成，当这些重力仪在"罗经柜（binnale）"中翻转时，便测量了 1m 内地球重力的差值。结果得到重力、重力场的全部张量或重力的三维变化的精确测量值。美国在墨西哥湾的测量表明，梯度测量的精度估计为每 1km 范围内 0.5E，大约相当于 $0.5 \times 10^{-6} \text{m}/(\text{km} \cdot \text{s}^2)$。Bell Geospace 公司应用美国海军船只在墨西哥湾深水中进行了三次重力梯度测量，发现了一个巨大的推覆构造，继而找到了一个大油田。20 世纪 90 年代澳大利亚 BHP 与美国 Lockheed Martin 联合研制的 FALCON™ 系统、20 世纪初 Lockheed Martin 的 Air-FTG™ 系统及近期的 eFTG 系统，都源于美国核心技术，最高精度达 5E。

冷原子干涉型重力梯度仪是近二十年来快速发展起来的一种新型仪器。1991 年，美国斯坦福大学基于受激拉曼跃迁技术首次实现冷原子物质波干涉，并先后研制出冷原子重力仪和冷原子重力梯度仪。意大利佛罗伦萨大学随后也实现了原子重力梯度仪原理样机，测量分辨率达到 1.7E/8000s。2009 年，美国研制成功冷原子重力梯度仪工程样机，并用于车载实验，实验室环境下测量分辨率为 7E/180s。基于硅基深刻蚀工艺的加速度计方面，英国帝国理工学院研制的微震仪噪声本底优于 $2 \times 10^{-9} \text{g}/\sqrt{\text{Hz}}$；英国格拉斯哥大学研制的 MEMS 重力仪分辨率达到 $4 \times 10^{-9}\text{g}$，下一步目标是进行航空测量的实用化研究。20 世纪 80

年代 Bell Aerospace 公司建立了一套车载移动平台，装备了 GPS、里程计等载体运动测量元件，安装了发电机、电池组、空调等功能模块，集成了重力梯度仪和稳定平台的控制、数据采集与处理系统。近年来，英国 ARKeX 公司超导梯度仪 ECG 系统和澳大利亚西澳大学超导梯度仪 VK-1 系统均报道了其系统，并开展了飞行试验，在此之前开展了大量的地面车载测试。20 世纪 70 年代，斯坦福大学率先开展低温超导重力梯度仪的研制。在 2002 年前后，力拓集团、澳大利亚西澳大学、马里兰大学、Gedex、ARKeX 等机构竞相研制航空超导重力梯度仪，目前均处于工程化攻关阶段。因其内置仪器噪声较常规梯度仪低 2~3 个量级，超导重力梯度仪是下一代超高分辨率仪器的不二选择，具有广阔的发展前景。

我国的重力垂直梯度测量工作开展得比较晚，1973 年，原长春地质学院与陕西省第二物探大队合作，在秦岭进行了观测。1974 年，原长春地质学院与西藏地质局物探大队合作，在藏南及藏北进行了观测。1980~1983 年，原成都地质学院在国内一些地区进行了重力垂直梯度观测。

"十二五"期间，我国研制出国内首套重力梯度传感器样机，在国内首次实现引力梯度测量，精度优于 70E。国内浙江工业大学、浙江大学、华中科技大学、吉林大学等于"十二五"期间均开展了相关工作，其间研制的重力梯度仪样机分别为超导技术重力梯度仪、冷原子干涉重力梯度仪、微机电/MEMS 重力梯度仪（图 3.35），同时期与国外技术相比，处于并跑及领跑状态，并成功实现了垂直和水平原子重力梯度仪原理样机。

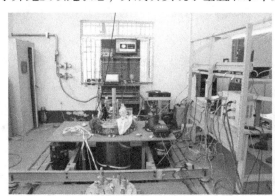

(a) 超导技术重力梯度仪

(b) 冷原子干涉重力梯度仪

(c) 微机电/MEMS重力梯度仪

图 3.35　"十二五"期间我国自主研发的重力梯度仪样机

　　"十三五"期间，以吉林大学为牵头单位，汇集了中国船舶重工集团公司第七○七研究所、华中科技大学、浙江工业大学、中国地质调查局自然资源航空物探遥感中心、中国科学院武汉物理与数学研究所、中国航天科工三院三十三所、浙江大学、中国航天科技集团有限公司第九研究院第十三研究所、东南大学，共同研制高分辨率梯度测量。

　　中国船舶重工集团公司第七○七研究所构建大直径 GGI 原理样机，实现国内首次引力梯度效应测量，并研制出国内首套面向航空测量的小型 GGI 样机，分辨率优于 70E，填补了国内技术空白，达到国内领先水平，还研制了重力梯度仪惯性稳定平台（图 3.36）和高刚度三轴航空惯性稳定平台。

外框组件

底座组件

图 3.36　重力梯度仪惯性稳定平台

　　华中科技大学研制基于改进的石英挠性加速度计、金属挠性加速度计、MEMS 硅基挠性加速度计（图 3.37），研发了低温超导重力梯度仪，突破了敏感探头制作关键技术。

(a) 基于改进的石英挠性加速度计　　　　(b) 基于金属挠性加速度计　　　　(c) 基于MEMS硅基挠性加速度计

图 3.37　重力梯度仪原理样机

　　浙江工业大学完成可移动冷原子干涉型垂直重力梯度仪样机研制，实现核心技术突破，建立了可移动探头系统、小型化光纤激光系统、集成化光电控制系统等。中国科学院武汉物理与数学研究所（现合并为中国科学院精密测量科学与技术创新研究院）研制了可移动冷原子水平重力梯度仪原理样机。

　　现在正在使用的 37 种重力仪器中，梯度仪只有四种；正在研制的 24 种重力仪器中，重力梯度仪占了 18 种，而重力仪只有六种。由此可见重力仪器研究的趋势，这也反映了重力梯度测量复兴的势头。

习　题

（1）重力测量仪器主要包括哪些种类？

（2）衡量重力仪性能好坏的主要指标是哪些？

（3）目前世界上较为先进的重力测量仪器有哪些型号？分别是哪个国家生产的？我国曾经生产过哪些型号的重力仪？

（4）重力仪的灵敏度、显示灵敏度和精度的含义分别是什么？并说明灵敏度和精度的关系。

（5）重力仪的精度共分为哪几种？

（6）ZSM 型石英弹簧重力仪由哪几个主要部分组成？并说明其中几个主要部件的作用。

（7）与地面重力仪相比，海洋重力仪和航空重力仪在设计上还需要考虑哪些因素的影响？具体设计中是如何克服的？

（8）影响海洋重力测量的因素有哪些？

（9）重力仪的测量精度受哪些因素的影响？并简要说明消除影响的措施。

（10）为什么地面相对重力仪在同一点上不同仪器的读数会不同？且同一台仪器在不同时刻读数也不同？

（11）相对重力仪的零点读数法？

第四章 重力野外工作方法

重力勘探的目的任务在于查明工作区重力场的变化规律及引起重力异常的地质体（目标体）的性质、规模，研究重力异常与局部构造的关系，圈定找矿靶区，配合地质勘查项目进行专题性研究，可用于矿产勘查，也可用于水文地质勘查、工程勘查及其他特殊用途的探测工作，达到解决地质问题的目的。

重力测量可分为地面、航空、海洋、井中和卫星等测量方式。

第一节 地面重力测量技术

一、重力测量的技术设计

重力勘探需要获得有关研究对象引起的重力异常在空间的分布。因此，应按一定的测网和一定的精度要求进行重力测量工作。由于不同对象产生的异常不同，对同一研究对象的研究程度也有所不同，因而对测网密度和测量精度的要求也不相同。编写技术设计的指导思想是以尽可能少的工作量来圆满地完成所承担的地质任务。按照技术设计进行工作，还可以保证不同测区、不同年份工作成果的拼接，以便使野外工作的成果得到最充分地应用。显然，随着研究程度的深入，测网的密度应越大，测量的精度应越高。技术设计中主要解决的问题是工作比例尺的确定、精度要求和各项误差的分配以及野外工作方法的选择等。

（1）明确工区范围、地理位置及工作目的与任务，开展野外工作所需人员配备、仪器设备型号等。

（2）收集工作区以往的重力工作资料，同类勘查任务的重力勘查方法技术资料、物性资料（密度测井、速度/声波测井、钻井岩心标本等），地质、地球物理、地球化学、遥感、钻孔及矿产勘查等成果资料，交通图、行政区划图，相应工作的比例尺或更大比例尺（相对于工作比例尺）的地形图。

（3）根据测地工作需要，收集工作区内及邻区能够满足控制测量精度要求的三角点、GPS控制点、不低于等外精度（国家水准测量依精度不同分为四个等级，其中精度低于四等的水准测量称为等外水准测量，测量出的精度称为等外精度）的水准点等测绘成果资料；收集工作区及周围地区的坐标转换参数及大地水准面资料或高程异常值（图）。

（4）确定工作比例尺，测网形状、测线方向、测量时具体技术方法，测量精度要求及精度误差分配标准。

（5）是否建立基点网以及基点网的精度要求。

（6）确定开展野外工作所需人员配备和素质、仪器设备型号和数量、工作进度，以及施工顺序。

（7）所需经费预算、安全措施等。

设计书一旦经审批后，就成为测量工作评价的重要依据。

（一）工作比例尺的确定

工作比例尺反映了工作的详尽程度，也就是提交的重力异常图的比例尺。在区域重力调查中，基本比例尺有 1∶100 万、1∶50 万、1∶20 万和 1∶10 万四种，前两种主要用于重力调查空白区，用以研究区域构造和地壳深部构造；后两种主要用于能源普查或经区域调查确定的成矿远景区。

为了对沉积盆地进行较深入的研究，如研究基底断裂分布、寻找古潜山等局部构造，可采用 1∶5 万或 1∶2.5 万的比例尺。

以上比例尺的划分大体对应地质上的预查、普查和详查。

在金属矿、非金属矿区，工作比例尺应根据地质任务、探测对象的大小及其异常特征来确定。对普查金属矿产来说，要求以不漏掉最小的、有工业开采意义的矿体产生的异常为原则，即至少应有一条测线穿过该异常，所以线距应不大于该异常的长度。而在相应的工作成果图上，线距一般应等于 1cm 所代表的长度，允许变动范围为 20%，据此就可以定下比例尺。至于点距，应保证至少有 2～3 个测点处在矿体异常的宽度范围内，一般为线距的 1/10～1/2。

对于详查或更高精度的测量（通常是比例尺大于 1∶2.5 万）来说，点线距均要缩小，其原则是在异常范围内，相邻两点间的异常可视为线性变化，能准确勾绘出异常的形态，并应在极值点或拐点附近加密测点，以便准确地确定极值大小及位置。

关于测网的形状，在小比例尺测量中，没有严格要求，可以沿一些交通路线布置，并使测点均匀分布全区，在图上每平方厘米内能有 0.5～3 个测点。在详查或更大比例尺测量中，则要建立比较规则的测网。对于走向不明或近于等轴状的勘探对象，宜采用方形网，即点线距相等；对于在地表投影有明显走向的勘探对象，应用矩形网，即测线方向与其走向垂直。

重力测量的测区范围应根据上级下达的任务和工区的地形、地质、矿产以及物探工作程度等情况合理确定，并应兼顾到施工方便、资料完整及布点经济。应使探测对象或主要异常处在测区的中央，为此，在施工过程中可能要调整测区范围。测区边界应尽量规则，保持为矩形，以便于数据处理。测区范围或边部一般应包括必要的正常值或区域背景值，也应尽可能包括某些地质情况比较清楚或进行了较多工作的地段。表 4.1 和表 4.2 列出了各种比例尺测量时的点、线距要求，供设计时参照选择。

表 4.1　各种比例尺测量点、线距要求

工作阶段	工作比例尺	测点密度/(点/km²)	点距/m	线距/m
预查	1∶100 万	0.01～0.02	7000～10000	—
	1∶50 万	0.04～0.1	3000～5000	—
普查	1∶20 万	0.25～0.5	1000～2000	2000～4000
	1∶10 万	1～4	250～1000	1000～2000

工作阶段	工作比例尺	测点密度/(点/km²)	点距/m	线距/m
详查	1:5万	4~25	200~500	500
	1:2.5万	25~100	100~250	250
精查	1:1万	100~400	20~100	100
	1:2000	2500~10000	10~20	20

表4.2　各种比例尺测量点、线距要求（矩形网、方形网）

比例尺	矩形网		方形网
	线距/m	点距/m	线距=点距/m
1:5万	500	100~500	—
1:1万	100	20~50	—
1:5000	50	10~20	30~40
1:2000	20	5~10	10~20
1:1000	10	2~5	5~10
1:500	5	1~2	2~5

（二）精度要求及误差分配

确定重力异常的精度，一般用异常的均方误差来衡量，它包括重力观测值的均方误差和对重力观测值进行校正时各项校正值的均方误差。重力异常的均方误差应根据地质任务和工作比例尺来确定。例如，在金属矿重力普查时，通常是取最小的、有意义的异常幅值的1/3~1/2作为异常的均方误差。对于不同比例尺的重力测量，有关规范或手册均给出了可供选择的精度要求及误差分配值，施工前可参照它们编写技术设计书。在满足重力异常精度要求的前提下，可以根据仪器性能、工区地形情况、测地工作技术条件等合理地分配重力观测值均方误差与各校正项的均方误差（表4.3、表4.4）。误差分配合理，可以使野外施工提高工效，降低生产费用。

表4.3　布格重力异常总精度及分项精度调配表（适用于平原、丘陵）

比例尺	异常等值线距/(10^{-5} m/s²)	异常总精度/(10^{-5} m/s²)	测点重力值精度/(10^{-5} m/s²)	布格校正精度/(10^{-5} m/s²)	地形校正精度/(10^{-5} m/s²)	正常场校正精度/(10^{-5} m/s²)
1:50万	2.00	±0.80	±0.30	±0.60	±0.40	±0.10
1:20万	1.00	±0.40	±0.22	±0.25	±0.22	±0.05
1:10万	0.50	±0.20	±0.12	±0.10	±0.12	±0.03
1:5万	0.25	±0.10	±0.05	±0.05	±0.07	±0.02
1:2.5万	0.20	±0.08	±0.04	±0.04	±0.05	±0.01
1:1万	0.10	±0.04	±0.03	±0.02	±0.01	±0.01

表 4.4　异常总精度及分项精度调配表（适用于山区、水下）

比例尺	异常等值线距/$(10^{-5}\,\mathrm{m/s^2})$	异常总精度/$(10^{-5}\,\mathrm{m/s^2})$	测点重力值精度/$(10^{-5}\,\mathrm{m/s^2})$	布格校正精度/$(10^{-5}\,\mathrm{m/s^2})$	地形校正精度/$(10^{-5}\,\mathrm{m/s^2})$	正常场校正精度/$(10^{-5}\,\mathrm{m/s^2})$
1：50 万	5.00	±2.00	±0.50	±1.40	±1.20	±0.16
1：20 万	2.00	±0.80	±0.30	±0.50	±0.50	±0.12
1：10 万	1.00	±0.40	±0.16	±0.14	±0.33	±0.06
1：5 万	0.50	±0.20	±0.12	±0.08	±0.13	±0.04
1：2.5 万	0.40	±0.13	±0.05	±0.05	±0.10	±0.02

（三）重力测量的方式

重力测量的方式包括路线测量、剖面测量及面积测量。

路线测量一般用于概查或普查阶段，重力测点是沿交通方便的道路布置，测点大致均匀分布，线距没有严格要求。

剖面测量多用于详查或专门性测量，剖面线方向应垂直地质体走向，并尽可能通过地质体在地面投影的中心部位，测点不能偏离剖面线，在正常值区点距可大些。

面积测量是重力测量的基本形式，它可以提供工区内重力异常的全貌。

（四）重力测量的有利条件

经验证明，在下述条件下，重力测量将得到良好的地质效果。

作为研究对象的地质体与其围岩之间有明显的密度差，而在围岩内部没有明显的密度变化；两种不同密度的岩层，其接触面称为密度分界面。作为研究对象的地质构造，与上覆或（和）下伏地层的密度分界面的深度有显著的变化，而其界面深度又不太深；在工区内非研究对象引起的重力变化小，或通过校正能给以消除；地表地形平坦或较为平坦。

二、仪器的检查与标定

在进行野外施工之前和施工过程中，为确保取得合格的测量数据，应严格按照有关技术规定的要求，定期对使用的重力仪进行认真检查和调校，对于仪器的性能应进行试验和分析。所有检查、调校与试验的资料是生产成果的组成部分。

外出测量前应对重力仪进行检查和调试，主要检查与调校项目包括：测程、面板位置、水准器位置、亮线灵敏度等，并应按照重力仪器使用说明及技术规范进行检查和调节，确保重力仪在正常状态下工作。其中，测程调节需根据测区内重力值的变化情况，将测程调节至合适的位置；ZSM 型、CG-3 型重力仪的光线灵敏度应调节至 $1.6\times10^{-5} \sim 2.0\times10^{-5}\,\mathrm{m/s^2}$，沃登重力仪的光线灵敏度应调节至 $2.0\times10^{-5} \sim 5.0\times10^{-5}\,\mathrm{m/s^2}$；水准器的检查与调节是采用测水泡曲线的方法来检查水准器是否调节正确。要求重力仪水泡曲线的极值点偏离正确位置（水泡居中时的位置）不超过一小格（圆周的 1/32）。

仪器性能的试验包括：静态试验、动态试验、一致性试验和仪器的标定。

重力仪各项性能试验计算结果精度到 $0.001\times10^{-5}\mathrm{m/s^2}$（0.01g. u.）

（一）重力仪的静态试验

选择温度环境变化小、地基稳固、无振动干扰的试验场地，连续观测时间不少于24h，手动读数型重力仪每隔30min读数一次，自动型读数重力仪每隔5~10min读数一次。

静态试验的目的是了解重力仪在静态条件下的混合零点位移漂移量及其线性程度，结合动态试验成果确定各台重力仪的闭合时间。

对于弹性系统有夹固装置的重力仪，进行静态试验时，一般都不用夹固，使弹性系统在试验时间内保持松弛静力平衡状态。

静态试验观测结果经理论固体潮改正后，计算出各观测时刻的观测重力值，绘制每台重力仪的静态观测曲线，用线性回归计算出混合零点位移漂移率。静态观测曲线与线性回归曲线的最大偏差应小于设计的测点重力仪观测均方误差。

1. 静态试验重力观测值求取

重力观测值按照

$$g_i = S_i K + R_i \tag{4.1}$$

式中，g_i 是各次静态观测重力值，$10^{-5}\mathrm{m/s^2}$；S_i 是第 i 次读格数（或重力观测值）；K 是重力仪格值（当 S_i 为重力观测值时，K 为该重力仪的格值校正系数）；R_i 是第 i 次读数的固体潮改正值。

2. 线性回归分析

静态曲线采用线性回归法计算回归系数，设回归方程为

$$y = ax + b \tag{4.2}$$

则有

$$\bar{x} = \sum x/n$$
$$\bar{y} = \sum y/n$$
$$a = \bar{y} - b\bar{x}$$
$$b = SS_{xy}/SS_{xx}$$
$$SS_{xy} = \sum (x-\bar{x})(y-\bar{y})$$
$$SS_{xx} = \sum (x-\bar{x})^2$$

式中，y 为观测重力值，$10^{-5}\mathrm{m/s^2}$；$\bar{y}$ 为 n 次观测重力值的平均值，$10^{-5}\mathrm{m/s^2}$；a 为回归直线截距；b 为回归直线斜率；$\bar{x}$ 为 n 次观测时间的平均值，h；x 为观测时间，h；n 为观测次数，次。

3. 绘制静态观测曲线与温度曲线

以时间为横坐标、重力值（以起始时刻重力值为相对零点）为纵坐标，绘制每台重力仪的静态观测曲线；以时间为横坐标，温度（以起始时刻温度值为相对零点）为纵坐标，绘制每台重力仪的温度曲线。温度曲线用于观察重力仪的温度变化情况，温度变化力

求小。

4. 结果判定

静态观测曲线应近于线性，在判定的闭合时间内，静态观测曲线与直线的最大偏差应小于设计的测点重力观测均方误差，否则判定该重力仪不合格。

（二）重力仪的动态试验

动态试验分为两点动态和多点动态试验。重力仪性能试验应采用多点动态试验方法，并在工区内完成；出队前挑选重力仪可采用两点动态试验，动态试验的技术要求如下所示。

1. 两点动态试验

选择地基稳固、干扰较小的试验点，两点间重力段差不小于 $3 \times 10^{-5} \mathrm{m/s^2}$；采用连续观测方式（观测方式：$1 \to 2 \to 1 \to 2 \to 1 \to 2 \to 1 \to 2$）、相邻两点间单程观测时间间隔不大于 20min、试验时间不少于 12h。

设两点动态试验点为 A、B，在 A 点的第 i 次重力观测值为 S_{Ai}、观测时间为 T_{Ai}，在 B 点的第 i 次重力观测值为 S_{Bi}、观测时间为 T_{Bi}，在 A 点第 $i+1$ 次重力观测值为 S_{Ai+1}、观测时间为 T_{Ai+1}，则两点间的第 i 个独立增量（或段差），可以理解为采用双程往返观测法观测时，一台重力仪在相邻两个重力点间往程和返程重力差值的平均值。

$$\Delta S_i = S_{Bi} - S_{Ai} - \frac{S_{Ai+1} - S_{Ai}}{T_{Ai+1} - T_{Ai}} \times (T_{Bi} - T_{Ai}) \tag{4.3}$$

式中，ΔS_i 为两点动态试验的第 i 个独立增量（或段差），$10^{-5} \mathrm{m/s^2}$；S_{Bi} 为重力仪在 B 点第 i 次重力观测值，$10^{-5} \mathrm{m/s^2}$；S_{Ai} 为重力仪在 A 点第 i 次重力观测值，$10^{-5} \mathrm{m/s^2}$；S_{Ai+1} 为重力仪在 A 点第 $i+1$ 次重力观测值，$10^{-5} \mathrm{m/s^2}$；T_{Ai+1} 为在 A 点第 $i+1$ 次重力观测值对应的观测时间，h；T_{Ai} 为在 A 点第 i 次重力观测值对应的观测时间，h；T_{Bi} 为在 B 点第 i 次重力观测值对应的观测时间，h。

2. 多点动态试验

试验点距和路面状况应与工作区的实际地形情况类似，在工作区或周边地区选择 18 个以上试验点，选择地基稳固、干扰较小、相邻两点间重力段差在 $0.5 \times 10^{-5} \sim 5 \times 10^{-5} \mathrm{m/s^2}$；以汽车或步行运输重力仪，采用双程往返观测方式进行；相邻两点间单程观测时间间隔不大于 20min、试验时间不少于 12h。

3. 动态观测均方误差统计

以各点读数乘以重力仪格值，经理论固体潮改正后，计算独立增量（或段差），求取每个独立增量与独立增量平均值的差值，计算动态试验的均方误差为

$$\varepsilon = \pm \sqrt{\frac{\sum_{i=1}^{m} \delta_i^2}{m - n}} \tag{4.4}$$

式中，ε 为动态试验均方误差，$10^{-5} \mathrm{m/s^2}$；m 为增量的总个数，个；δ_i 为相邻两点间各个增量与多台重力仪的平均增量之差值，$10^{-5} \mathrm{m/s^2}$；n 为试验的边数（当采用两点动态试验

时，$n=1$）。

4. 绘制动态观测曲线

以每个独立增量与独立增量平均值的差值为纵坐标，测点编号为横坐标，绘制各台重力仪的动态观测曲线。

5. 基点联测仪器观测均方误差估算

根据动态试验结果，在进行基点联测前，对重力仪可能达到的精度进行估计，选择用于基点联测的重力仪。具体统计方法介绍如下。

根据动态试验资料按基点联测时拟采用的观测方式和闭合时间，求得两点间的独立增量，独立增量数不少于10个，为

$$\varepsilon_0 = \pm \sqrt{\frac{\sum\limits_{i=1}^{n} V_i^2}{n-1}} \tag{4.5}$$

式中，ε_0 为基点联测的观测均方误差，$10^{-5}\,\mathrm{m/s^2}$；n 为独立增量数；V_i 为独立增量与平均增量之差值，$10^{-5}\,\mathrm{m/s^2}$。

6. 重力仪的闭合时间确定

根据静态观测曲线及线性回归直线，按照"最大混合零点位移漂移不大于3倍的测点重力观测均方误差"的要求，大致确定每台重力仪的最大闭合时间。

根据动态观测曲线与静态试验线性回归直线，按照"最大偏差小于设计的测点重力观测均方误差"的要求，确定每台重力仪的闭合时间。

7. 结果判定

重力仪的动态试验均方误差应不大于设计的测点重力观测均方误差。

用于基点联测的重力仪，动态试验均方误差应不大于设计的基点边段联测均方误差值；若动态试验采用多点试验，在动态试验均方误差满足的条件下，也可利用动态试验观测结果计算多台重力仪间的一致性均方误差。

根据重力仪的动态观测曲线、静态线性回归法求取的直线，按照"最大混合零点位移漂移不大于3倍的测点重力均方误差"要求，大致确定每台重力仪的最大闭合差。动态精度的均方误差不能大于要求的观测精度的1/2，否则认为仪器性能不满足施工要求。

由动态混合零点漂移曲线的斜率及其变化，可以确定仪器混合零点漂移的速率及其变化范围，以及受外界气温变化影响程度如何。根据动态混合零点漂移曲线可以选择最佳工作时间，即选择仪器的零漂曲线比较平缓或基本是线性变化，并且速率不超过技术要求所对应的时间范围。最大线性时间间隔的概念，是指在该时间间隔内，首尾时刻曲线上的两个点的连线与零漂曲线在纵向上最大的偏差不超过设计中规定的重力仪观测均方误差。同时，在这一时间间隔内，上述要求在整条曲线的时间范围内有90%以上得到满足。有了最大线性时间间隔，结合工区内的交通条件及工作效率等，可以确定工区内较合理的基点网布置密度。

通过此项试验，可以了解仪器动态混合零点漂移的速率、动态条件下能达到的测点观测精度、结合静态试验成果确定各台重力仪最佳工作时间范围和确定最大线性零点漂移时

间间隔，从而估算基点联测仪器的均方误差。

（三）重力仪的一致性试验

当需要用两台以上的仪器在工区工作时，应做此试验。它可以与动态观测的试验结合进行；也可另选一些重力变化大的点用往返重复观测的方式进行。

1. 多台重力仪间的一致性均方误差统计

对每台重力仪在各个试验点上的观测重力值进行固体潮、零点改正。

求取每台重力仪在各个试验点的观测重力值相对于起始点的重力差值（与测点重力观测值计算方法相同，起始点的重力值取 0，求取每台重力仪在各个试验点的观测重力值相对于起始点的重力差值作为各个试验点的观测重力值）。

求取各台重力仪在某个试验点相对于起始点的重力差值的平均值。

利用各台重力仪"相对于起始点的重力差值"的平均值与单台重力仪"相对于起始点的重力差值"的差值，计算多台重力仪间的一致性均方误差。各台重力仪间一致性均方误差为

$$\varepsilon_y = \pm \sqrt{\frac{\sum_{i=1}^{n}\sum_{j=1}^{m} V_{ij}^2}{M - n}} \tag{4.6}$$

式中，ε_y 为多台重力仪间一致性均方误差，$10^{-5}\,\mathrm{m/s^2}$；n 为一致性试验的观测点数（不包含基点）；m 为参加一致性试验的重力仪台数，台；V_{ij} 为第 j 台重力仪在第 i 个试验点上的观测重力值与各台重力仪在第 i 个试验点的观测重力值相对于起始点的平均值的差值，$10^{-5}\,\mathrm{m/s^2}$；M 为观测值的总个数（$M = m \times n$），个。

2. 单台重力仪的观测均方误差统计

对某台重力仪在各个试验点上的观测重力值进行固体潮、零点改正。

求取某台重力仪在各个试验点的观测重力值（a_{ij}）；求取某台重力仪在某个试验点的观测重力值的平均值（$\bar{a}_{ij}$）；单台重力仪的观测均方误差为

$$\bar{a}_{ij} = \sum_{j=1}^{m} a_{ij}/m \tag{4.7}$$

$$\varepsilon_{j\mathring{\text{单}}} = \pm \sqrt{\frac{\sum_{i=1}^{n} (a_{ij} - \bar{a}_{ij})^2}{n - 1}} \tag{4.8}$$

式中，$\bar{a}_{ij}$ 为多台重力仪在第 i 个试验点上的观测重力值的平均值，$10^{-5}\,\mathrm{m/s^2}$；a_{ij} 为第 j 台重力仪在第 i 个试验点上的观测重力值，$10^{-5}\,\mathrm{m/s^2}$；m 为参加一致性试验观测的重力仪台数，台；$\varepsilon_{j\mathring{\text{单}}}$ 为多台重力仪间一致性均方误差，$10^{-5}\,\mathrm{m/s^2}$；n 为一致性试验观测点数（不包含基点）。

当某台重力仪的一致性均方误差大于测点重力观测均方误差时，该重力仪不应使用。

3. 绘制一致性曲线图

将各台重力仪的一致性观测曲线及多台重力仪一致性观测重力值的平均值曲线绘制在

同一坐标系中，可直接观察多台重力仪的一致性状况。

每点观测值经理论固体潮及混合零点位移漂移改正之后，求取各台重力仪在该点与起始点的重力段差值；以点号为横坐标，重力段差值为纵坐标，将单台重力仪在各观测点上的重力值用点划线连接起来，得到该组重力仪的一致性试验曲线图。

4. 结果判定

各台重力仪间一致性均方误差应不超过设计的测点重力观测均方误差，否则可剔除偏离大的重力仪，重新进行试验或统计精度。

观察多台重力仪的一致性试验曲线图，曲线越接近，则该组重力仪的一致性越好；对比分析各台重力仪性能试验曲线与平均值曲线之间的偏离、各台重力仪性能试验曲线相互之间的偏离规律，从性能试验曲线上识别出偏离较大的重力仪；依据单台重力仪的观测均方误差及图示结果，对投入生产的重力仪进行优选。

进行一致性试验的目的是检查各台重力仪之间的偏差（或差异），保证投入生产的重力仪均能满足设计书的测点重力观测均方误差，了解单台仪器的观测均方误差。

（四）重力仪格值的标定

准确标定重力仪格值是消除系统误差的重要保证。虽然仪器出厂时标定了格值，但可能发生变化。重力生产工作要求在开工前和野外收工时必须对仪器格值进行校对，当施工中仪器受到强烈震动后也应进行校对。在野外工作中，一般要求由仪器格值测定误差造成的任一闭合段内测点观测的最大误差，不得超过设计的重力观测均方误差。通常情况下，一年至少进行一次重力仪格值的标定。重力仪格值常用下列两种方法标定，一般用仪器格值标定，特殊情况下还要进行温度系数、气压系数和磁性系数的标定。如果不需这些特殊的标定，就可做一般的试验，检查仪器是否受温度变化、气压变化和地磁场的影响。经验告诉我们，调校不合要求不能进行试验，试验不合要求不能进行标定，否则重力测量的观测精度难以得到保证。

1. 已知点法

在由国家建立的高精度重力格值标定场中具有已知重力差的一些点上，用仪器在它们之间进行多次重复观测，其独立增量数不少于六个，平均读格差计算结果小数点后保留三位有效数字，格值计算及格值校正系数计算结果小数点后保留八位有效数字。格值按式（4.9）计算：

$$C = \frac{\Delta g}{\Delta S} \tag{4.9}$$

式中，Δg 为校准点间已知重力差值；$\overline{\Delta S}$ 为多个独立增量［独立增量的计算方法见式（4.19）］的平均值。测定结果用平均读数的相对均方误差来衡量格值测定精度，计算公式为

$$\eta_c = \frac{\sqrt{\sum_{i=1}^{n} V_i^2 / n(n-1)}}{\overline{\Delta S}} \tag{4.10}$$

式中，$\overline{\Delta S}$为平均读数差；V_i为第i次读数差与平均读数差的差值；n为独立增量个数；η_c为格值相对均方误差，并应不大于 0.03%。

在金属矿区，一般要求$\eta_c \leqslant 1/1000$；在区域重力测量中，$\eta_c \leqslant 1/2000$；对于自建格值标定点或省级的一、二级基点，$\eta_c < 1/5000$。

2. 倾斜法

这是利用重力仪的灵敏系统在水平时与倾斜一个角时所感受的重力作用的不同来进行重力仪的格值测定。灵敏系统在不同角度时的重力差值为

$$\Delta g = g(1-\cos\theta) \tag{4.11}$$

因此，仪器的格值为

$$C = \frac{\Delta g}{\Delta S} = \frac{g}{\Delta S}(1-\cos\theta) \tag{4.12}$$

倾斜法是在室内进行的，与在格值标定场标定相比，可以缩短标定时间，减少往返旅途开支等，近年来已根据倾斜法原理研制出重力格值仪。

当仪器重新标定的格值与原来使用的格值相对变化大于 0.05% 时，应使用新格值。

三、重力基点及基点网的布置与观测

在进行相对重力测量时，必须设立一个标准点——重力总基点，它是某工区测点重力值的起算基准点，其各点的重力值是相对总基点的重力差。在大面积重力测量时，为了提高重力测量的工作效率和精度，除了重力总基点之外，在测区内还要建立若干个重力基点，这些基点（包括总基点）可以通过特殊要求的联测方法联系起来，称为重力基点网。

基点网中各基点相对总基点的重力差，是在普通点重力测量之前，用精度比较高的一台或几台重力仪，用特殊要求的观测方法测定的。测定基点重力差的精度，一般要求高于普通重力观测精度的几倍，当测区面积较大时，可建立二级基点网或三级基点网。建立两级基点网时，控制基点、辅助基点与普通点的精度（误差大小）要求之比一般为 1 : 1.5 : 3。

（一）基点网的作用

建立基点及基点网的主要目的为以下几点：

（1）提高普通点重力测量的精度，减少误差积累和提高普通点重力测量的工作效率；

（2）作为每次重力测量的起算点，求出每一普通点相对起始基点的重力差以便于求出它们相对总基点的重力差；

（3）由于相对重力仪存在零点漂移，通过基点网检查重力仪在某一作业时间段内的零点漂移量，确定零点位移校正系数。

根据上述目的，在建立基点网时应考虑：

（1）基点应均匀分布在全区，基点的密度应根据重力仪零点位移的规律和对普通点重力测量精度要求及工作效率而定；

（2）为了保证基点网重力测量的精度，应该使用质量较高的一台或几台重力仪，并用快速的运输工具运送仪器，而且，观测路线应按闭合环路进行，环路中的首尾点必须

联测;

（3）基点应选在地基稳固，联测方便，周围没有震源，附近地形和其引力质量近期内不发生较大变化，重力水平梯度变化较小，交通方便和标志明显的地方。

（二）国际重力基准

1. 世界重力基点

相对重力测量测定的是两点的重力差。为了求得绝对重力值，必须有一个已知的绝对重力点作为相对重力测量的起始点，为此必须建立统一的重力基准。世界公认的重力起始点称为世界重力基点，历史上有过两个国际重力基准点，一是 1900 年举行的国际大地测量协会（IAG）通过采用的维也纳重力基点，其绝对重力值为

$$g = 9812900 \pm 100 \tag{4.13}$$

由此推算的绝对重力值称为维也纳系统。因其精度较低，所以以后很少采用。另一个是 1909 年举行的国际大地测量协会会议上决定采用的波茨坦重力基点。其绝对重力值为

$$g = 9812742 \pm 30 \tag{4.14}$$

从该点出发推算的绝对重力值称为波茨坦系统。波茨坦绝对重力值是在 1894 ~ 1904 年期间利用五个可倒摆进行测定的。

后来，科技的发展、标准频率和光干涉技术的广泛应用，使得微区间的测时和测距相对精度大大提高。日本学者佐久间晃彦博士设计出一台自由落体型的绝对重力仪，该仪器在塞弗尔点进行长期观测并获得了 0.01g.u.（即微伽级）的精度。1971 年，十五届国际大地测量学与地球物理学联合会（International Union of Geodesy and Geophysics，IUGG）采用他的结果，建立了新的国际重力基准，从而结束了波茨坦全球重力起始点的历史。塞弗尔点的绝对重力值为

$$g = 9809259.49 \pm 0.054 \tag{4.15}$$

2. 国际重力基准网

波茨坦重力基准已被世界各国应用了数十年。随着科学研究和生产实践对重力值精度要求的日益提高，以及科学技术本身的不断发展，从 1930 年起，世界上有些国家陆续利用当时的先进技术在本国测定了绝对重力值，并且在世界大部分地区用摆仪和重力仪进行了国际和洲际间的相对重力联测，其中包括与波茨坦重力基点的联测，结果发现波茨坦基点值含有较大的误差。

因此国际大地测量协会一方面着手建立新的国际重力基准，另一方面于 1967 年决定在波茨坦绝对重力值中减去 140g.u. 的改正值，作为新的国际重力基准建立前的临时措施。1956 年在国际重力委员会的会议上又选定了 34 个一等世界重力点，组成世界一等重力网（FOWGN），以加速国际联测。随后由于绝对重力测量和相对测量精度不断地提高，在一些国家又建立了若干个高精度绝对重力点，进行了大量国际的相对重力联测，为建立国际重力基准网提供了坚实基础。为此，在 1971 年国际大地测量和地球物理联合会的全体大会上决定通过国际重力基准网 1971（International Gravity Standardization Net 1971，IGSN-71），用以代替波茨坦国际重力基准。

IGSN-71 采用了下列重力测量资料，一是用三种最新的激光绝对重力仪（按自由落体和对称运动原理）测定的八个重力点上的 10 个绝对重力值；二是用六种相对摆仪测定的1200 个动力相对重力值；三是用五种重力仪测定的 23700 多个静力相对重力值，其中所使用的这些仪器和方法都是当时最先进和比较先进的，并且在所有的观测结果中都进行了地球潮汐改正，能够保证有较高的精度。这个网根据最小二乘法原理进行了整体平差，在整体平差前又根据初步平差结果将误差大于三倍中误差的联测结果舍去。舍去的结果不到全部结果的 3%。根据上述观测结果列出 24900 多个误差方程，解出 1854 个点的重力值。由此 1854 个重力点构成了 1971 年国际重力基准网，它们分属于 108 个国家或地区的 494 个城市。国际重力局将网中的重力点进行编号，并列出其重力值及标准误差。表 4.5 仅列出该网中八个点的绝对重力值。

表 4.5　1971 年国际重力基准网中八个点的绝对重力值

测站	观测值/g.u.	平均值/g.u.
特丁登（英国）	981181.84±0.13	981181.78±0.015
特丁登（英国）	981181.891±0.050	981181.78±0.015
巴黎（法国）	980925.957±0.030	980925.97±0.014
巴黎（法国）	980925.986±0.041	980925.97±0.014
波哥大（哥伦比亚）	977389.979±0.087	977390.14±0.027
丹佛（美国）	979597.716±0.042	979597.68±0.012
华盛顿（美国）	980101.271±0.055	980101.32±0.016
米德尔城（美国）	980305.318±0.041	980305.32±0.022
波士顿（美国）	980378.685±0.042	980378.70±0.014
费尔班克斯（美国）	982235.007±0.042	982235.00±0.014

由 IGSN-71 推算出来的波茨坦重力基点的新重力值为

$$g = 9812601.9 \pm 1.7 (\text{g.u.}) \tag{4.16}$$

将它和旧值相比较，说明旧值大了 140g.u.，这和 1967 年国际大地测量协会决定的改正值是相同的。

3. 国家重力基本网的建立与测量

为了取得全国重力场这一基础性资料，在全国开展重力测量工作，建立以一定分布密度和以一定精度布设测量的重力起始点，作为重力基本点。这些点之间按一定的规则进行联测（包括与国际重力基本点联测），组成网状，称为重力基本网。国家重力基本网又称国家重力控制网。国家重力网一般划分为不同的等级，在各级重力网中，台站（基本点）之间的平均间距主要由各国领土大小来确定。一般基本网点距离为几百千米，一级重力网为几十千米到 100km 左右、二级重力网为 10km 左右、三级重力网为几千米。中国的重力基本控制网分为基本网和一级网两级。

现代重力基本网的测量采用绝对重力仪和相对重力仪联合进行，由绝对重力仪在选定的中心台站（重力测点）施测，然后采用多台（至少四台）相对重力仪对各基本点进行环线方式实施联测。测得的重力网差值平差后，重力值的标准差应为±0.05 ~ 0.15g.u.。在基本网建立的基础上再建立一级网等逐级重力网。

中国重力测量早期工作是在 19 世纪末，外国人在上海等地用弹性摆进行了重力测量。20 世纪 30 年代，原北平研究院物理研究所也用弹性摆进行了重力测量。之后，上海海洋石油局在上海附近用重力仪实测了一些重力点。1949 年以前，大约测量了 200 余个重力点，分布地区十分有限。

1953 年，中国科学院地理研究所大地测量组和总参测绘局用四摆仪进行了重力测量，石油工业部和地质部为了油气矿产资源勘探也用重力仪进行了重力测量。至 1956 年，共测量了 100 余个重力点。当时由于没有精确和统一的起始重力值，这些结果只能自成系统，测量精度也不高。

1955 年 12 月至 1956 年 1 月，苏联航空重力测量队应我国的邀请来华，在苏联伊尔库茨克和我国北京进行联测，并在我国国内联测了北京、青岛、南京和上海各点。1957 年上半年，国家测绘总局成立重力测量队，进行了建立国家重力控制网的工作。1957 年 3 ~ 8 月，苏联航空重力测量队再次应邀来华工作，利用苏联的九台高精度重力仪（ΓAK.3 型），联测了我国的基本重力点 27 个、一等点 31 个。并进行了中国、苏联、蒙古国、朝鲜和越南五国间的重力联测。此外，用 CH-3 型和 GS-9 型重力仪联测了一等点 51 个。这些数据由苏联国家测绘总局进行了处理，我国也参加了数据处理工作。从此，建立了我国的第一个国家重力控制网，通常又称 57 网。

57 网包括基本重力点 27 个，一等重力点 82 个。在基本重力点中，只有 16 个点与苏联的 3 个点和蒙古国的 3 个点组成 5 个闭合环进行了平差；其余 11 个基本点未参加平差，它们的重力值由这 16 个基本点推算求出，故又称为准基本点。基本点的联测精度为±1.5g.u.，一等点精度为±2.5g.u.，该网的基准统一由苏联重力控制网的阿拉木图、伊尔库茨克和赤塔 3 个基本点引入，属于波茨坦系统。

在 57 网建立后的 30 年，有关部门共实测了 10 万个不同等级的重力点，这些重力点在国民经济建设和国防建设中发挥了重要作用。

由于 20 世纪 70 年代证实了波茨坦系统存在 140g.u. 系统误差，因此，隶属于波茨坦系统的 57 网无论在精度上还是点位分布上，都满足不了现代国民经济建设和国防建设发展的需要。

20 世纪 70 年代末期，中国计量科学研究院进行了绝对重力仪的研制工作，并用研制成功的可移式 NIM-Ⅰ型绝对重力仪在我国一些城市作了观测。1981 年，中国和意大利都灵计量研究所合作，在我国测定了 11 个绝对重力点。随后，由国家测绘地理信息局组织，在中国科学院、国家测绘地理信息局、总参测绘局、国家地震局、石油工业部、地质矿产部密切合作下，于 1983 ~ 1984 年，用九台 LCR-G 型重力仪进行了新的重力基本网联测。并且进行了北京、上海与巴黎、东京、京都以及香港间的联测。国家测绘局测绘研究所于 1985 年完成了平差计算，并于当年通过国家鉴定。这个网称为 "1985 国家重力基本网"，简称 85 网。

85 网由 6 个基准点（北京、青岛、福州、广州、南宁和昆明）、46 个基本点和 5 个引点组成。由于国内 6 个重力基准点分布不均，其最大重力范围只占 85 网重点范围的 65%，因此在平差中还利用了 5 个国际重力点作为基准点，即引点平差方法为带权的间接观测平差。85 网平差值的平均中误差为 ±0.08g.u.，最大中误差为 ±0.13g.u.。1986 年国家测绘局开始进行新的一等网的布设和观测，共测一等点 163 个，其中 40 个点与 85 网做了联测，平均点距为 300km。一等网以 85 网为控制进行平差，平差值平均中误差为 ±0.12g.u.。至此，建成了包括基本网和一等网的第二个国家重力控制网。85 网和 57 网在我国存在有系统差，其值为 $13.5\times10^{-5}\mathrm{m/s^2}$ 左右。

2000 网是由国家测绘地理信息局牵头，国家测绘地理信息局、总参测绘局、国家地震局协作完成。该网由 21 个基准点、126 个基本点和 112 个基本点引点（简称引点）组成。基准点平均中误差为 $±2.3\times10^{-8}\mathrm{m/s^2}$；基本点平均中误差为 $±6.6\times10^{-8}\mathrm{m/s^2}$；引点平均中误差为 $±8.7\times10^{-8}\mathrm{m/s^2}$；网的平均中误差为 $±7.4\times10^{-5}\mathrm{m/s^2}$。2000 网与 85 网之间无系统差，仅仅是 2000 网精度较 85 网略高。

（三）基点网的设立原则

基点网的设立原则有如下几点。

（1）能控制普通线观测，且便于普通观测单元连接基点；基点应选择在交通方便、标志明显、地基稳固、干扰小、易于永久保存的地点，且至少包含一个国家重力基点或省（自治区）I 级重力基点作为绝对重力值起算点。

（2）根据仪器零位变化的最大的线性时间间隔和交通运输条件等情况确定基点分布的密度和网形，在保证精度的前提下应尽量减少基点的个数。基点网中的基点一般要均匀分布在全区，符合测点重力观测时按照规定就近闭合的需求；在地形条件差的地段要多增设基点，同时基点要有统一编号。

（3）基点网联测应全部按闭合环路进行，当需要建立多个环路时，每个环路中包含相邻环路中的基点数不得少于两个，以便统一平差，每个闭合环或附合水准路线的边段一般不超过 12 条。

（4）基点网联测应使用完善而迅速的交通工具，在尽可能短的时间内闭合，最长不超过 24h；用于联测的重力仪按照三程循环或往返重复观测，其目的是提高基点联测的精度，保证基点值的精度高于普通测点观测精度的 2~3 倍，均方误差一般不大于 $±0.03\times10^{-5}\mathrm{m/s^2}$；每个边段至少采用三台重力仪联测，基点之间重力差值（称增量或段差值）至少应由三个独立增量的平均值来确定。

（5）重力基点网原则上不允许有悬挂基点；在条件特别困难、一些普通观测单元无法连接基点时，报批后可发展少量悬挂基点，但悬挂基线臂的联测至少要有四个往返。

（6）不同队伍在同一地区工作时，应建立统一基点网；需工作多年的地区，应首先建立全区控制网（一级），然后分年度建立二级网；在同一地区不同队、年之间的公共边，要建立坚强边，并埋设基点永久标志。

（四）重力基点网的联测方法

为确定各基点相对总基点重力差而进行的重力测量，称为重力基点网的联测。在基点网上观测方式的选择，以能对观测数据进行可靠的零点漂移校正，能满足设计提出的精度要求为原则。当所用的重力仪其零点漂移很小又近于线性时，可以单向循环重复或往返重复方式进行。否则，应采取多台仪器多次重复观测方法。

　　基点网联测的观测方法一般为三程循环观测法，并使用快速的运输工具，以便缩短同一个基点上往返观测的闭合时间，提高重力仪零点位移校正的准确性（图4.1）。

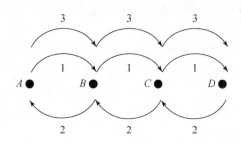

图 4.1　三重小循环观测法

　　单向循环重复顺序是：$A{\to}B{\to}C{\to}D{\cdots}A{\to}B{\to}C{\to}D{\cdots}$；
　　往返重复顺序是：$A{\to}B{\to}C{\to}D{\cdots}D{\to}C{\to}B{\to}A{\cdots}$；
　　三重小循环顺序是：$A{\to}B{\to}A{\to}B{\to}C{\to}B{\to}C{\to}D{\to}C{\to}D{\cdots}$。

　　三程循环观测法中由闭合段（A、B、A）或（B、A、B）所求得的 B 点相对于 A 点的增量和 A 点相对于 B 点的增量称为非独立增量，二者的平均值称为独立增量，其能独立地表示两基点间的重力差。

　　每台仪器的合格观测数据，于相邻两点间（一个边段）可得一个独立增量［独立增量的计算方法见式（4.21）］。按有关规定，基点网的每一边段上应有三个以上的独立增量。

（五）基点联测

　　基点联测不仅使工区建立的基点网能够推算绝对重力值，而且可以使测量成果作为全国重力测量的一个组成部分。由国家测绘局主持，有七个单位参加，使用九台拉科斯特 G 型重力仪和两台绝对重力仪建立了"985 国家重力基本网"。该网由 46 个基本重力点、6 个基准重力点及 5 个引点组成。平差后这个系统重力网点的重力值平均中误差为 ±0.078g. u.，最大中误差为±0.13g. u.，段差中误差为±0.13g. u.。85 网与 23 个国际重力点联测，可以作为国际重力基准网 1971（IGSN-71）的系统。在 85 网的控制下，由地矿部区域重力调查方法技术中心与各省物探队配合建立的勘探基点网，几乎在各省专区级所在地或机场都有绝对重力点。基点联测的任务就是使工区的基点与绝对重力点准确可靠地联系起来。

　　联测方法与基点网的观测方法相同，观测精度不低于基点网精度。

　　衡量基点网观测精度常用联测精度来评价，联测精度计算公式为

$$\varepsilon_j = \pm \sqrt{\frac{\sum_{i=1}^{n_j} V_{ij}^2}{n_j(n_j - 1)}} \tag{4.17}$$

$$\varepsilon_b = \pm\sqrt{\dfrac{\sum\limits_{j=1}^{N}\varepsilon_j^2}{N}} \tag{4.18}$$

式中，ε_j 为第 j 边段平均重力增量的联测均方误差；ε_b 为基点网的重力联测均方误差，即联测精度；n_j 为组成第 j 边段平均重力增量的独立增量数；N 为基点网的联测边段数；V_{ij} 为基点网第 j 边段上各独立增量与该边段平均重力增量之差。

如果工区很大，基点网应分级分区建立，观测精度按式（4.18）分级分区进行计算。一级基点网联测精度不能超过 $\pm 0.03\times10^{-5}\,\mathrm{m/s^2}$，基点网精度不超过 $\pm 0.05\times10^{-5}\,\mathrm{m/s^2}$；二级基点网联测精度不能超过 $\pm 0.04\times10^{-5}\,\mathrm{m/s^2}$，基点网精度不超过 $\pm 0.07\times10^{-5}\,\mathrm{m/s^2}$。在平原 1:5 万及以上大比例尺勘探，基点网精度不超过 $\pm 0.03\times10^{-5}\,\mathrm{m/s^2}$。

基点重力联测结果计算时应进行固体潮改正和零点位移改正（计算方法详见第五章）。对于一级基点，应根据每个基点的坐标进行固体潮改正。

（六）重力基点网平差

1. 基点网段差计算

采用的三重小循环观测法，应根据重力仪零点位移情况采取解析法或图解法来校正零点位移的影响。由于同一点相邻两次观测的时间差较小，可以较好地监测重力仪的零点漂移；且在这较短的时间内，也可以较合理地将零点变化视为线性。各相邻两基点间（一个边段）的重力差值称为段差，常用解析法来求取各相邻两基点间（一个边段）的重力差值（段差），以消除仪器零点漂移变化。

以重力仪读数为纵坐标，以时间为横坐标，将相同测点的读数用直线连接起来，如图 4.2 所示，1、2 两点上各自的零点漂移折线，S_{11}、t_{11} 分别表示第一点上第一次观测读数值和观测时刻，其余类推，于是有 1、2 两点之间段差的表达式为

$$\Delta S_1 = S_{21} - S_{11} - \left[\dfrac{S_{12}-S_{11}}{t_{12}-t_{11}}(t_{21}-t_{11})\right] \tag{4.19}$$

$$\Delta S_2 = S_{22} - S_{12} - \left[\dfrac{S_{22}-S_{21}}{t_{22}-t_{21}}(t_{22}-t_{12})\right] \tag{4.20}$$

$$\overline{\Delta S_{12}} = \dfrac{\Delta S_1 + \Delta S_2}{2} \tag{4.21}$$

式中，ΔS_1 为第二点在 t_{21} 时刻与第一点的读数差；ΔS_2 为第一点在 t_{12} 时刻与第二点的读数差，因为是同时刻两个测点的读数差，所以消除了仪器的零点漂移量；ΔS_1 和 ΔS_2 为段差，其平均值 $\overline{\Delta S_{12}}$ 为一个独立增量，它能独立地表示两基点间的读数差，所以两点间的重力差为 $\Delta g_{12} = \overline{\Delta S_{12}}\times C$，$C$ 为该仪器的格值。其余各个段差可用同一方法计算。

显然，这种求取段差的办法完全可以在坐标纸上用图解的办法完成。建基点网时，每边要求至少三个独立增量，最后求平均值，故常用多台仪器同时进行联测。

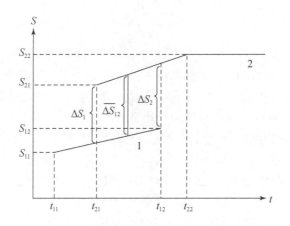

图 4.2　解析法求重力段差示意图

2. 基点网平差计算

1) 闭合差

经过基点网观测资料的初步整理，可求得每个边段上的重力差。如果没有误差存在，则由这些边段构成的每一个闭合环路内，将各边的段差相加后应为零，即应满足

$$\sum \Delta g_i = 0 \tag{4.22}$$

但是，由于联测中的误差，式（4.22）一般是得不到满足的，往往存在一个不等于零的偏差值，称为基点网的闭合差。平差就是将每个环路中的闭合差按照一定的方法和条件分配到相应环路的每个边上，使分配后环路上各边的重力增量能满足式（4.22）这一条件，因而这种平差又称为条件平差。平差无误后，可以求出各基点相对起始基点（或总基点）的相对重力值（或绝对重力值），最后再计算基点网平差后的精度。

图 4.3 就是计算闭合差的例子。某一级基点网由八个边组成，呈两个闭合圈，各边外侧圆括号的数值是段差值，它们的符号是由选定的正方向来确定（箭头指向重力值减小的方向）。$G_1 G_2$ 边上的 329.72 表示 G_2 点比 G_1 点高出 329.72g.u.，其余类推。根据每边的段差，计算圈中顺时针方向增量之和减去逆时针方向增量之和，并写在闭合圈中央，可以求得两个环路各自的闭合差为 0.21 和 0.47，并称为原始闭合差。要注意的是，公共边 $G_1 G_4$ 上两侧的值的符号是相反的，因为同一个边在两个环中的正方向时正好相反。

产生闭合差的主要原因在于重力仪混合零点校正的不完全。P_i 为各边段的权（$i = 1$，2，3，…，n，图 4.3 中 $n=8$）写在各边段上。P_i 也称独立增量的个数。在基点网联测中，各边段上独立增量的个数常常不相等，P_i 值大，其平均增量精度就高，而闭合差的分配就应该少。

2) 条件平差

基点网可按网内是否包含更高一级的基点而分为自由网与非自由网。所谓非自由网，是指网内包含有精度更高一级的基点，它们的值已知，不参与本级基点网的平差；而不包含更高一级控制点的网则称为自由网。基点网平差宜采用网形平差，网内若有两个以上高

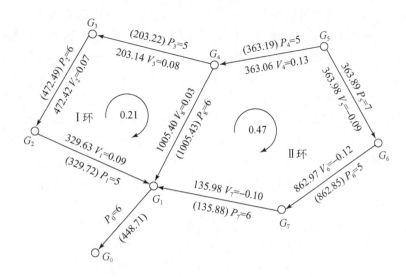

图 4.3　重力基点网分布示意图

一级精度的基点，宜采用结点平差。

如果只有一个环路，该环闭合差为 V，每边上观测的平均时间为 t_i，在按各边观测时间长短来分配闭合差时，其平差系数为

$$k = \frac{V}{\sum t_i} \qquad (4.23)$$

则第 i 边上的平差值为

$$\delta g_i = -k t_i \qquad (4.24)$$

这样，该闭合环满足了 $V + \sum \delta g_i = 0$ 的条件。

当基点网是由多个环路组成，每个环上都有一个或多个公共边时，就要求用每个环的闭合差所求得的 k_i 行平差，并使同一公共边上两侧的平差值大小相等而符号相反，具体解决方法可有以下两种。

（1）建立线性方程组联立求解 k_i，以图 4.3 为例，有

$$V_{\mathrm{I}} = k_{\mathrm{I}} \sum t_{i\mathrm{I}} - k_{\mathrm{II}} t_{G_1 G_4}$$

$$V_{\mathrm{II}} = k_{\mathrm{II}} \sum_{i\mathrm{I}} t_{i\mathrm{II}} - k_{\mathrm{I}} t_{G_1 G_4} \qquad (4.25)$$

式中，V_{I}、V_{II} 分别为 I、II 环的闭合差；$t_{i\mathrm{I}}$ 与 $t_{i\mathrm{II}}$ 为观测 I、II 环某边的闭合时间（包含公共边的 $t_{G_1 G_4}$）；k_{I}、k_{II} 为待求的平差系数。这是一个正定方程组，当环数较多时，可编制程序用计算机求解。

（2）波夫逐次渐近平差法，它是对式（4.25）这样的方程组采用逐次渐近的图解法来求各边的平差值。为减少渐近的次数，总是从闭合差绝对值最大的一环开始。例如，V_{II} 最大，先忽略从公共边上分配来的 $k_{\mathrm{I}} t_{G_1 G_4}$ 项，用单环平差办法求取 k_{II} 的第一次近似值 k'_{II} 进行平差分配，并将分到公共边 $G_1 G_4$ 上的平差值反号转入 I 环中，从而使 I 环的闭合

差变为 $V_I + k'_{II} t_{G_1G_4}$ 环，又可按单环平差办法平差，公共边上又出现新的平差值 $k'_I t_{G_1G_4}$，反号后转入 II 环。如果 II 环还与其他环相连，还应有从其他公共边上转入的平差值，将所有新分来的反号后的平差值相加就作为 II 环新的闭合差，仍按单环平差办法进行分配。如此继续下去，直到最后一环（其他环内闭合差均为零了）。当所剩的残差很小时（1~2 个最小计算单位），便可将它分配到一或两个自由边上，从而完成全基点网的闭合差分配工作。

上面讨论的是按时间加权求取平差。实际上在金属矿区的重力测量中，因工区范围小，当每边观测中的独立增量个数相等，而每边所用时间也大体相等时，则常常简化成等精度观测条件下的分配，平差系数就是各环边数的倒数；在较大范围的重力测量中，按有关技术规范规定，各边平差系数应与该边重力增量的权成反比；而权是由该边观测时独立增量的个数 P 来确定。

对非自由网的条件平差，在高一级控制点数目较少时，仍有可能按自由网平差法进行，所不同的是应将这些高一级的点用虚线连起来（称为坚强边），与本级网的边段构成一些新的闭合环。例如，图 4.4 中 G_I、G_{II} 与 G_{III} 为高一级的点，可形成三个新的环路。因这三个已知点的重力值，可由任两个而推出第三个，因而这三个方程式是线性相关的，必须去掉一个，而用剩下的两个环与本级网格统一进行平差。不同之处是坚强边上不能分给平差值，当高一级控制点数目较多时，上述方案就难以实施，需采用其他方法进行平差了。

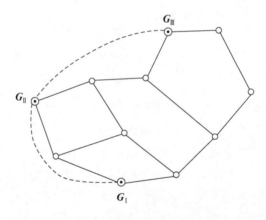

图 4.4　非自由网平差示意图

基点网平差的精度要求可参考相应规范及手册。

3. 平差后基点网的精度衡量

在等精度观测的基点网平差后，按式（4.26）计算精度

$$\varepsilon_b = \pm \sqrt{\frac{n}{m} \cdot \sqrt{\frac{\sum_{i=1}^{m} V_i^2}{S}}} \tag{4.26}$$

式中，m 为基点网的总边数；n 为基点数减 1；S 为闭合环数；V_i 为各边最后的改正数。

对于大范围内联测的基点网，基点重力值的均方误差（ε_γ）为

$$\varepsilon_\gamma = \pm\mu\sqrt{\frac{1}{P_\gamma}}, \quad \mu = \pm\sqrt{\frac{\sum_{j=1}^{N}P_jV_j^2}{S}} \tag{4.27}$$

式中，μ 为单位权的均方误差；P_γ 为最弱点平差值的权；S 为闭合环数；N 为（本级、本区）基点网联测边段数；V_j 为第 j 个边段的改正数；P_j 为第 j 个边段上平均重力增量的权数（等于独立增量的个数）。以基点网中最弱点的重力值均方误差来代表基点网的重力值均方误差，来评定全网的精度。

四、普通点、检查点的布置与观测

（一）普通点的布置与观测

普通点是测区内为获得探测对象引起的重力异常而布置的观测点，它们应按设计书中提出的测网形状、点线距等均匀布设在全区。布点时若因地物、地形限制，测线或测点均允许偏离，点线距允许的变动范围为±10%。

在普通点上的观测，一般可采用单次观测，但都必须在规定时间内（最大线性时间间隔内）起止于基点上。如果测区很小不需建立基点网，也至少设一个基点，以便按时测定重力仪的零点漂移，准确地对各观测点进行零点校正。同时，该基点也就是全区重力测量的起算点。每个测点应进行两次读数，取其平均值作为该点的读格数（或重力观测值）；自动读数型重力仪的时间间隔设置应不小于30s；手动读数型重力仪在第一次读数后，应转动计数器并检查和调准水泡，然后进行第二次读数；手动读数石英弹簧型重力仪两次读数之差应不大于0.1格；手动金属弹簧型重力仪、自动金属弹簧型重力仪，两次读数之差应不大于0.005格；自动读数石英弹簧型重力仪，两次读数之差应不大于$0.005\times10^{-5}\,\mathrm{m/s^2}$；当观测值变化较大时，可在前一测点观测完成后，根据前两点的读数变化，将计数器转至下一点的估计读数位置，也可在观测点上调节计数器到读数位置后，停留一段时间后再进行观测。

（二）检查点的布置与观测

为了检查在普通点上重力观测的质量，需要抽取一定数量的点做检查观测。检查点的布设与观测应做到以下几点：

（1）检查点的布置应在时间上与空间上都大致均匀，即每天的观测和每一条测线上的点都应受到检查；

（2）检查观测与初次观测时所用的仪器不同、操作人员不同、观测路线不同；

（3）检查观测不应集中于施工后期统一进行，而应在平时的普通点观测工作之中穿插进行，以便及时发现问题而尽快解决；

（4）检查点应占普通点总数的5%～10%，在大面积的区域调查中也不应少于3%。

（三）补充观测

当在施工过程中发现了重力异常，或可能是我们寻找的目标异常时，有时需要布置补充观测。补充观测的布置可以另外选择垂直异常走向或穿过异常区的测线；可以在原测网基础上进行测线、测点的加密；可以在原测线上延伸。补充观测应保证重力异常的可靠、明显和完整。

（四）测点重力值及精度计算

计算测点重力值时应进行固体潮改正，改正值逐点计算。当检查观测只有一次时，测点重力值观测均方误差：

$$\varepsilon_g = \pm\sqrt{\frac{\sum\limits_{i=1}^{n}\delta_i^2}{2n}} \qquad (4.28)$$

式中，ε_g 为测点重力观测均方误差；δ_i 为第 i 点原始重力值与检查观测值之差；n 为检查点数。

当检查观测多于一次时，均方误差为

$$\varepsilon_g = \pm\sqrt{\frac{\sum\limits_{i=1}^{m}\delta_i^2}{m-n}} \qquad (4.29)$$

式中，ε_g 为测点重力观测均方误差；δ_i 为各点上第 i 次观测值与该点各次重力观测值的平均值之差；n 为检查点总数；m 为总观测次数（即所有检查点上全部观测次数之和）。

当有二级基点网时，测点重力值均方误差：

$$\varepsilon_g = \sqrt{\varepsilon_I^2 + \varepsilon_{II}^2 + \varepsilon_g^2} \qquad (4.30)$$

五、岩石密度的测定与整理

地壳中的有关地质体，如岩体、矿体与周围岩石存在密度差异，这是开展重力勘探工作的前提。测定和分析岩（矿）石的密度数据，研究它们的特征、成因及其变化规律是对重力异常解释的主要依据。物性参数的测定和统计整理是重力勘探野外工作中一项必不可少的内容。

（一）岩（矿）石标本的采集

岩（矿）石密度资料主要通过岩（矿）石标本的密度测定获得。在某一地区开展重力勘探工作，用于密度测定的标本应尽量在测区内各类岩（矿）石的未风化的基岩上采集，具体要求有以下几点。

（1）在不同构造单元及不同岩性区，分别采集有关物性测定时所用的标本，使之尽量具有代表性。

（2）每一种岩性或每一套地层的标本块数不能太少，一般为 30~50 块。用于测量密度的标本，其体积宜在 100~200cm³。

（3）一般要求标本必须采自基岩。

（4）把所采集的标本应及时编号、登记，注明岩石名称、地点、地层年代等。有时还需要标本所采集位置绘制在地质图上，供异常解释时使用。

（二）岩（矿）石密度的测定

岩（矿）石密度的测定方法有密度计法、天平法和大样法，测定岩（矿）石密度所用的衡器、量具应符合国家计量标准。密度计法适用于致密块状岩（矿）石标本的密度测定，密度计有机械式和电子密度计。

1. 天平法

根据阿基米德原理，物体在水中减轻的重量等于它所排开同体积水的重量（4℃的水的密度为 $1g/cm^3$），排开水的体积就等于物体的体积。设用天平称得标本在空气中的重量为 P_1，称得标本在水中的重量为 P_2，则标本的密度可用式（4.31）表示：

$$\rho = \frac{P_2}{V} = \frac{P_1}{P_1 - P_2} \tag{4.31}$$

式中，V 为标本体积。

对于多孔或疏松的标本，可将标本封蜡后，用天平法测定。标本密度为

$$\rho = \frac{P_1}{P_3 - P_2 - \frac{P_3 - P_1}{\rho_k}} \tag{4.32}$$

式中，P_1 为标本封蜡前在空气中的重量；P_2 为标本封蜡后在水中的重量；P_3 为标本封蜡后在空气中的重量；ρ_k 为石蜡的密度（$\approx 0.9g/cm^3$）。

2. 大样法

对疏松岩层用大样法测定密度值，做法是直接取出一定体积的疏松岩层样本，测定重量。密度计算公式为

$$\rho = \frac{P_1}{V} \tag{4.33}$$

式中，P_1 为大样的重量；V 为大样的体积。用大样法测定密度时，取样应具代表性，取样体积适中，长宽高取 0.5m×0.5m×0.5m 为宜。

同类岩石的密度测定值，通常服从算术正态分布规律。对同一类岩（矿）石标本（有相当数量和代表性）进行密度测定后，其全部数值的算术平均值作为该类岩石的密度平均值。

第二节　航空重力测量技术

航空重力测量工作大致分成三个阶段：第一阶段是根据承担的地质任务编写技术设计；第二阶段是进行野外数据采集，完成数据处理与基础图件的编制；第三阶段是进行成果解释，编写成果图件和报告。本节着重介绍航空重力数据采集的主要技术方法。

一、航空重力测量测区范围

航空重力测区范围应根据任务需求和工区的地形、地质、矿产，以及物探工作程度等

情况合理确定，并应兼顾资料的完整和施工的方便。应使探测对象或主要异常处在测区的中央，同时应保证不同测区、不同年份工作成果的拼接。测区范围或边部一般应包括必要的正常值或区域背景值，测区边界应尽量规则，应尽可能包括某些地质情况比较清楚或进行了较多工作的地段。

由于边部效应，测线两头需要延长飞行，至少相当于滤波半窗口的里程，实际测量区域范围应在设计测区范围的基础上每边外扩相当于滤波半窗口的里程；申请测区范围要在设计的测区基础上每边外扩至少飞机转弯半径的里程。

二、航空重力测量导航定位

航空重力测量时，需要精确地获得飞机的位置、飞行速度和加速度，分别用于航空重力的地形改正、厄缶改正和解算重力加速度，飞机的定位精度直接影响着航空重力的测量精度。就目前来说，差分 GPS 系统是航空重力测量最理想的定位方式。

（一）差分 GPS 系统的建立

除了购置先进的差分 GPS 系统外，如何建立一个满足航空重力测量精度的差分 GPS 系统是十分重要的。

1. 差分 GPS 地面基站的设立

差分 GPS 地面基站需选在地势空旷、视野开阔、电磁干扰少的地方。在天线的高度上，环顾四周，目测与地平线夹角 10° 以外的范围内应没有遮挡物；同时基站周围应无高压线或各种无线电发射台，要避开各种遮挡和电磁干扰。

在同一测区内，天线位置和高度最好保持不变，即采用同一个参考点，简化了工作程序，其安装方式如图 4.5 和图 4.6 所示。开工前，需要完成至少 12h 的监视测量，了解基站 GPS 的工作状况，了解周围的电磁干扰、GPS 的星率和定位等情况。

图 4.5　安在三脚架上的基站 GPS 接收机

图 4.6　固定方式安装的基站 GPS 天线

在使用差分 GPS 时，GPS 基线长度制约着解算的精度，从图 4.7 中可以看到：随着基线长度的增加，差分 GPS 解算位置的精度变差，因此在建立差分 GPS 系统时，需要考虑基线的长度。当测区距离机场较近且测区范围不大（300km 之内）时，可在机场内设立差分 GPS 基站；当测区范围较大时，为了提高定位精度，应在测区中间位置建立一套差分 GPS 基站系统，同时应在机场内设立另一套差分 GPS 基站，目的是能够实时地检查当天的测量结果，并进行质量控制。收队后，再用测区中的差分 GPS 基站数据重新进行处理。

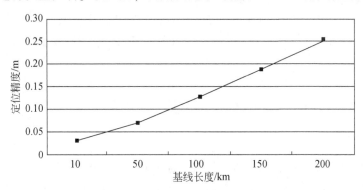

图 4.7　机载差分 GPS 位置定位精度与基线长度的关系曲线

2. 差分 GPS 地面基站的引点

在基站建立时，需要使用国家等级点的精确位置，确定差分 GPS 基站的准确坐标位置。在其附近建立一个新的观测点，这个观测点的建立过程是在三个点上架设 GPS 接收机进行同步静态观测，三个点分别是国家等级点、待解算的基准点和第三个观测点。观测结束后，以国家等级点为位置基准，利用专业软件（如 WayPoint）进行差分解算，最后得到需要的基准点位置坐标，这个基准点位置将作为今后进行动态差分数据处理的基准位置，来改正移动站的数据，最终得到移动站的精确差分坐标。

(二) 飞行高度

对于航空重力测量来说，飞行高度的确定主要取决于以下几个方面。

(1) 飞行时的气候条件：选择在该气候条件下飞行比较平稳的高度，有利于提高原始数据的质量。

(2) 测量的比例尺：飞行高度要与测量比例尺相适应，其对应的具体关系见表4.6，应以不高于表4.6中的平均离地飞行高度开展航空重力测量。

表4.6　不同地形条件下测量比例尺、飞行高度对照表

测量比例尺	平均离地飞行高度/m				
	平原地区 (高差<100m)	丘陵地区 (高差<200m)	低山区 (高差<400m)	山区 (高差<600m)	高山区 (高差>400m)
1∶5 万	200～400	300～500	400～600	500～800	
1∶10 万	300～400	400～600	500～700	600～1000	800～1200
1∶20 万	400～600	500～700	600～800	700～1200	800～1400

(3) 其他航空物探测量的要求：需要综合考虑与之一起进行测量的其他航空物探的要求。

(4) 地形条件：条件允许的话，要尽量低飞，合理地选择飞行高度，既能保证足够好的测量精度，又能获得足够好的对地分辨率。

由于飞机自动驾驶仪自动地使用气压高度保持飞行高度，气压高度受大气压影响较大，如果使用气压高度的话，在不同的时间段飞行高度难以保持一致，精度也不高(>5%)。

目前 GPS 高度的误差基本上保持在 10m 之内，经差分运算后的高度误差更小 (达到厘米级)，因此利用 GPS 的高度进行飞行测量是一种比较理想的选择。

(三) 飞行速度

航空重力测量飞行速度必须针对使用的飞机来确定，在照顾测量分辨率的同时，最好选取飞机操纵性能好的飞行速度来进行航空重力测量。此外，还要考虑到不管是顺风，还是逆风，飞机的地速要保持基本一致，以获取相同的重力分辨率。

第三节　海洋重力测量技术

海洋重力测量是在海上测定重力加速度的工作。按照施测的区域可分为海底重力测量 (沉箱法和潜水法)、海面 (船载) 重力测量、海洋航空重力测量和卫星海洋重力测量。

海底重力测量与陆地重力测量类似，将重力仪安装在浅海底固定地点或潜水器上，用遥测装置进行测量。

海面重力测量是将仪器安装在航行的船上，在计划航线上连续进行观测，因此，仪器除受重力作用外，还受船只航行时很多干扰力的影响，如径向加速度、航行加速度、周期性水平加速度、周期性垂直加速度、旋转影响、厄缶效应的影响。

海洋航空重力测量既方便，又迅速，可进行大面积测量，对广阔的海洋重力测量数据的获取具有重要的作用。

卫星测高技术在海洋测量中的应用极大地丰富了海洋重力数据的获取方法，利用卫星手段获取海洋重力资料的精度和分辨率越来越高，与海洋重力仪所达到的精度和分辨率间的差距越来越小。

海洋重力测量为研究地球形状、精化大地水准面提供重力异常数据，为地球物理和地质方面的研究提供重力资料。在军事方面，可为空间飞行器的轨道计算和惯性导航服务，提高远程导弹的命中率。

一、海洋重力测量技术设计

海洋重力测量最常用的手段是将海洋重力仪安装在海面船只上进行动态测量，对测量剖面提供连续的观测值。接受海洋重力测量任务后，首先应做好收集有关资料的工作，这些资料主要包括国内、外出版的有关测区的各种海图和航海资料，测区及其附近已有的海洋重力测量资料和重力异常图，重力基点资料。

重力基点的作用有控制海洋重力仪零点漂移、测点的观测误差累积以及传递绝对重力值等。基点可分为以下三种。

（1）岸上基点：建立在沿岸港口或岛屿的固定深水码头上，并设立有牢固的标志。

（2）海上基点：通常设在开阔水域内，海底地形平坦，为砂或泥底质。每个基点闭合差应满足：

$$\omega = \pm m\sqrt{n} \tag{4.34}$$

式中，n 为基点数；m 为基点设计精度。

（3）远洋区域无法建立基点时，应收集和采用其他国家在大洋中已建立的较高精度的重力点作为基点。

二、海洋重力测量测线布设

海洋重力测量测线的布设密度和测图比例尺，要根据任务和条件来确定，主要考虑满足计算平均空间重力异常的精度要求，同时满足某些海域计算垂线偏差的精度要求。布设原则如下：

（1）测线网的主、副测线一般布成正交形，近海主测线应尽量垂直于区域地质主要构造线或海底地形走向线的方向；

（2）远洋区主测线如无特殊地质构造情况，可按南北向布设或与等深线垂直方向布设；

（3）海底地形复杂地带，要适当加密测线，加密的程度以能完善地反映重力异常变化为原则；

（4）对测区中的岛屿四周水域，适当布成放射状网；

（5）对于相邻图幅、前后航次、不同类型仪器、不同作业单位之间的结合处要有检查测线或重复测线。

测线的间隔距离，可根据式（4.35）计算而得

$$m^2 = k^2 \left(\sqrt{x} + \sqrt{y} \right)^2 + b^2 m_H^2 \tag{4.35}$$

式中，m 为测线间距的大小；k 为误差系数；x、y 为长方形子块边长；b 为密度系数；m_H^2 为水深代表误差。

三、海洋重力测量的实施

海洋重力测量可以分为机载、船载、固定点投放等几种方式。海洋重力仪应尽可能安装在测量船的稳定中心部位，即安置于船的横摇、纵摇影响最小的舱室，同时要求受船的机械振动影响也要小。

海洋重力仪的记录部分必须检查校准，调整两个记录笔的零点，使红笔模拟记录和重力仪下测量轴度盘指示一致。

测量前两天必须给重力仪加温，通电后必须有人值班，并记录有关数据，如室温、仪温、光电流、水准气泡位置等。

测量船开航前必须取得位于码头（或港池、锚地处）重力基点的绝对重力值、重力仪在基点处稳定后的读数（15～30min）、比对时的水深等。

在一个航次或一个测区的测量任务完成后，最终应闭合到海洋重力基点，并取得比对数据。

第四节　井中和卫星重力测量技术

一、井中重力测量技术及应用

井中重力测量主要测量穿越岩石的垂向密度变化及井周围岩石的横向密度变化。井中垂直重力测量得到的密度能够达到 $0.01\mathrm{g/cm^3}$ 的精度。井中重力测量通过在井中一系列根据测井图选定的测点停放井中重力仪及读数来进行。测出一系列的重力垂直变化（Δg）及相应的深度差（Δz），就可以由式（4.36）计算出岩层的密度。根据岩层密度的垂向分布，可以发现与油气储集层有关的低密度岩层。

$$\sigma = \frac{1}{4\pi G}\left(F - \frac{\Delta g + c}{\Delta z} \right) \tag{4.36}$$

式中，σ 为密度；Δg 为垂直距离为 Δz 的两点间的重力差；c 为校正值之和（Hammer 认为只需进行地形校正）；F 为自由空气梯度（地表处的 $\Delta g/\Delta z$）；G 为万有引力常量。按照穿过密度为 σ，厚度为 Δz 的均质无限大水平岩层时重力垂直变化为 Δg 的条件下导出的，因此用此式计算的密度值不受井壁情况的影响。

在井中重力测量的重力效应中，90%是由与测点相距在五倍测点（垂直方向）间距内的岩石引起的，因此其探测范围（即侧向深度）较大，能够确定大体积岩石或地层的原地密度。

在利用重力仪进行井中重力测量时要注意下列几个问题：

（1）要准确地确定测点的深度，深度测量误差是钻井重力测量中最大的误差来源；

（2）防止操作时的噪声干扰，即使是轻微的振动也要注意，要使仪器保持固定；

（3）注意测点与点距的选择，在不考虑地质体与井的距离时，测点的间距愈小，深度的分辨率愈高，点距一定要等于或小于要求的深度的分辨率。测点最好选在地层的交界面左右，使测出的地层平均密度更真实。为了比较精确地计算出地层的密度值，必须通过一些校正消除实测钻井重力值包含的各种外界影响。这些校正包括仪器的格值校正、地形校正、潮汐重力变化校正、自由空气梯度校正、仪器零点漂移校正、钻孔倾斜校正、井径变化校正以及井中流体、水泥等引起的井眼影响校正等。这些校正与地面重力测量不完全一样，详情请参考专门的著作（奎奥和普里托，1985；拜尔，1988）。

井中重力测量具有下列几个方面的应用：

（1）储集层评价，确定孔隙度，精度可以达到0.05%；

（2）沉积盆地的密度规律研究，精确估计井中的地层密度；

（3）在油气田的勘探与开发中，可用于确定天然气饱和带，发现含油气层位及远处孔隙带；

（4）对抽油引起的钻井变化进行监测。

美国还应用井中重力测量检查地下核试验井周围岩石的安全性，以免放射性气体经过断层逸出等。

二、卫星重力测量

自苏联于1957年10月4日成功发射世界上第一颗人造地球卫星Sputnik-1后，美国随后也大力发展卫星技术，这使卫星技术在很多学科领域得到广泛应用，也为测绘学和地球物理学的发展开辟了新的途径，其中就包括卫星重力学。卫星重力学是将卫星当作地球重力场的探测器或传感器，通过对卫星轨道的摄动及其参数变化观测，以此研究和了解地球重力场的变化。因此研究地球重力场就不只局限于应用天文、大地和地面重力测量资料，利用卫星观测资料建立全球重力场模型和确定大地水准面的理论和技术得到了迅速发展。Kaula于1966年首次利用卫星轨道摄动分析理论和地面重力资料建立了八阶地球重力场模型，并出版了《卫星大地测量理论》一书，奠定了卫星重力学的理论基础（Kaula，1966）。

随着卫星重力探测技术的不断向前发展，全球地球重力场模型和大地水准面的精度和分辨率也在日益提高。归纳起来，目前卫星重力探测技术主要有以下四种模式：地面跟踪观测卫星轨道摄动、卫星测高、卫星跟踪卫星和卫星重力梯度测量。近30年来，前两种模式已形成成熟的理论和技术体系，对全球重力场的研究做出了重大的贡献；后两种模式，虽然早已开始研究，但直到最近才得以付诸实现。

（一）地面跟踪观测卫星轨道摄动

地面跟踪观测卫星轨道摄动是采用摄影观测、多普勒观测或激光观测（有地基和空基两种模式）等技术手段测定地球重力异常场（消除了日月引力、地球潮汐、大气和太阳光压等因素）对卫星轨道引起的摄动，以此推求地球重力场模型和大地水准面。这种卫星重力探测技术能提供的仅是地球重力场中的低频或长波部分的信息。早期这种模式是对卫星进行摄影跟踪观测，20 世纪 60 年代中期发展到对卫星进行激光测距跟踪观测，如 LAGEOS、Starlette、Ajsai 和 Etalon 等激光卫星，以及 Don's 跟踪系统，通过这些卫星的跟踪观测，获得了大量轨道摄动观测值，其精度也有大幅度提高，所以解出了更准确的位系数。

（二）卫星测高

卫星测高是在卫星上安置雷达测高仪或激光测高仪，直接测定卫星至其在海洋面星下点（即卫星正下方的地面点）的距离（由于波束的发散影响，星下点实为一定范围的圆形区域，此距离为其平均距离）。根据卫星的轨道位置并考虑到海潮、海流、海风、海水盐度及大气压等因素的影响，推算出海洋大地水准面高，它具有较高的分辨率。海洋大地水准面又可用于计算海洋重力异常。

卫星至最近海面点的距离，与卫星至参考椭球体距离之差为相对参考椭球体的大地水准面高度，即大地水准面起伏。由异常质量引起的大地水准面高度，重力场和垂线偏差通过异常质量的扰动位 U 而相互联系。根据 Brun 公式可知：

$$U = g_0 N \tag{4.37}$$

式中，N 为参考椭球面上的大地水准面高度；g_0 为正常重力值。

$$\Delta g = -\frac{\partial U}{\partial Z} = -g_0 \frac{\partial U}{\partial Z} \tag{4.38}$$

$$\eta = -\frac{g_x}{g_0} = -\frac{1}{g_0}\frac{\partial U}{\partial x} = -\frac{\partial N}{\partial x} \tag{4.39}$$

$$\xi \approx -\frac{g_y}{g_0} = -\frac{1}{g_0}\frac{\partial U}{\partial y} = -\frac{\partial N}{\partial y} \tag{4.40}$$

式中，Δg 为重力异常；η 为垂线偏差的东分量；ξ 为垂线偏差的北分量；g_x 和 g_y 为重力在 x（东）和 y（北）方向的水平分量。

对上述方程进行傅里叶变换，得

$$\bar{G} = g_0 |k| \bar{N} \tag{4.41}$$

$$\bar{\eta} = -ik_x\bar{N} \tag{4.42}$$

$$\bar{\xi} = -ik_y\bar{N} \tag{4.43}$$

式中，$\bar{G}$、$\bar{N}$、$\bar{\eta}$、$\bar{\xi}$ 为重力、大地水准面高度、东偏差和北偏差的傅里叶变换；k 为波数，此处 $k = (k_x^2 + k_y^2)^{1/2}$。将大地水准面图进行傅里叶变换，乘以式（4.41）~式（4.43）表示的滤波器，然后反变换就可求得重力场和垂线偏差。

　　重力场也可以从原始的沿轨道大地水准面梯度确定。分别对卫星上升和下降测高剖面微分，求得大地水准面梯度，再进行内插和网格化。在每个节点上，把二者综合，求得垂线偏差的东和北分量。

　　利用拉普拉斯方程可得

$$\frac{\partial \Delta g}{\partial z} = -g_0 \left(\frac{\partial \eta}{\partial x} + \frac{\partial \xi}{\partial y} \right) \tag{4.44}$$

通过式（4.44）的傅里叶变换得

$$\bar{G} = \frac{ig_0}{|k|}(k_x \bar{\eta} - k_y \bar{\xi}) \tag{4.45}$$

根据式（4.45）把两种网格的垂线偏差进行变换并综合，然后做反变换，便求得重力异常。

　　在式（4.38）中，大地水准面起伏用球谐函数表示时，重力异常与水准面起伏的关系为

$$\Delta g \approx \frac{2\pi}{\lambda} N_{g_0} \tag{4.46}$$

式中，λ 为波长。式（4.46）表示重力异常幅度是水准面异常波长的函数。显然，长波长大地水准面可以给出更精确的重力场。

　　自 1973 年 5 月 14 日美国国家航空航天局（NASA）发射第一颗带有雷达测高仪的卫星 Skylab 以来，至今世界上已相继实施了许多个海洋卫星测高计划，先后发射了 GEOS-3（1975 年）、SEASAT（1978 年）、GEOSAT（1985 年）、ERS-1（1991 年）、TOPEX/Poseidon（T/P199）、ERS-2（1995 年）、GEOSAT Follow-on（GFO，1998 年）、ENVISAT（2000 年）等测高卫星，其中 ERS-2 和 GEOSAT Follow-on 分别是 ERS-1 和 GEOSAT 的后继卫星，T/P 的后继为 Jason-1，已于 2001 年 12 月 7 日发射。

　　利用卫星测高资料推算的海洋重力异常数据填补了占地球表面70%的海洋重力测量空白，它所包含的地球重力场信息比由重力测量所得的相应格网的信息要多，而且含有大量高频成分。目前卫星测高精度已达到厘米级，数据的空间分辨率达到或优于 10km 水平，由此重力异常的推算精度可达 $1 \times 10^{-5} \sim 2 \times 10^{-5} \mathrm{m/s}^2$，它已高于陆地重力测量推算的相应格网的平均重力异常的精度水平。20 世纪 80 年代以来，国际上主要致力于研究利用卫星测高数据确定海洋大地水准面和推算重力异常的技术，建立和改善高阶地球重力场模型。目前公认最好的全球重力场模型——EGM96 就利用了迄今为止可能获得的最完善的全球地面和卫星重力数据，其中包含了最新的卫星测高资料。尽管卫星测高技术能提供高精度和高分辨率的海面高观测值，但对于确定海洋大地水准面来说几乎不可能以相应的精度和分辨率分离海面地形的影响。若考虑到海潮残差（±3～5cm）、物理环境影响改正残差和定轨残差（±5cm）等多种难以做精确模拟的误差影响，则利用卫星测高技术恢复海洋大地水准面要优于±10cm 量级的准确度已十分困难。水对雷达频域中的微波脉冲具有良好的反射性，所以卫星测高技术特别适用于海洋，它用于确定海洋大地水准面和海洋重力异常，目前尚不能应用于陆地。考虑到这些因素，卫星测高以及前面的地面对卫星的跟踪技术对恢复地球重力场的潜力受到了限制。

（三）卫星跟踪卫星

卫星跟踪卫星（satellite-satellite tracking，SST）（图 4.8）是利用卫星对卫星的跟踪观测推求地球重力场，它有两种技术模式：一种是所谓高–低卫星跟踪卫星（hl-SST），它是由若干高轨同步卫星（如高度在 20000km 以上）跟踪观测低轨卫星（如高度在 1000km 以下）的轨道摄动确定地球扰动重力场。高轨卫星主要受地球重力场的长波部分影响，受大气阻力影响极小，因而可以由地面卫星跟踪站精确测定它们的轨道。低轨卫星由于在极低的轨道上运行，作为一个传感器对地球重力场的摄动有较高的敏感性，它的轨道摄动则由高轨卫星连续跟踪并以很高精度测定出来。另一种是所谓低–低卫星跟踪卫星（ll-SST），它是通过测定在同一低轨道上的两颗卫星之间（如相距约 200km）的距离变率（又称相对视线速度）反映两卫星星下点之间的地球重力场的变化。从本质上看，hl-SST 技术与地面站跟踪观测并无很大区别，但其数据的覆盖率、分辨率和精度都有很大提高；由 hl-SST 发展起来的 ll-SST 技术测定地球重力场的精度和分辨率将会更高。

图 4.8　卫星跟踪卫星

hl-SST 的概念是 Baker 在 1960 年提出的。20 世纪 70 年代中期，美国应用 hl-SST 方法对 Apollo（轨道高度约 240km）的跟踪数据获得了南大西洋和印度洋地区的 5°×5° 格网平均重力异常，其精度为 $\pm 7 \times 10^{-5} \mathrm{m/s^2}$。根据最新研究，利用 GPS 卫星作为高轨卫星跟踪低轨卫星能显著提高地球重力场的精度和分辨率，如跟踪 T/P 卫星（轨道高度为 1335km）能以 $\pm 0.2 \times 10^{-5} \mathrm{m/s^2}$ 的准确度恢复 25 阶次的地球重力场；跟踪 160km 轨高的飞行器能以 $\pm 4 \times 10^{-5} \sim 5 \times 10^{-5} \mathrm{m/s^2}$ 准确度恢复 180 阶次的地球重力场。

（四）卫星重力梯度测量

现代大地测量、地球物理、地球动力学和海洋学等相关地学学科的发展迫切需要更加精细的地球重力场支持，表 4.7 列出主要相关地学学科对重力场的要求。目前世界公认的最好的全球重力场模型 EGM96 与表 4.7 的要求相距甚远，因此物理大地测量无论从重力探测技术还是地球重力场逼近理论和方法上均面临着新的挑战，其中主要是确定厘米级大地水准面和发展超高阶全球重力场模型。

现有重力探测技术获取全球均匀分布的高精度重力场信息的能力受到了限制，迫切需要新的技术突破。在这一背景下出现了发展卫星重力梯度测量（satellite gravity gradiometry，SGG）和卫星跟踪卫星技术的设想，其中 SGG 是利用卫星携带的重力梯度仪直接测定引力位的二阶导数张量来确定地球重力场。

表 4.7　相关地学学科对重力场的要求

研究领域	精度		空间分辨率（半波长）
	大地水准面/cm	重力异常/(10^{-5} m/s²)	/km
建立全球高程系统、GPS 水准测定正高	<5	—	50 ~ 100
监测陆地和冰盖的垂直运动（高程变化）	2	—	100 ~ 200
大陆岩石圈（热结构、冰后回弹、沉积盆地、山岳带及大陆断裂等）	—	1 ~ 2	50 ~ 400
海洋环流、海面地形等①小尺度	2	—	50 ~ 250
②海盆	<1	—	1000
海洋岩石圈问题：①海山分布	—	1 ~ 5	10 ~ 50
②岩石圈与岩流圈相互作用（消减过程）	—	5 ~ 10	100 ~ 200
③洋盆板中隆及破裂带密度结构	—	1	<50
地幔对流和岩石圈流变学	—	1 ~ 2	100 ~ 5000
地球物理勘探	—	1 ~ 2	1 ~ 2

随着现代电子技术、计算机技术、超导量子干涉技术、低温微波空腔谐振技术、"超导负弹簧"技术的发展及应用，重力梯度仪在灵敏度和稳定性方面取得了突破性进展。重力梯度仪的精度从早期的 1E 已发展到 10^{-4}E，未来超导重力梯度仪的精度可望达到 10^{-6}E。重力梯度测量原理从早期的扭力测量发展到目前的差分加速度测量，前者测定作用于检测质量的力矩来间接获取重力梯度数据，后者通过观测两检测质量（或加速度计）之间的加速度差来获取重力梯度观测值。目前卫星重力梯度测量主要采用差分加速度测量技术。

国外自 20 世纪 70 年代末就开展了 SGG 技术的论证，对其测量原理、技术模式、误差源、数据处理的理论和方法等进行了大量的数值模拟实验和分析。20 世纪 80 年代开始研究制定国际卫星重力梯度计划，其中有欧洲空间局（European Space Agency，ESA）的 ARISTOTELES（application and research involving space techniques observing the earth field from low earth orbit satellite）计划、美国国家航空航天局（NASA）的超导重力梯度测量任务（superconducting gravity gradiometer mission，SGGM）和美、意两国的卫星系统 TSS（tethered satellite system）的重力梯度测量等。经过近 30 多年的潜心研究，卫星重力梯度测量技术已趋向成熟。欧洲空间局和美国航空航天局将陆续发射具有测定地球重力场能力的卫星，如 CHAMP、GRACE 和 GOCE。其中 CHAMP 是用于地球物理研究的小卫星，采用高-低卫星跟踪卫星技术模式，其观测量可认为是低卫星处的重力位一阶导数。该卫星已于 2000 年 7 月 15 日（UTC 时间）在俄罗斯成功发射，目前运行状况良好。GRACE 是"探测重力场和气象实验"的卫星探测计划，同时采用高–低和低–低 SST 技术。其中低–低 SST 实际上相当于一个重力梯度仪，其观测量为两卫星视线方向上的重力梯度分量，可用于恢复 150 阶地球重力场，大地水准面的精度可达到 20cm。GOCE 是"重力场和静态洋流探索"的卫星探测计划，同时实施高–低 SST 技术和卫星重力梯度测量技术，恢复 250 阶地球重力场和 1cm 精度的大地水准面。SST 和 SGG 被认为是目前最有价值和最有应用前景的两项互为补充的高效重力探测技术，其主要科学目标不仅是测定地球重力场的精细结构及长波重力场随时间的变化，而且还将以全球尺度精密测定磁场及探测全球大气层和电离层。这一系列卫星重力探测计划的实施将为重力场的研究树立新的里程碑，同时对现代地球科学研究岩石圈、水圈和大气圈及其相互作用具有重大科学和现实意义。

习　　题

（1）重力测量观测精度的影响因素有哪些？而重力异常精度的影响因素有哪些？

（2）重力基点的作用是什么？如何保证基点的精度高于普通点？

（3）施工前为什么要对仪器进行检查试验和必须进行哪些试验？

（4）野外工作中，普通点的观测为什么必须起于基点又终止于基点？为什么要在规定时间间隔内到达下一个基点？

（5）如果在某一点上发现重力变化已超出仪器直接测量范围，应如何进行测程调节工作，以便使调节前后的观测数据衔接起来？

（6）仪器在运输过程中，因较大震动而发生读数的突然变化是可能的。试问，如果在第 i 和 $i+1$ 点之间发现读数变化很大，采取什么措施就可以判明这种读数的变化是属于仪器的读数突变还是这两点间实际存在的重力变化？

（7）航空重力测量如何选择飞行高度？

第五章 重力资料整理

利用野外观测得到的重力数据获得重力异常的过程包括以下两步：①通过观测数据的初步整理得到各个测点相对于基点的相对重力值；②相对重力值经过各项数据校正得到重力异常。

第一节 地面重力测量数据整理

一、观测资料的初步整理及质量评定

（一）普通点观测资料的初步整理及质量评定

这一整理的目的是获得消除仪器零点漂移的各测点相对于基点的相对重力值。仪器的零点漂移是时间的函数，严格地说，仅指弹性元件疲劳等造成的读数变化，亦称为纯零点变化。事实上，由于重力日变（重力固体潮）的存在、温度变化的影响未完全消除等几种因素的叠加，产生了混合零点漂移。对于中、小比例尺的重力测量来说，这一整理就称为混合零点校正；对于大比例尺的详查、精测来说，一般应先进行固体潮校正，对余下的纯零点漂移和温度影响残余再作零点校正。

1. 固体潮校正

为了建立重力测量基准，在世界范围或某一地区（或国家）要建立重力基准网，如1971年通过的国际重力基准网（IGSN-71）。因为它是一切重力测量的控制基础，所以要求具有很高的精度。但是地面点总是受到日月引潮力的作用，使重力值发生随时间的变化。这种变化在6h内最大可能达到3.5g.u.的幅度，这就必须在重力观测值中加以校正以消除其影响，此项校正称为重力固体潮校正或简称潮汐校正。具体校正办法是先算出重力固体潮理论值，再乘以潮汐因子δ，即可求出实际潮汐校正值。由于各地的δ是变化的，所以各校正地区应乘以本地相应的δ值。但在一般情况下，潮汐校正值不大，所以可采用整个地球潮汐因子的平均值，如1.20或1.16，最多只会带来5%的误差。当要求精度更高时，各地都需具体计算本地的潮汐因子。

球状刚体地球模型表面上任一点的垂直方向即为该点的径向，约定重力固体潮向下为正，则月球在地面上任一点P、任一时刻t产生的重力固体潮为

$$\Delta g_{\mathrm{m}}(P,t) = -\frac{\partial W_{\mathrm{m}}}{\partial r}(P,t)\mid_{r=R}$$
$$= G\frac{MR}{r_{\mathrm{m}}^3}\left[(1-3\cos^2 Z_{\mathrm{m}}) + \frac{3}{2}\left(\frac{R}{r_{\mathrm{m}}}\right)(3\cos^2 Z_{\mathrm{m}} - 5\cos^3 Z_{\mathrm{m}})\right. \tag{5.1}$$

式中，R 为地球的平均半径；W_m 为月亮在 P 点产生的起潮力位；M 为月亮的质量；Z_m 为月亮对 P 点的地心天顶距。

同理，太阳在地面上任一点 P、任一时刻 t 产生的重力固体潮为

$$\Delta g_s(P,t) = -\frac{\partial W_s}{\partial r}(P,t)\mid_{r=R} = G\frac{SR}{r_s^3}(1-3\cos^2 Z_s) \tag{5.2}$$

式中，W_s 为太阳在 P 点产生的起潮力位；S 为太阳的质量；Z_s 为太阳对 P 点的地心天顶距。这样，月球和太阳在刚体地球模型表面上任一点 P、任一时刻 t 产生的重力固体潮为

$$\Delta g(P,t) = \Delta g_m(P,t) + \Delta g_s(P,t) \tag{5.3}$$

对重力固体潮，理论上可以计算，用现代高精度重力仪也可以直接测量出来。在计算地面任一点 P 在 t 时产生的重力固体潮理论值时，可将各有关参数的数据代入式（5.3），即可以获得固体潮改正值：

$$\delta_{gb} = -\left[\delta_{th}G(t)-\delta_{fc}\right] \tag{5.4}$$

$$G(t) = -165.17F(\varphi)(c_m/r_m)^3(\cos^2 Z_m-1/3)-1.37F^2(\varphi)(c_m/r_m)^3\times$$
$$\cos Z_m(5\cos^2 Z_m-3)-76.08F(\varphi)(c_s/r_s)^3(\cos^2 Z_s-1/3) \tag{5.5}$$

$$\delta_{fc} = -4.83+15.73\sin^2\varphi'-1.59\sin^4\varphi' \tag{5.6}$$

$$F(\varphi) = 0.998327+0.00167\cos 2\varphi \tag{5.7}$$

式中，δ_{gb} 为固体潮改正值；δ_{th} 为潮汐因子，取 1.16；c_m 为地心至月心的平均距离；r_m 为月心至地心的距离；c_s 为地心至日心的平均距离；r_s 为日心至地心的距离；Z_m 为月亮对测点的地心天顶距；Z_s 为太阳对测点的地心天顶距；φ 为测点纬度；φ' 为测点地心纬度，涉及的具体参数计算可详查重力调查技术规范。

2. 混合零点校正

在工作中，仪器存在的零点漂移需要校正，同时，由于重力场随时间变化的影响也要消除，实际工作中可以综合考虑这些因素进行混合零点校正。

在测量过程中为了工作方便，常常利用两个不同基点进行控制，不但可以计算掉格系数，而且同样可以计算出各测点零点校正值。其公式为

$$\delta_{gi} = -K \cdot \Delta t_{iA} = -K(t_i-t_A) \tag{5.8}$$

式中，t_A 为首次基点读数时间；t_i 为第 i 个测点上的读数时间；K 为掉格系数，其表达式为

$$K = \frac{C\cdot(S_B-S_A)-(\Delta g_B-\Delta g_A)}{t_B-t_A} \tag{5.9}$$

式中，Δg_B 为尾基点重力值；Δg_A 为首基点重力值；S_B 为尾基点读数；S_A 为首基点读数；t_B 为尾基点读数时间；t_A 为首基点读数时间；C 为仪器格值。

混合零点校正的步骤如下：

(1) 首先计算各测点相对首基点（G_A）的读数差 ΔS；

(2) 用格值 C 乘以读数差 ΔS 得 $\Delta g_i'$；

(3) 计算随时间的零点位移率，即掉格系数 K；

(4) 求出混合零点位移校正值 δ_{gi}；

（5）根据公式 $\Delta g_i = \Delta g_i' + \delta_{gi}$ 计算出各点校正后相对于基点的重力差值。

（二）重力异常值的计算

重力仪观测资料经过零点校正后得到的数值是各测点相对于总基点的相对重力值，它包括因地下密度不均匀地质体引起的异常，也包含各测点周围地形不同、所处纬度不同等因素的影响。为了获得各测点的重力异常，必须将各测点的相对重力值按照同一个标准进行一些校正，不同的校正可得到具有不同地质–地球物理含义的重力异常。

1. 纬度校正

由于正常重力值是纬度 φ 的函数，当测点与总基点纬度不同时，所产生的纬度影响也不同，消除纬度影响的校正称为纬度校正。

绝对重力值的纬度校正是直接利用各测点纬度，依据正常重力公式［式（2.28）］计算出正常重力值并进行校正。

对于矿产资源或者局部构造勘查，可通过在正常场上设置基点获得所有观测点相对于基点的相对重力值来完成勘探。这种情况下采用相对纬度改正公式来进行改正，正常重力值随纬度的变化可直接用正常重力公式的全微分来代替，对 φ 求微分来求得相对纬度校正：

$$\Delta g_\varphi' = \frac{\partial g_\varphi}{\partial \varphi} \cdot \Delta\varphi = 51855.2\sin2\varphi \cdot \Delta\varphi \tag{5.10}$$

当 $\Delta\varphi$ 较小时，它可以用测点到总基点间纬向（南北向）距离 D 来表示。如图 5.1 所示，D、$\Delta\varphi$ 和地球平均半径 R 的关系为 $\Delta\varphi = D/R$。若取 $R = 6370.8$km，将这些代入式（5.10），便有

$$\{\Delta g_\varphi'\}_{\text{g.u.}} = 8.14\sin2\varphi \, \{D\}_{\text{km}}$$

可得纬度校正公式

$$\{\Delta g_\varphi'\}_{\text{g.u.}} = -8.14\sin2\varphi \, \{D\}_{\text{km}} \tag{5.11}$$

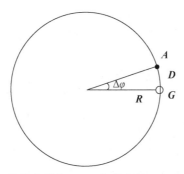

图 5.1　南北向距离（D）与纬度差（$\Delta\varphi$）的关系

在北半球，当测点位于总基点以北时 D 取正号，反之取负号；φ 为总基点纬度或测区的平均纬度。由于式（5.11）是微分公式，该式只能在小的范围纬度校正中应用。

关于纬度校正的误差，由式（5.11）可知，它包含有纬度测量误差和南北向距离 D 的测量误差。纬度测量误差不会很大，故此项校正误差主要来源为 D 的测量误差，因而有

$$\varepsilon_\varphi = \pm 8.14\sin 2\varphi \cdot \varepsilon_D \tag{5.12}$$

例如,在北纬45°地区,当$\varepsilon_D = \pm 20\text{m}$时,可产生$\pm 0.16\text{g. u.}$的误差。

2. 地形校正

消除测点周围地形起伏所引起测点重力变化的影响称为地形校正。

测点A周围起伏的地形对A点观测值的影响可以通过图5.2来说明。取直角坐标系,并将测点A所在的位置定为原点,z轴垂直向下,x、y轴在A点所在的水平面内。$\text{d}m$为质量元,其在A点产生的地形影响理论值为

$$\Delta g = G\iiint_V \frac{\text{d}m}{r^2}\cos\theta$$

$$= G\iiint_V \frac{\xi\rho}{\xi^2 + \eta^2 + \zeta^2}\text{d}\xi\text{d}\eta\text{d}\zeta \tag{5.13}$$

式中,$r = \xi^2 + \eta^2 + \zeta^2$,$\text{d}m = \rho\text{d}\xi\text{d}\eta\text{d}\zeta$,$\cos\theta = \dfrac{\zeta}{r}$,其中$\zeta$为负值。

与地形平坦的情况相比,高于A点的地形质量对A点产生的引力,其铅垂方向的分力会使A点的重力值减小;低于A点的地形,由于缺少物质,也会使A点的重力值降低。所以,不管A点周围地形是高还是低,相对于A点周围地形是平坦的情况下,其地形影响值都将使A点的重力值变小,故地形校正值总是正的。然而,当考虑到大范围水准面弯曲以及海洋重力数据的整理中,地形校正值将有正有负。

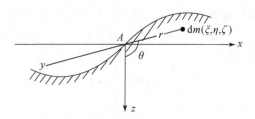

图5.2　地形影响示意图

目前进行地形校正的具体方法较多,但原理都一样。一般均采用下述近似积分的办法,将以测点为中心的四周地形分割成许多小块,计算出每一小块地形质量对测点的重力值,然后累加求和便得到该点的地形影响值。

根据测点周围地形分块的形状,地形校正方法分为扇形分区法及方形域法。前者是一种利用地形校正量板进行手算的方法,在重力勘探中流行了许多年,现在很少使用;后者是正在使用的采用计算机的快速算法。

1) 扇形分区的地形校正方法

如图5.3所示的扇形分区是以测点A为圆心,以不同半径R画圆,再通过A点按一定角度间隔作射线,则任意相邻两个半径R_i和R_{i+1}与射线α_i及α_{i+1}所围部分都是一个扇形面。如果以h表示该扇形面所表示的柱体相对于A点的平均高度,则该扇形柱体对A点的地形校正值在圆柱坐标系中可表示为

$$\delta g_{地} = G\rho \int_{R_i}^{R_{i+1}}\text{d}R \int_{\alpha_i}^{\alpha_{i+1}}\text{d}\alpha \int_0^h \frac{R\zeta}{(R^2 + \zeta^2)^{3/2}}\text{d}\zeta \tag{5.14}$$

积分后得

$$\delta g_{地} = G\rho(\alpha_{i+1} - \alpha_i)(\sqrt{R_i^2 + h^2} - \sqrt{R_{i+1}^2 + h^2} + R_{i+1} - R_i) \qquad (5.15)$$

若令 $\alpha_{i+1} - \alpha_i = 2\pi/n$，则式（5.15）可写为

$$\delta g_{地} = \frac{2\pi G\rho}{n}(\sqrt{R_i^2 + h^2} - \sqrt{R_{i+1}^2 + h^2} + R_{i+1} - R_i) \qquad (5.16)$$

于是，测点 A 的地形校正值为各个柱体校正值之总和，即

$$\Delta g_{地} = \sum \delta g_{地} \qquad (5.17)$$

式（5.15）中的 R_i、R_{i+1}、α_i 及 α_{i+1} 是根据地形复杂程度事先经试验确定的，可制成如图 5.3（a）所示的量板。为了加快计算速度，取 $\rho = 1\text{g}/\text{cm}^3$ 和给出不同 h 值，按式（5.16）制成 $\delta g_{地}$–h 列线图或表格，计算地形影响值时只需查图、表即可。当工区地表岩石平均密度为 ρ' 时，只需将计算的结果乘以 ρ' 即可。

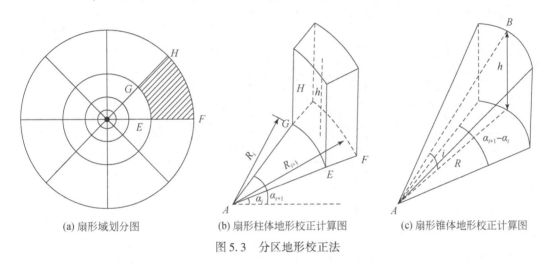

(a) 扇形域划分图　　　(b) 扇形柱体地形校正计算图　　　(c) 扇形锥体地形校正计算图

图 5.3　分区地形校正法

计算表明，每个扇形柱体的改正值大小与它所在的环数和高程差有关，在高差相同的情况下，远离测点的柱体改正值迅速减小，这说明远区改正值较小；在距离相同时，柱体越高改正值越大。为了提高近区改正精度，避免利用扇形柱体平均高差取数误差，对于近区往往采用锥形体去分割测点周围（0~20m）的地形。图 5.3（c）表示一个扇形锥体。A 为测点，h 为扇形锥体的高度，R 为测点 A 到测点 B 的水平距离，i 为锥面倾角。由于 $h = R \cdot \tan I_{锥}$（在工作中锥体 $I_{锥}$ 角可实测得到），所以锥体的地形改正值为

$$\Delta g_{地} = G\rho \int_0^R \int_{a_i}^{\alpha_{i+1}} \int_0^{R \cdot \tan i} \frac{r\zeta}{(r^2 + \zeta^2)^{3/2}} \mathrm{d}r \mathrm{d}\zeta \mathrm{d}\alpha \qquad (5.18)$$

$$= G\rho(\alpha_{i+1} - \alpha_i)[R(1 - \cos I_{锥})]$$

在缺少大比例尺地形图或要求精度较高的情况下，为了提高近区地形改正精度，避免利用扇形柱体平均高程取数误差，可以选用圆域锥形体制作简易地改仪实地测量。对于每个锥体的地形改正值可由式（5.18）改写为式（5.19）计算：

$$\Delta g_{近区地改} = \frac{2\pi G\rho}{n}R(1 - \cos i) \qquad (5.19)$$

式中，G 为万有引力常数；ρ 为中间层密度，可根据实测结果选用；n 为划分的方位数，一般选择 8 或 16；R 为近区地形改正半径，一般选择为 10m 或 20m；i 为地形倾角。

由式（5.19）可知，当改正半径 R、划分的方位数 n 和中间层密度 ρ 给定以后，只要测到了 R 距离上的地形倾角 i，就可以很方便地算出这个扇形锥体的地形影响值了。

2）方形域地形校正方法

为了充分利用测点高程和电子计算机的快速计算，可以采用方形域的分区方法。图 5.4（a）为方域分区图，其中方格网为重力测网，网的结点即为重力测点（或网格化的计算点），每个结点代表了与网格划分同等面积的小面元。若 A 点坐标为 $(0, 0, h_0)$，由中心点坐标为 (ζ_i, η_j) 的 $abcd$ 所代表的面元内平均高程与 h_0 之高差为 h_{ij}，则这个方形柱体在 A 点的地形校正值为

$$\delta\Delta g_{\text{地}} = G\rho \int_{\xi_{i-1}+\frac{1}{2}\Delta\xi}^{\xi_{i+1}-\frac{1}{2}\Delta\xi} \int_{\eta_{j-1}+\frac{1}{2}\Delta\eta}^{\eta_{j+1}-\frac{1}{2}\Delta\eta} \int_0^{h_{ij}} \frac{\zeta \mathrm{d}\xi\mathrm{d}\eta\mathrm{d}\zeta}{(\xi^2 + \eta^2 + \zeta^2)^{3/2}} \tag{5.20}$$

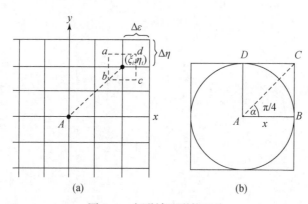

图 5.4　方形域地形校正法

根据应计算的范围，可以将各结点上的 δg_γ 沿 x 和 y 方向进行二重数值积分，即可求得 A 点的地形校正值。

3）地形校正的有关问题

A. 地形校正的分区

通常地形校正是把测点（计算点）周围地区分为近区、中区、远区，在这三个区内，高程值的取数密度可以不同，即近区的取数点距较小，而中区、远区的稍大。在大比例尺地质矿产调查中，近区为 0～20m，中区为 20～500m，500m 以上为远区；在区域重力调查中，近区为 0～50m（或 100m、200m），中区为 50（或 100m、200m）～2000m，远区一般达 20～30km。三个区校正值的总和即为该点的地形校正值。

B. 接口问题

如果在计算地形校正值时同时采用了扇形域及方域，那么由扇形域转入方域存在一个接口问题，即需要求出四个补角的地形校正值［见图 5.4（b）的 BCD］，下面给出由 BCD 所代表的曲边三角形柱体在 A 点的地形校正值公式：

$$\Delta g = 2G\rho \int_0^{\frac{\pi}{4}} \int_R^{R\cdot\sec\alpha} \int_0^H \frac{r\xi \mathrm{d}\alpha\mathrm{d}r\mathrm{d}\xi}{(r^2 + \xi^2)^{3/2}}$$

$$= 2G\rho \left\{ \left[(R^2 + H^2)^{1/2} - R \right] \frac{\pi}{4} + R\ln(\sqrt{2} + 1) \right.$$

$$\left. - \frac{R}{2} \cdot \frac{(2R^2 + H^2)^{1/2} + R}{2(2R^2 + H^2)^{1/2} - R} + H\arcsin\left[\frac{2R^2 + H^2}{2(R^2 + H^2)} \right]^{1/2} - \frac{\pi}{2} H \right\}$$

$$\tag{5.21}$$

式中, H 为曲边三角柱体相对 A 点的平均高程。

C. 地形校正最大范围的确定

考虑选取最大地形校正半径的原则, 应以不影响对局部异常的正确分离为前提, 即最大校正半径以外的地形影响小于地形校正允许的误差; 或者虽然影响值较大, 但对工区内所有测点来说, 其影响值接近于线性变化, 在对实测异常进行数据处理时, 可以当作区域背景予以消除。区域重力测量中, 按技术规定, 最大半径为 20 ~ 30km。

D. 地形校正精度的检查

地形校正的精度可用在检查点上重算地形校正值的办法来检查, 检查点应均匀分布全区, 其数量应达到进行地形校正总点数的 3% ~ 5%。

对于用扇形分区计算地形校正, 一般在检查点上应将计算用量板转动一个适当角度来重新计算, 或改变制作量板时的 R 与 α 后重新计算。

各区地形校正的精度可以用式 (5.22) 来衡量:

$$\varepsilon = \pm \sqrt{\frac{\sum_{i=1}^{n} \delta_i^2}{2n}} \tag{5.22}$$

式中, δ_i 为第 i 个检查点原始地形校正值与检查值之差; n 为检查点数。

总的地形校正值精度应是分区计算的, 故

$$\varepsilon_{\mathrm{T}} = \pm \sqrt{\varepsilon_{\mathrm{near}}^2 + \varepsilon_{\mathrm{mid}}^2 + \varepsilon_{\mathrm{far}}^2} \tag{5.23}$$

式中, $\varepsilon_{\mathrm{near}}$、$\varepsilon_{\mathrm{mid}}$ 和 $\varepsilon_{\mathrm{far}}$ 分别为近、中、远三区地形校正的均方根误差。

3. 中间层校正

经地形校正后, 相当于将测点周围的地形 "夷为平地", 如图 5.5 所示。图 5.5 中 B 为总基点, A 为 O 点在过 B 点的水准面 (或大地水准面) 上的投影, h 为 O 点与 A 点的高差 (或海拔高程)。O 点与 A 点相比, 多了一个密度为 ρ、厚度为 h 的水平物质层 (称为中间层) 的引力作用, 由于各测点高度不同, 所以受中间层引力铅垂分量影响的大小也不相等, 为此, 必须进行校正, 消除这个影响的过程称为中间层校正。当进行绝对中间层校正时, 并不知道大地水准面的准确位置, 参加椭球面无限接近大地水准面, 因此利用 A 点在参考椭球面上的投影点 A' 与 O 的高差 h 来计算, 按照定义高差 h 为测点 O 的正常高。当进行相对重力值的中间层校正时, 公式中 h 为测点和总基点的高差。中间层影响值可表示为

$$\Delta g'_\rho = G\rho \int_0^{2\pi} \int_0^R \int_0^h \frac{\zeta R}{(R^2 + \zeta^2)^{3/2}} \mathrm{d}\alpha \mathrm{d}R \mathrm{d}\zeta \tag{5.24}$$

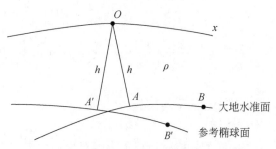

图 5.5　中间层影响示意图

式 (5.24) 表示了半径为 R、厚度为 h 的圆盘对中轴线上 A 点引起的引力铅垂分量，积分后得

$$\Delta g'_\rho = 2\pi G\rho\left(R+h-\sqrt{R^2+h^2}\right) \tag{5.25}$$

当 $R \gg h$ 时

$$(R^2+h^2)^{1/2} = R\left(1+\frac{1}{2}\frac{h^2}{R^2}-\cdots\right) \tag{5.26}$$

代入式 (5.25)，并取前两项便有

$$\Delta g' = 2\pi G\rho\left(1-\frac{h}{2R}\right)h \tag{5.27}$$

或

$$\{\Delta g'_\rho\}_{\text{g.u.}} = \left(0.419-\frac{0.2095}{\{R\}_{\text{m}}}\{h\}_{\text{m}}\right)\{\rho\}_{\text{g/cm}^3}\{h\}_{\text{m}} \tag{5.28}$$

式中，R 和 h（长度）的单位为 m，密度单位为 g/cm³，重力 Δg 单位为 g.u.。

当 $R\to\infty$ 时

$$\{\Delta g_\rho\}_{\text{g.u.}} = -0.419\{\rho\}_{\text{g/cm}^3}\{h\}_{\text{m}} \tag{5.29}$$

故中间层校正值为

$$\{\Delta g_\rho\}_{\text{g.u.}} = -\left(0.419-\frac{0.2095}{\{R\}_{\text{m}}}\{h\}_{\text{m}}\right)\{\rho\}_{\text{g/cm}^3}\{h\}_{\text{m}} \tag{5.30}$$

或

$$\{\Delta g_\rho\}_{\text{g.u.}} = -0.419\{\rho\}_{\text{g/cm}^3}\{h\}_{\text{m}} \tag{5.31}$$

应用式 (5.30) 或式 (5.31) 计算中间层校正值。当测点高于总基点时 h 取正号，反之取负号，R 采用地形校正最大半径。当工区地形起伏变化不大，而 R 又足够大时，可采用式 (5.30) 或式 (5.31)。若地形起伏大，相对说 R 值不够大时，采用式 (5.30) 和式 (5.31) 会出现较大误差，最好采用式 (5.25)。还要说明，在式 (5.30) 或式 (5.31) 中，取负号的原因是在计算重力异常值时，用相对重力值与中间层校正值等"相加"，这样在采用上述的高程符号时，能够实现测点高于总基点时去掉中间层的影响；而在测点低于总基点时"加上"中间层的影响。

4. 自由空气（高度）校正和布格校正

经过地形校正和中间层校正之后，与 A 点或 A' 点相比，O 点只剩下高度 h 的影响。因

为 O 点比 A 点或 A' 点离地心的距离要大，正常重力值将随之减小，其减小值可由式 (5.32) 和式 (5.33) 计算：

$$\{\Delta g'_\mathrm{h}\}_\mathrm{g.u.} = -3.086(1+0.0007\cos2\varphi)\{h\}_\mathrm{m} + 7.2\times10^{-7}\{h\}_\mathrm{m}^2 \tag{5.32}$$

所以高度校正值为

$$\{\Delta g_\mathrm{h}\}_\mathrm{g.u.} = 3.086(1+0.0007\cos2\varphi)\{h\}_\mathrm{m} - 7.2\times10^{-7}\{h\}_\mathrm{m}^2 \tag{5.33}$$

式中，φ 为测点的纬度。上述公式考虑地球的形状用旋转椭球体近似而得，当测区较小，高程变化不大时地球的形状用球体近似，式 (5.32) 可简化为

$$\{\Delta g'_\mathrm{h}\}_\mathrm{g.u.} = 3.086\{h\}_\mathrm{m} \tag{5.34}$$

这种校正称为自由空气校正，意为好像在参考椭球面及 A 之间没有岩石存在，而只有自由的空气。

通常都是将中间层校正与高度校正合并进行，称为"布格校正"，即

$$\{\Delta g_\mathrm{b}\}_\mathrm{g.u.} = \{\Delta g_\rho\}_\mathrm{g.u.} + \{\Delta g_\mathrm{h}\}_\mathrm{g.u.}$$

$$= \left[3.086(1+0.0007\cos2\varphi) - 7.2\times10^{-7}\{h\}_\mathrm{m} - 0.419\{\rho\}_\mathrm{g/cm^3} + \frac{0.2095}{\{R\}_\mathrm{m}}\{\rho\}_\mathrm{g/cm^3}\{h\}_\mathrm{m}\right]\{h\}_\mathrm{m}$$

$$\tag{5.35}$$

简化的布格校正公式为

$$\{\Delta g_\mathrm{b}\}_\mathrm{g.u.} = (3.086 - 0.419\{\rho\}_\mathrm{g/cm^3})\{h\}_\mathrm{m} \tag{5.36}$$

布格校正的误差来源主要有两个，一是中间层校正时密度取值不准，另一个是高程测量不准。若密度测定的均方误差为 ε_ρ。高程测定的均方误差为 ε_h，则由式 (5.36) 可得布格校正的均方误差为

$$\varepsilon_\mathrm{b} = \pm\sqrt{(3.086 - 0.419\{\rho\}_\mathrm{g/cm^3})^2\{\varepsilon_\mathrm{h}\}_\mathrm{m}^2 + (0.419\{h\}_\mathrm{m}\{\varepsilon_\rho\}_\mathrm{g/cm^3})^2} \tag{5.37}$$

式 (5.37) 根号中的第一项表明，在 ε_h 相同的条件下，密度 ρ 越大，则误差越小。地表岩石平均密度一般不会超过 $3\mathrm{g/cm^3}$，为提高布格校正精度，主要应提高测点高程的测量精度。例如，当 $\rho=2\mathrm{g/cm^3}$ 时，在 $\varepsilon_\mathrm{b} \leqslant \pm0.25\mathrm{g.u.}$ 的条件下，ε_h 应小于 $\pm10\mathrm{cm}$。由于高程测量误差的出现是随机的，因而会给异常曲线带来微小的跳动（不光滑）。式 (5.37) 根号中的第二项则表明，如果 ε_ρ 确定后，其误差与高程 h 成比例，因而有可能造成与地形起伏相关的虚假异常。

上述关于中间层校正及布格校正的提法是我国及俄罗斯等国采用的，而美国等西方国家把中间层校正称为布格（平板）校正，布格校正称为综（联）合高度校正，在阅读或撰写英文文章时要注意。

上面介绍的校正方法系针对陆地重力测量，对于海洋及航空重力测量，情况要复杂一些。下面介绍水陆联测点的布格校正方法。

在滨海地区，重力测量可能在陆地及浅海区进行，为了在水陆交界处不出现间断，在进行布格校正时必须把原始重力数据都校正到统一的基准面上。图 5.6 表示测点位置 (GM) 的几种情况，以测点相对于基准面的高程 h 的下标表示各测点位置的编号，当测点在基准面之上时，高程 h 取正值，反之取负值。

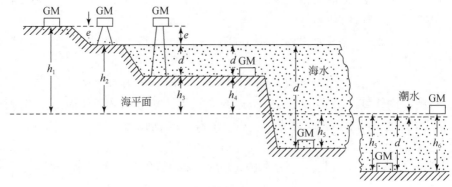

图 5.6　水陆联测点的布格校正

1）点位 1：仪器在地面上的陆地测点

当仪器直接放在地面上时，布格校正值 $=fh_1$，布格校正系数 $f=3.086-0.419\{\rho\}_{g/cm^3}$ g. u. /m。σ 为岩石的密度。

2）点位 2：仪器高于地面的陆地测点

仪器高于地面，如处在三脚架上时，$\{$布格校正值$\}_{g.u.}=f\{h_2\}_m+3.086\{e\}_m$，$e$ 为仪器高出地面的高度，第二项是仪器高出地面一个附加高度的自由空气校正。

3）点位 3：水上测点

仪器放在水面以上三脚架上观测时，$\{$布格校正值$\}_{g.u.}=f\{h_3\}_m+2.667\{d\}_m+3.086\{e\}_m$，$e$ 为仪器高出水面的高度。第二项是水层（厚度为 d）布格校正值，水的密度取为 1，即淡水的密度。

4）点位 4：水下测点

仪器放在水底观测，$\{$布格校正值$\}_{g.u.}=f\{h_4\}_m+0.419\{d\}_m$，第二项是水层的向上引力校正。

5）点位 5：在基准面以下的水下测点

与点位 4 不同的是相对于基准面的高程 h 取负值，$\{$布格校正值$\}_{g.u.}=f\{h_5\}_m+0.419\{d\}_m$。布格校正值的第一项，除了自由空气校正 $3.086\{h_5\}_m$ 外，中间层校正相当于在基准面与水底之间填充密度为 ρ 的岩石。

在近海进行水下测量时，由于受到潮沙影响，水的深度会发生变化。如图 5.6 所示，会出现 $d<h_5$ 的情况，因此水深校正要单独进行。

6）点位 6：在水面船只上的重力测量

这时，一般以海平面为基准面，因而不进行自由空气校正，只有中间层校正 $B\{h_6\}_{m(g.u.)}$，$B=0.419(\{\rho\}_{g/cm^3}-1.03)$，$\rho$ 为水底下面岩石的密度，1.03 为海水的密度。

计算布格重力异常，采用的大陆地壳地表岩石的密度为 $2.67g/cm^3$。这个密度值是美国天文学家 William Harkness 在 1891 年发表的，他使用五个在 1811～1882 年发表的地表岩石的密度值计算出这个密度值。使用的密度值系根据苏格兰的 Schehallien 和 Arthur Seat、阿尔卑斯山的 Cenis、波希米亚的 Pribram 矿区，以及英格兰的 Harton Colliery 等少量地区的、分布不广泛的大陆地壳的岩石样品计算出来的。William Harknees 认为的 $2.67g/cm^3$ 密度值是对于地表岩石，至少是对结晶质岩石平均密度的一个合理估计。例如，Gibb（1968）根据在不同类型岩石地区面积性分布的200多个独立测量，估计出加拿大前寒武纪地盾一个重要部分的地表岩石的平均密度为 2.67g/cm^3。然而，大约75%的大陆地表下伏沉积岩，而沉积岩包括65%的页岩（密度为 $2.0\sim2.7\text{g/cm}^3$）、20%~25%的砂岩（密度为 $2.0\sim2.7\text{g/cm}^3$）以及10%~15%的碳酸盐岩（密度为 $2.5\sim2.9\text{g/cm}^3$）。根据沉积岩和结晶岩石的面积比例关系计算出的海平面之上大陆地壳的平均密度为 2.67g/cm^3 的数量级，大约接近 2.67g/cm^3。可以估计，当地形起伏为100m时，每 1g/cm^3 的密度误差造成的重力差为 $4.19\times10^{-5}\text{m/s}^2$。因此，有限地区重力异常的计算，应当使用更适合这个地区的平均密度，而不是应用 2.67g/cm^3。在任何情况下都可以采用下面的方法：在最低测点高度之上的物质应用实际的局部密度值，而从最低高度到海平面使用 2.67g/cm^3 的密度值（Hinze，2003）。

5. 均衡校正

1）均衡的发现

1749年，布格和达康拉明在秘鲁的琛博拉索山两边测定摆锤铅垂线的倾斜时，发现实际观测到的铅垂线的倾斜要比计算山外表质量的引力所引起的小得多，所以提出该山下边存在一个空洞的设想（即质量亏损）（图5.7）。

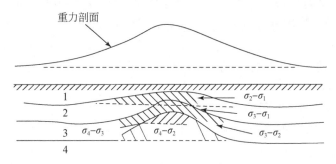

图 5.7　均衡的发现示意图

地壳均衡的主要发现者是普拉特和艾里，他们独立地工作并在同一年内发表了他们各自的理论。印度的普拉特（1855）分析了由爱弗雷斯特（Everest）在印度北部所得到的当时最新的三角测量结果，那里，两个台站之间的相对垂线偏差约为5.24，其中一个台站与喜马拉雅山的距离约比另一个台站远了700km。他断定这个偏差是真实的，并且是由于毗邻的喜马拉雅山的引力造成的。然而，根据山脉地形在两个台站影响应产生的偏差计算，普拉特所得到的差值比观测到的差值约大三倍。因此，在两个台站上的水平引力约为喜马拉雅山的水平引力的2/3，必须由假定的位于山下的物质的短缺来补偿。这些分析使普拉特得到他自己的均衡补偿的概念。英国的艾里推论说，像喜马拉雅这样的山脉，在相当大的水平距离应呈现出很多小的引力，因为山脉物质的重量不能由地壳来维持。他计算出山的重量如此之大以至山脉的全部或部分将使地壳破裂下沉到下伏的稠密的"岩浆"中，因此推断，山脉物质必定从下边得到了支撑。艾里提出了山根的概念，在此他考虑了一个类似于漂在水上的木板，并对其机制作了详细讨论，虽然方法完全不同，但普拉特和艾里的均衡概念都解释了山脉质量的补偿。根据普拉特的观点，山脉起的越高，它的平均密度越小。根据艾里的观点，密度不变的山脉沉到较密的下覆层，后来其他的大地测量学证实了由垂线偏差及在印度的重力值确定下来的补偿。德国的赫尔默特（1884 年）主张大陆是由下伏的地壳中的低密度物质来补偿的。美国的海福德（Hayford, 1909）广泛研究了大的地形质量对垂线偏差的影响，从这些研究中，他得到结论，认为地壳均衡补偿是广泛分布的。海斯卡宁从他确定的均衡异常中断定，地球表面大约85%基本上是处于均衡状态。详细讨论均衡补偿的第一位地质学家是美国的达顿（Dutton, 1889）。他提出"地壳均衡"这个词（取自希腊文"isostasist"），但他更喜欢用"等压"这个词，因为"等压"能更恰当地描述压力相等的性质，可惜这个词已被气象学词汇所采纳。关于计算均衡补偿的方法，当用重力异常表示时，主要由海福德（Hayford, 1909）根据普拉特的概念提出和海斯卡宁根据艾里概念提出的。这两个方法假定补偿直接出现在地形质量下面。维宁·曼尼斯用相对硬的岩石向下弯曲，提出了区域补偿方法。

　　第二个突破是在 20 世纪 20 年代，当时维宁·曼尼斯穿过南爪哇（Java）的巽他（Sunda）海沟，第一次在海底进行测量，平行于海沟轴观测到了出乎意料大的负的重力异常，这些重力异常如此之大，以致不能仅由地壳结构加以解释；因而，依定地幔结构是产生这些异常的来源，这个推论修正了当时存在的认为地极（包括上地幔）是均匀的，上边是由横向不均匀的地壳覆盖的观点。岛弧-海沟系统被看作是地壳物质受迫下沉到上地幔的区域，就在最近，其他许多种测量，特别是地震测量，已确定不仅是在岛弧-海沟系统，而且在上地幔的其他区域，一般来说确实是不均匀的，世界范围重力场和重力异常的研究，还得到了关于地壳和上地幔中结构和构造过程的另外一些新概念。最突出的新概念包括以下几点。

　　（1）均衡补偿是世界范围的，估计地球表面约85%处于平衡状态。然而区域补偿似乎是比局部补偿多；在长时期支持地形负荷中，岩石圈好像一个弹性板向下弯曲，区域的向下弯曲与高强度的岩石圈一致。

　　（2）沿着活动的海沟，出现特大的负的重力异常，它与相邻岛弧上的正异常相平行。只要岩石圈板块前沿向下插入地幔，就存在负异常，随活动性消减的停止，异常也跟着消失。

　　（3）沿大洋中脊自由空气重力异常值均为正的（20～30μGal）。但在邻近的海底盆地上面的海岭高山上，异常值就小了。小的异常值表明高的海岭在深部基本上是补偿的，这就意味着海岭是随被动过程（均衡重新调整）形成的，不可能是由主动强迫板块分开的过程而形成的。

　　（4）重力异常的不同波长成分与以下几点有关（相关程度不同）：①地势；②地壳和壳下结构；③区域高程；④软流圈的可能形态及相应的流动图像。在局部的未补偿的地区，异常值和地势之间的相关性相当好；但是在大的补偿地区相关性并不好。穿过大陆-海洋边界和许多板块边界的波长很长的异常，除去岛弧-海沟系统以外，表明异常源可能在几百千米的深处（因此为研究上地幔的深部不均匀性，提供了可能的进一步的方法）。

　　（5）在人造卫星出现以前（大约在 1960 年），用重力测量来确定地球旋转椭球面椭率有相当满意的精度（人造卫星轨道已能更精确地确定椭率）。

（6）地球大地水准面的形状可通过计算大地水准面的波动和世界上观测过重力异常地区的垂线偏差加以确定，实际上为大地水准面全图提供了资料。

（7）随着整个大陆和海洋重力测量的进展，世界大地测量体系已经建立，这样有可能把世界范围内已经建立的各独立的大地测量体系联系在一起。

（8）结合卫星的轨道摄动资料和已观测到的重力异常，已得到了有重大改进的大地水准面（就在1976年）。由18阶和18次球谐函数所描写的、波长超过4000km的大地水准面，主要是由卫星资料推导出来的，而波长在4000km以下的主要是由平均重力异常推导出来的。从人造卫星和重力测量类似地得到自由空气异常图，该图为解决异常与各种不同区域（如中央海岭、海沟、群岛、深海盆地）特征的关系提供了数据。

A. 普拉特均衡假说

普拉特均衡假说是1854年由普拉特提出的，具体模型如图5.8所示。该理论的公式推导及表格的计算是由海福特1909～1910年进行的。该假说认为，山地是地下像发酵那样向上隆起的。发酵程度好，山地就高而密度就小。这个过程是在地下某一深度上进行的。该深度上面的物质对它的压力处处相等，所以此深度面又称等压面（或均衡面）。海洋面至均衡面的深度称均衡深度。均衡深度一般取100km或113.7km。按照这个假说，若把均衡面上面物质分成许多截面积相同的柱体，则这些柱体的质量均应相等，而密度不同。山越高，密度越小；反之密度越大。

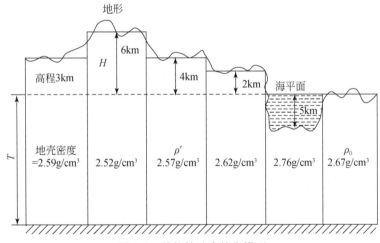

图5.8　普拉特地壳均衡模型

B. 艾里均衡假说

艾里均衡假说是1855年由艾里提出的，后经芬兰测量学家海斯卡宁1924～1938年加以发展并计算，具体模型如图5.9所示，该模型认为地壳是由厚度不同但密度相同的许多岩块组成。这些岩块漂浮在密度比它大的可塑岩浆上面，就像水中的木筏，较厚的岩块密度侵入岩浆也较深，薄岩块侵入岩浆较浅。这说明补偿是完全的并且直接发生在这种地形的下面（即补偿是局部的），其中地壳密度为2.67g/cm³，岩浆密度为3.27g/cm³。岩块漂浮在岩浆上面是按阿基米德浮力定律的原理进行的，海平面与岩浆面之间的距离称正常地壳厚度，一般取 30～60km。

有人把山越高、地壳越厚的现象称为"山根"，而把海洋下面地壳变薄的现象称为"反密度为 A 的山根"。因此艾里均衡假说又称为"山根"学说。综上所述，所谓地壳均衡，即是说从地下某一深度算起，相同面积所承载的质量趋于相等。地面上大面积质量的增减，地下必有所补偿。

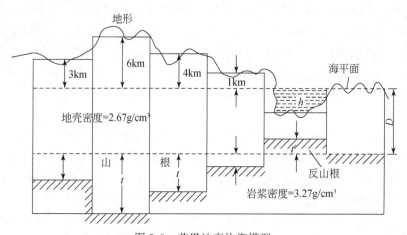

图 5.9　艾里地壳均衡模型

h. 海水深度；D. 正常地壳厚度；t. 山根；t'. 反山根

C. 维宁·曼尼斯假说

维宁·曼尼斯修正了艾里的局部补偿概念，提出区域补偿概念，这个概念是在这样的假定下做出的：地壳的反应好像是一个弹性板，能抵抗地形负荷产生的剪应力，弹性板每一点的向下弯曲量表示该点均衡补偿的大小。图 5.10 表示维宁·曼尼斯的区域补偿和局部补偿之间的区别。

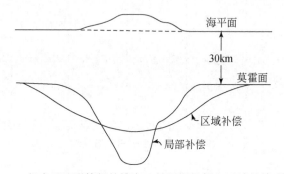

图 5.10　相应于地形特征的维宁·曼尼斯局部和区域补偿示意图

2）均衡重力异常计算

A. 均衡校正

利用重力资料研究地壳均衡状态，首先要对重力观测结果进行均衡校正以便获得重力均衡异常。均衡校正的计算方法与所采用的均衡假说有关，依据重力观测值获得均衡异常总体上分两步进行。

一是在重力观测值中减去整个地球表面实际地形起伏与大地水准面之间的物质（当地形表面在大地水准面之上时）或物质质量的亏损（当地形表面在大地水准面之下时）对测点重力值的影响，包含上述所提到中间层和地形改正（部分国家将该过程直接称为地形校正）；二是将参与地形和中间层校正的全部质量添入地球内部（地壳），使地壳填至均衡状态，此时或按均衡密度差（普拉特假说）或按均衡深度（艾里假说）引入校正值，这一步称为补偿校正。

a. 普拉特假说的均衡校正

地形校正同样分内环带和外环带。但校正的基准面一定是大地水准面。内环带补偿校正是按均衡密度差进行的，如图 5.8 所示，在陆地区有

$$T\rho_0 = (H+T)\rho' \tag{5.38}$$

$$\rho' = \frac{T\rho_0}{H+T} \tag{5.39}$$

式中，ρ_0 为地壳平均密度（即 2.67 g/cm^3）；ρ' 为任意柱体的平均密度；H 为柱体高程；T 为补偿深度。

那么，补偿密度为

$$\rho_\text{补} = \rho_0 - \rho' \tag{5.40}$$

密度为 $\rho_\text{补}$ 的陆地柱体在测点引起的重力异常计算公式为

$$\Delta g = \frac{2\pi G\rho_\text{补}}{n}\left[\sqrt{R_i^2+(H_0+T)^2}-\sqrt{R_{i+1}^2+(H_0+T)^2}-\sqrt{R_i^2+H_0^2}+\sqrt{R_{i+1}^2+H_0^2}\right] \tag{5.41}$$

式中，H_0 为测点高程。

在海洋区有

$$\rho_0 T = \rho''(T-h)+h\cdot\rho_\text{海} \tag{5.42}$$

$$\rho'' = \frac{\rho_0 T - h\rho_\text{海}}{T-h} \tag{5.43}$$

式中，ρ'' 为海洋柱体中的密度；h 为海水深度；$\rho_\text{海}$ 为海水密度。

那么补偿密度为

$$\rho'_\text{补} = \rho'' - \rho_0 \tag{5.44}$$

密度为 $\rho'_\text{补}$ 的海洋柱体在测点引起重力异常的计算公式为

$$\Delta g = \frac{2\pi G\rho'_\text{补}}{n}\left[\sqrt{R_i^2+(H_0+T)^2}-\sqrt{R_{i+1}^2+(H_0+T)^2}-\sqrt{R_i^2+(H_0+h)^2}+\sqrt{R_{i+1}^2+(H_0+h)^2}\right]$$

$$\tag{5.45}$$

外环带的补偿校正在地形校正中已经介绍过，即与地形校正混合在一起从海福特表格或者从地形–补偿校正图中内插获取。

b. 艾里假说的均衡校正

内、外环地形校正与普拉特假说地形校正相同，内环带补偿校正如图 5.9 所示。根据液体静力学原理（即阿基米德定律），在陆地区有

$$\rho_0 H = (\rho-\rho_0)t \tag{5.46}$$

式中，ρ_0 为地壳平均密度；ρ 为岩浆密度；H 表示柱体高程；t 为山根。那么，山根的公

式为

$$t = \frac{\rho_0}{\rho - \rho_0} H \tag{5.47}$$

如果 ρ_0 取 $2.67\mathrm{g/cm^3}$，ρ 取 $3.27\mathrm{g/cm^3}$，则

$$t = 4.45H \tag{5.48}$$

式（5.48）说明山脉高出海平面 1km，它下陷到岩浆中的深度就增加 4.45km。

同理，在海洋区有

$$(\rho_0 - 1.03)h = (\rho - \rho_0)t' \tag{5.49}$$

式中，h 表示海水的深度；t' 为反山根。

那么，反山根的公式为

$$t' = \frac{\rho_0 - 1.03}{\rho - \rho_0}h = 2.73h \tag{5.50}$$

说明在海洋地区，海水深度每增加 1km，反山根就增加 2.73km。

用同样办法，可求出在陆地区的湖泊以及沉积较厚地区的这种形式的比例关系，它们分别为 2.78 和 1.12。

所谓艾里假说内环带的补偿校正就是从测点重力值中去掉山根与反山根的影响，计算公式同式（5.49）。而外环带补偿校正与地形校正一同进行，校正办法同普拉特假说。

B. 均衡异常

经过纬度、高度及均衡校正的异常，称为均衡重力异常（简称均衡异常）。均衡异常在研究地壳运动和地壳结构中具有独特的意义，有时还成为解释许多地质现象的基本依据。例如，根据重力资料曾提出在山群下面有很深的山根，即地表地形的隆起对应于莫霍界面的拗陷。而深的构造拗陷及具有很厚且较新沉积物的深海洋盆却对应于反山根，即莫霍界面的突起。这种关系后经地震资料证实，一般情况下都是正确的，但只有在大面积（几百或上千 $\mathrm{km^2}$）范围内才有意义。均衡异常平均值有以下三种情况：

（1）$\overline{\Delta g_{均}} \approx 0$，相当于区域均衡补偿接近于平衡状态；

（2）$\overline{\Delta g_{均}} > 0$，相当于区域均衡补偿过剩，即地壳中有剩余质量存在；

（3）$\overline{\Delta g_{均}} < 0$，相当于区域均衡补偿不足，即地壳中质量亏损。

以上三种情况可用水中漂浮的冰块加以描述，如图 5.11 所示。

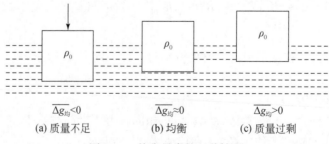

图 5.11　均衡异常的三种情况

根据这个道理，现代构造运动活跃的造山带或深海沟（都伴有强烈的地震活动），可

以用构造活动本身来解释这里发现的均衡异常。按板块构造理论，海沟正是岩石圈向地幔俯冲的地带，较轻的岩石圈由于地幔对流而使其较深地插入软流圈里，出现了局部负异常。而造山带是地壳深部有向上的挤压力（热的地下物质的相变以及软流圈的对流），使较轻的地壳升起。在地壳升起的过程中，由于流体静力平衡作用，山根也会增厚，但增厚的速度小于地壳上升的速度，所以质量过剩，出现正的均衡异常。只有那些现代构造运动微弱或相对稳定的地台及古陆地区才能达到均衡平衡状态，均衡异常接近于零。

地壳均衡现象还可通过布格异常的分布特征观察到。例如，随着海水深度的增加，正的布格异常值越来越高；而随着大陆上地形高度的增加，负的布格异常越来越低，这种现象定性地说明了地壳均衡的存在。地壳均衡问题是比较复杂的，随着地壳构造运动，冰川融化和山脉的破坏，也将导致地壳均衡不断地遭到破坏。另外，通过大面积长期的地壳深部物质的水平移动又会使不均衡地区逐渐达到均衡。因此，利用重力资料研究地壳均衡状态，仅有空间分布资料还不够，还必须同时研究重力随时间变化的规律。

鉴于均衡重力异常的计算比较复杂，在有些地区甚至不可能计算出来，所以在地形平缓区采用自由空间异常来代替它。因为小比例尺的自由空间异常在地形平均高度与海水平均深不超过2000m的范围内，可一级近似地看成均衡异常，图5.12所提供的穿过太平洋坦噶海沟的重力异常剖面图就显示了这种特点。

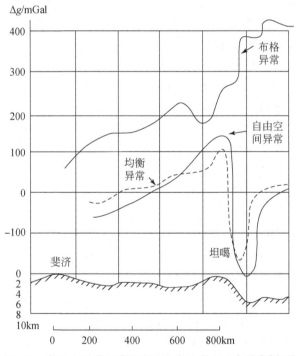

图5.12　穿过太平洋坦噶海沟的海底地形和重力异常剖面图

3）均衡与地壳结构

地壳均衡在一些地貌突出的地方，如山脉、高原、海洋，全部观测到大的布格异常。通常，在山脉和地势隆起地区容易观测到大的负异常，在海洋容易观测到大的正异常。如果在山脉底下质量亏损（物质密度低），在海洋下质量盈余（物质密度高），那么这些大的异常值可以得到解释，虽然均衡平衡的概念来自天文大地测量的垂线偏差，但它能够发展起来的部分原因正是这些布格异常特性。均衡平衡通常是指在岩石圈内（或下）的某个深度上，侧应力（覆盖层压力）相等，而与上覆的构造如山脉、海洋或大陆的组成无关。在岩石圈假定是弯曲的地方，平衡概念要考虑侧应力差，所以均衡平衡是区域性的而不是局部性的。

因为岩石，特别是处在相应于超过大约 50km 深度的围压下的岩石，在大的应力差作用下而发生流动，因此，长期应力的影响是产生岩石的流动以减少甚至消除应力差。这个特性表明，深部的，特别是在软流圈的物质，只要没有大的构造力作用，就将向着应力平衡的状态流动。与软流圈相反，岩石圈有足够强度可在内部发生较小的流动。在补偿深度上达到均衡平衡，其特征为侧应力相等。补偿深度处处不同，它部分地依赖于一个地区不平衡的延伸范围。计算出来的补偿深度，依赖于所假定的均衡机制，特别是要看是以普拉特还是以艾里的密度分布为依据。地壳（和岩石圈）的高强度使我们预期：均衡补偿实际上是区域的，小的块体（直径约小于 50km）可以局部地补偿。岩石圈的弯曲意味着区域补偿，北美和芬诺斯堪底亚（Fennoscandia）的冰后隆起之所以出现，就是因为在大面积内，如黑海或墨西哥湾有广泛的沉积，由于地壳和岩石圈的强度高，很难得到完全的均衡平衡。如果假定补偿是局部的而不是区域的，则均衡的计算可以大大简化。因此，均衡异常的计算通常是对局部补偿而提出的。这个计算过程是合理的，这一点通常已由地壳均衡中所获得的成就得到了证实，海斯卡宁和维宁·曼尼斯已对此做了介绍（Heiskanen and Vening Meinesz, 1958）。

许多大陆在冰后期的抬升为均衡的存在提供了一些更可信的证据，如斯堪的纳维亚半岛陆地的降起，它有地质的、大地测量的以及潮汐压力计测量的潮汐方面的证据。凭借测量该区不同部位古海岸线的高度，已有可能确定陆地隆起的数量以及速度。研究第四纪的地质学家普遍认为，这个地区的陆地表面从更新世冰川作用以来大约已经上升了 500m，大地测量方法对于测定隆起的速度是准确的。图 5.13 是精密水准测量得到的以 30~40 年时间间隔所获得的隆起速度（其单位为 cm/百年）的等值线图。图 5.13 中看出，波的尼亚海湾中部隆起速度最快，大约为每年 1cm。这个值向边缘逐渐下降，在零值线以外陆地是下沉的，当然下沉的速度是相当缓慢的。

上述陆地隆起和下沉现象可以解释如下：在最近冰期期间，承载厚冰帽（大约为 2.5km 厚）的斯堪的纳维亚陆地已经沉入地幔 600~700m。自从冰川融化以来（大约 1 万年以前），该陆地遵照流体静力平衡原理已经不断上升。上升最快的地方发生在波的尼亚湾附近，每年为 1cm 左右。迄今为止，斯堪的纳维亚中心地区的隆起以及边缘附近的沉陷仍然在继续着，可以说这是地壳均衡的活证据。它表明在地壳下物质（即地幔物质）正在向中心隆起区流动，由于地幔物质具有高黏度，所以冰期时代向边缘移动的地壳下物质还没有来得及完全移动回来，造成在中心下面物质亏损，出现了负重力异常。在波的尼亚海湾上的负重力异常就达到 500g.u.。尼斯卡宁根据几条剖面负异常量级，估算该区在均衡补偿恢复以前，该地区大陆仍要上升 200m 左右。

在格陵兰和南极能够看见自然界地壳均衡实验的其他例子，这些陆地表面在大冰层有盖以前显然是在海平面之上的，后来由于陆地表面承载厚冰层而下沉到海平面之下以保持

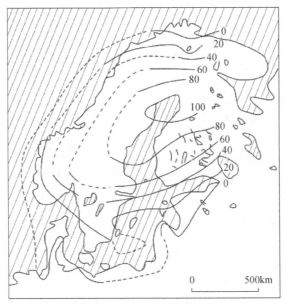

图 5.13　斯堪的纳维亚地区冰后期隆起速率（单位：cm/百年）

平衡。根据地震资料证实，格陵兰地区由于厚冰层的覆盖，该区基底已下降到海平面以下降到 250m 的深处。如果说在格陵兰和南极看见的是第一阶段的自然界均衡实验，那么在斯堪的纳维亚半岛看见的则是第二阶段的实验。

喜马拉雅造山带，特别是珠穆朗玛峰地带目前存在着大约 1200g.u. 的正均衡异常。这说明该区地下质量过剩，分析原因是印度板块向北挤压所致。而最大的负均衡异常是沿着印度尼西亚岛弧附近的海沟地带分布，该区出现的最大可达−2000g.u. 的均衡异常应解释为岩石圈较深插入（可达几百千米）地幔的结果。

如果地球表面物质是受到弹性的支撑，那么可以把均衡异常的存在看作是地幔中长期受力的证据。如果它们是起因于对流流体密度的差异，它们就可以看作是对流的证据。对这点来说，研究由人造卫星重力观测所揭示的大规模物质的异常也许是有意义的。大地水准面的波动反映地球内部物质普遍的不均匀性，如图 5.14 所示。高的大地水准面对应于下面存在高密度的地质体，而低的大地水准面对应于低密度的地质体，这些地质体的具体位置可能在地幔之内。因为这些密度不均匀体引起的异常与大陆和海洋确定的表面物质分布没有明显的对应关系，而且与地壳内部构造也没有明显的对应关系。况且地球表面大部分地区一般都处于均衡平衡中，所以地壳厚度与其内部的密度变化不能引起这类异常。在下地幔内也未必存在着这样大的密度差，以致能引起如此大幅度的大地水准面异常。最可能的解释是，这些异常是由上地幔内横向密度变化引起的。

二、重力异常地质−地球物理意义

布格重力异常、自由空间重力异常和均衡重力异常所经过的外部校正均不同，不同的校正，对地球质量做了不同的调整，因此，不同重力异常的地质、地球物理含义亦不同。

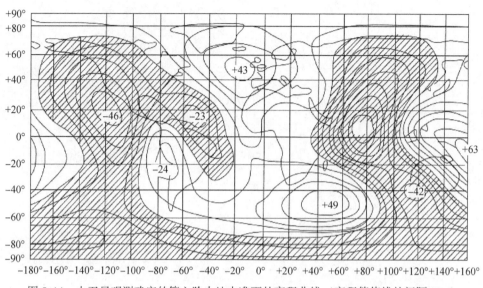

图 5.14　由卫星观测确定的第六阶大地水准面的高程曲线（高程等值线的间隔 10m）

从应用上看，布格重力异常可分为绝对异常（绝对重力值）和相对异常（相对重力值）。测点的绝对重力值 g_P，可由已知一个点的绝对重力值用相对测量的方式获得，布格校正中的高度为测点的海拔高程，密度统一用地壳的平均密度（2.67g/cm^3），正常场校正是从观测值中减去由正常重力公式计算出来的重力值。绝对布格重力异常多在中、小比例尺的大面积性重力测量中使用。测点的相对重力值 Δg_P 是用相对测量方式获得的相对于总基点的重力差值，布格校正中的高度为测点相对于总基点的高程，密度取地表岩石的平均密度，正常场校正使用式（5.7）。相对布格重力异常多在大比例的小面积重力测量中使用。

下面我们以图 5.15 所示的地壳结构说明几种重力异常的地质-地球物理含义。其中图 5.15（a）为测点 P 附近的地壳结构，P' 为测点 P 在大地水准面上的投影，g_P 为 P 点的绝对重力值；图 5.15（b）为推导正常重力公式时所假设的地壳结构，g_φ 为 P' 点正常重力值。

P 点的正常场校正为 $\Delta g_P = g_P - g_\varphi$。从地壳结构上看，正常场校正图 5.15 如图 5.15（c）所示。由图 5.15（c）可见，AB 以上的质量分布与图 5.15（a）图一样，而 AB 与 E_1F_1 间仅存在局部剩余质量，E_1F_1 与 MN 间出现了相对质量亏损。

自由空间重力异常 $\Delta g_{自}$ 及地下的质量分布如图 5.15（d）所示，其质量分布与图 5.15（c）完全相同。但是，经正常重力的高度校正后，P 点的正常重力变成了 P' 点的正常重力了。因此，自由空间重力异常反映的是实际地球的形状和质量分布与大地椭球体的偏差。大范围内负的自由空间重力异常，表明地壳深部存在着相对的质量亏损，反之，则有质量盈余。

布格重力异常 $\Delta g_{布}$ 及地下的质量分布如图 5.15（e）所示，$\Delta g_{自}$ 经地形校正和中间层校正后，AB 以上的正常地壳密度的质量去掉了，但局部剩余质量存在。因此，布格重力异常反映的是地壳内各种偏离正常地壳密度的地质体，既包含各种局部剩余质量的影响，也包含地壳下界面 MN 起伏而在横向上相对上地幔质量亏损（山区）或盈余（海洋区）的影响。从大范围来观察布格重力异常，在大陆山区应为大面积的负值区，且山愈高负值的绝对值愈大，而海洋区则反之。

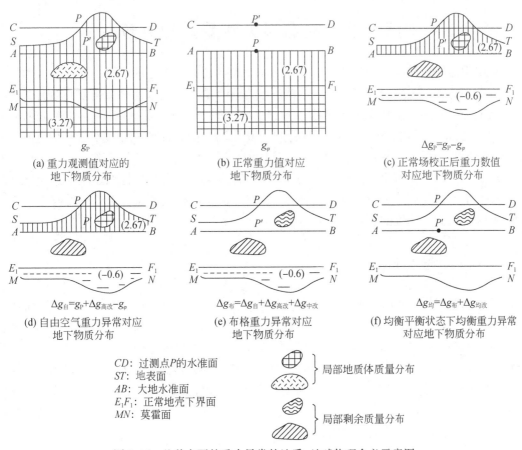

CD：过测点 P 的水准面
ST：地表面
AB：大地水准面
E_1F_1：正常地壳下界面
MN：莫霍面

局部地质体质量分布

局部剩余质量分布

图 5.15　几种主要的重力异常的地质–地球物理含义示意图

均衡重力异常 $\Delta g_{均}$ 及地下的质量分布如图 5.15（f）所示。布格重力异常经均衡校正就是均衡重力异常，而均衡校正是将移去的大地水准面以上的全部地形质量填补到山根或反山根中（对艾里假说而言），实际上是将计算出的填补质量在测点 P 上产生的引力铅直分量加到布格重力异常中。在地壳处于均衡状态时，经均衡校正的重力异常反映的是地壳内局部剩余质量所产生的重力异常。考虑到均衡重力异常是大面积内的平均效应，其中局部剩余质量的影响很小，因此，在地壳处于均衡状态时，均衡重力异常近于零值。如果大面积内的平均均衡重力异常为正值或负值，则表明该区的地壳未达到均衡状态，地壳将不断地进行质量调整（如地壳横向密度变化、上地幔横向密度变化和地壳厚度变化等）使它达到均衡。应指出，均衡深度以上存在质量盈余时会引起正均衡重力异常，而存在质量亏损时会引起负均衡重力异常。质量盈余说明山根（大陆山区）的厚度小于均衡时的厚度，所排开岩浆质量不足，故称为补偿不足（但由于所排开岩浆质量不足意味着山根底面至均衡深度之间的岩浆质量过剩，因此，也有人称之为区域补偿过剩）。质量亏损说明山根（大陆山区）的厚度大于均衡时的厚度，所排开岩浆质量过剩，故称为补偿过剩（但由于所排开岩浆过剩意味着山根底面至均衡深度之间的岩浆质量不足，因此，也有人称之为区域补偿不足）。

第二节　航空重力测量数据整理

航空重力测量获得重力加速度的过程实质上是两套数据求差的过程。硬件上采用了两个不同的加速度测量系统，其中一个的输出中为含有重力加速度的总加速度，而另一个不含重力加速度的运动载体平台的惯性加速度，于是在同一坐标系中对两组加速度输出求差，即可消去共同的载体运动的惯性加速度，剩下的差值中就是引力加速度和系统误差的影响。求差是通过各项校正实现的，而消除误差是通过滤波实现的。因此，各项校正和滤波是航空重力测量要解决的两个重要处理计算。运动载体平台的惯性加速度主要包括垂向加速度、水平加速度、厄特沃什（Eötvös）效应（运动过程中的航空重力仪器产生离心加速度和科里奥利加速度的垂直分量）等。

一、垂直加速度校正

垂直加速度校正是指通过定位手段获取载体在飞行过程中的垂向加速度值，从而从重力仪获取的信息中分离出引力加速度值的一项校正。在 20 世纪 90 年代 GPS 技术成熟之前，三角测高仪、多普勒雷达、激光测高仪等仪器均无法给出足够高精度的载体垂直加速度信息，因而航空重力测量一直无法正式进行商业化的运行。随着 GPS 技术发展的成熟，通过 GPS 观测数据，可以获取高精度的飞机位置、速度信息，基于这些信息进行一次或二次差分便可获取飞机的加速度信息，但由于差分过程会放大噪声信息，为了消除噪声的影响，还需对解算结果进行合适尺度的低通滤波。

二、厄缶效应校正

在航空重力测量的过程中，重力测量的过程是搭载在运动平台上进行动态测量的，因而平台的加速度比所感兴趣的重力异常值要大得多。当载具的运动具有沿着纬线方向的速度分量时，重力仪的观测值中还将受到由此运动产生的科里奥利力的影响，这便是厄缶效应的由来。厄缶效应的数值大小要比重力异常值大得多，因此在进行航空重力测量的过程中，需要对由于飞机的纬向速度分量引起的厄缶效应进行校正。厄缶效应校正是由匈牙利学者厄特沃什推导并验证，其表示形式为

$$\delta a_{\mathrm{E}} = 2\omega v_{\mathrm{E}}\cos\varphi + \frac{v_{\mathrm{E}}^2}{N+H} + \frac{v_{\mathrm{N}}^2}{M+H} \tag{5.51}$$

式中，δa_{E} 为厄缶效应校正值，m/s^2；ω 为地球自转的角速度；φ 为校正点的纬度；N、M 分别为校正点的卯酉圈和子午圈曲率半径；H 为大地高。

GPS 能够直接给出飞机在当地坐标系的速度的各项分量，因此可改用如下公式进行计算：

$$\delta a_{\mathrm{E}} = \left(1+\frac{H}{a}\right)\left(2\omega v_{\mathrm{E}}\cos\varphi+\frac{v^2}{r}\right)-\frac{f}{a}\left[v^2-\cos^2\varphi\left(3v^2-2v_{\mathrm{E}}^2\right)\right] \tag{5.52}$$

式中，a 为椭球长半轴；f 为椭球第一扁率；$v^2=v_{\mathrm{E}}^2+v_{\mathrm{N}}^2$ 为水平速度。

三、水平加速度校正

在航空重力测量过程中，飞行平台由于受到诸如大气湍流等飞行环境因素的影响，飞机不可避免地产生颠簸，飞机在转弯时机身也会发生大幅度的倾斜。在这些情况下，飞机上搭载的重力仪不可能严格保持水平状态。重力仪平台将偏离水平状态，使得重力传感器只能测得部分重力矢量，并且由于平台的非水平，原本水平向的飞机加速度会在垂直方向上产生影响，从而对观测的重力值产生影响，因此需要对观测值进行水平加速度校正来消除这两方面的误差。

假设在重力仪平台的两根水平加速度计互相严格垂直，则由于包括重力在内的所有加速度矢量之和对两个系统是等价的。因此：

$$G^2+a_{\mathrm{E}}^2+a_{\mathrm{N}}^2=f_{\mathrm{Z}}^2+f_{\mathrm{X}}^2+f_{\mathrm{Y}}^2 \tag{5.53}$$

式中，a_{E} 和 a_{N} 分别为通过 GPS 位置信息差分计算出的东向加速度与北向加速度；f_{Z} 为重力仪测得的重力；f_{X} 与 f_{Y} 分别为平台水平方向敏感轴的横向加速度与纵向加速度；G 为重力和飞机垂直加速度之和。由于在稳定飞行阶段水平加速度远远小于重力，因此有

$$G=f_{\mathrm{Z}}+\frac{f_{\mathrm{X}}^2+f_{\mathrm{Y}}^2-a_{\mathrm{E}}^2-a_{\mathrm{N}}^2}{2f_{\mathrm{Z}}} \tag{5.54}$$

所以水平加速度校正为

$$\delta a_{\mathrm{H}}=\frac{f_{\mathrm{X}}^2+f_{\mathrm{Y}}^2-a_{\mathrm{E}}^2-a_{\mathrm{N}}^2}{2f_{\mathrm{Z}}} \tag{5.55}$$

f_{X}、f_{Y} 与 a_{E}、a_{N} 的平方值包含的零均值噪声信号会成为正值噪声，使得噪声的特性发生改变，同时 f_{X} 或 f_{Y} 与 a_{E} 或 a_{N} 在测量过程中不可避免地会包含噪声，并且两者的噪声特性是不尽相同的，因此两者相减不能期望消除平方项中的噪声。故经过式（5.50）的运算后，原本系统中包含的零均值噪声可能会引起一定的系统偏差。因此在进行水平加速度校正之前，通常对其进行 10s 的低通预滤波，以消除平方项带来的噪声特性变化的影响。

四、偏心校正

在飞行平台上，GPS 天线需要无遮挡环境，所以必须安装于机身的上方，而重力仪通常安装在飞机的重心处，位于机舱的内部。显然，重力传感器的中心与 GPS 天线的相位中心的位置并不一致。在对涉及 GPS 位置信息的一些校正，诸如垂直加速度校正、厄缶校正、正常重力校正，事实上获取的位置是 GPS 天线相位中心的空间位置而不是重力仪的空间位置。因此，当飞机保持理想飞行状态时，可以通过 GPS 天线相位中心的空间位置加上

固定的距离校正量来获取重力仪传感器的空间位置。其速度和加速度可以看作与 GPS 天线相位中心相同，而在飞机发生翻滚和俯仰时，重力仪加速度计采集到的加速度信息会与 GPS 天线处采集到的加速度不一致，从而在各项与 GPS 相关的校正中产生偏差。

　　为了将与 GPS 位置信息相关的各种校正修正到重力仪传感器的中心，需要对 GPS 获取的观测量进行空间位置偏心距离的校正，而由于偏心校正实际上是由于飞机姿态的非水平而产生的误差，故也称为姿态校正。

　　如图 5.16 所示，建立载体直角坐标系 $S^b = [O^b;\ x^b,\ y^b,\ z^b]$，原点 O^b 在载体中心，x^b 指向载体前进路线的右方向，y^b 指向载体前进方向，z^b 通过 O^b 垂直 x^b 轴和 y^b 轴，并构成右手坐标系。设 GPS 天线相位中心在 S^b 中的坐标为 $(x^b_{RG},\ y^b_{RG},\ z^b_{RG})$，重力传感器中心在 S^b 中的坐标为 $(x^b_m,\ y^b_m,\ z^b_m)$，这些量均可量测得到，故为已知值。

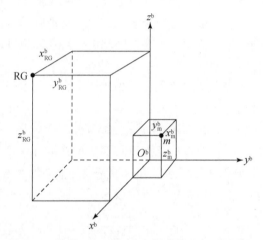

图 5.16　载体坐标系中重力传感器及 GPS 接收机

　　由上述定义可得，S^b 中 m 和 GPS 天线的相位中心（RG）的位置矢量之差 Δr^b，即为载体坐标系内偏心校正值：

$$\Delta r^b = r^b_m - r^b_{RG} = \begin{bmatrix} \mathrm{d}x^b \\ \mathrm{d}y^b \\ \mathrm{d}z^b \end{bmatrix} = \begin{bmatrix} x^b_m - x^b_{RG} \\ y^b_m - y^b_{RG} \\ z^b_m - z^b_{RG} \end{bmatrix} \tag{5.56}$$

式中，r^b_m、r^b_{RG} 分别为重力传感器中心和 GPS 天线相位中心在 S^b 中的位置矢量；$\mathrm{d}x^b$、$\mathrm{d}y^b$、$\mathrm{d}z^b$ 分别为 Δr^b 的三个分量。

　　飞机在飞行过程中发生的俯仰和横滚运动，因此在计算中，需要将载体坐标系内的偏心距转换到当地水平坐标系中，这样才符合实际情况，因此转换之后的偏心校正值为

$$\Delta r^L = \begin{bmatrix} \Delta x \\ \Delta y \\ \Delta h \end{bmatrix} = R^L_b \cdot \Delta r^b \tag{5.57}$$

式中，R^L_b 为转换矩阵。事实上，偏心校正的实质就是将载体坐标系中的位置关系转换到以重力仪位置为基准的当地水平坐标系中。

$$R_b^L = \begin{bmatrix} R_{11} & R_{12} & R_{13} \\ R_{21} & R_{22} & R_{23} \\ R_{31} & R_{32} & R_{33} \end{bmatrix} \quad (5.58)$$

$$= \begin{bmatrix} \cos r \cos y - \sin r \sin y \sin p & -\sin y \cos p & \cos y \sin r + \sin y \sin p \cos r \\ \cos r \sin y + \sin r \cos y \sin p & \cos y \cos p & \sin y \sin r - \cos y \sin p \cos r \\ -\cos p \sin r & \sin p & \cos p \cos r \end{bmatrix}$$

式中，y、p、r 分别为飞机的飞行方位角、俯仰角和横滚角。

五、航空地形校正

地面近区地形改正一般采用的是斜顶面三角棱柱地形改正方法，远区采用方形域地形改正方法，但是在航空重力地形改正中，观测点在空中，近区的斜顶面三角棱柱地形改正方法并不适用。

借鉴地面地形改正的方形域地形改正剖分方法，航空地形改正将测点周围地形剖分成一系列小单元，每个小单元体近似成方柱体，将基准面作为所有方柱体的底面，起伏地形的高度面近似作为方柱体的顶面。首先计算每个方柱体的剩余质量对空中测点 P_0 的引力位，因为重力方向是竖直向下的；其次，再计算剩余质量的引力位沿 z 方向的导数即可得到每一个方柱体对对测点 P_0 的重力影响值；最后，再将这小方柱体对测点 P_0 的影响相加，所得结果就是整个起伏地形对测点 P_0 的地形改正量。

如图 5.17 所示，飞行面上任意一个观测点 P_0 的空间坐标为 (x_p, y_p, z_p)，测点 P_0 (x, y, z) 是地面上的任意一个点。假设地形平均密度为 ρ，单个方柱体的质量元是 $\mathrm{d}v = \mathrm{d}x\mathrm{d}y\mathrm{d}z$，它的剩余质量为 $\mathrm{d}m$，则

$$\mathrm{d}m = \rho \mathrm{d}v = \rho \mathrm{d}x\mathrm{d}y\mathrm{d}z \quad (5.59)$$

方柱体到测点的距离为

$$r = \left[(x-x_p)^2 + (y-y_p)^2 + (z-z_0)^2 \right]^{1/2} \quad (5.60)$$

那么，方柱体对测点 P_0 的引力位为

$$V(x_p, y_p, z_0) = G \int_{x_1}^{x_2} \int_{y_1}^{y_2} \int_{H}^{h(x,y)} \frac{\rho \mathrm{d}x\mathrm{d}y\mathrm{d}z}{\left[(x-x_p)^2 + (y-y_p)^2 + (z-z_0)^2 \right]^{1/2}} \quad (5.61)$$

式中，G 为万有引力常数；H 是基准面的海拔；$h(x, y)$ 是地形高程；x_1、x_2、y_1、y_2 分别为方柱体的坐标边界值。

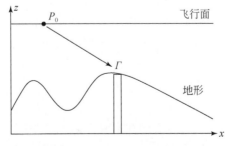

图 5.17　航空重力地形改正剖面示意图

对式（5.60）沿 z 方向求导可得

$$\Delta g(x_{\mathrm{p}}, y_{\mathrm{p}}, z_0) = \frac{\partial V}{\partial z} = G \iiint_v \frac{\rho(z - z_0)\,\mathrm{d}x\mathrm{d}y\mathrm{d}z}{\left[(x - x_{\mathrm{p}})^2 + (y - y_{\mathrm{p}})^2 + (z - z_0)^2\right]^{3/2}}$$

$$= G \int_{x_1}^{x_2} \int_{y_1}^{y_2} \int_{H}^{h(x,y)} \frac{\rho(z - z_0)\,\mathrm{d}x\mathrm{d}y\mathrm{d}z}{\left[(x - x_{\mathrm{p}})^2 + (y - y_{\mathrm{p}})^2 + (z - z_0)^2\right]^{3/2}}$$

(5.62)

式中，Δg 为该方柱体对测点 P_0 的重力影响值。对式（5.61）进行积分可得

$$\Delta g(x_{\mathrm{p}}, y_{\mathrm{p}}, z_0) = (-1) \times G\rho \left| \; \right| \; \right| \; (x - x_{\mathrm{p}}) \ln\left[(y - x_{\mathrm{p}}) + \sqrt{(x - x_{\mathrm{p}})^2 + (y - y_{\mathrm{p}})^2 + (z - z_0)^2}\right]$$

$$+ (y - y_{\mathrm{p}}) \ln\left[(x - x_{\mathrm{p}}) + \sqrt{(x - x_{\mathrm{p}})^2 + (y - y_{\mathrm{p}})^2 + (z - z_0)^2}\right]$$

$$- (z - z_0) \arctan \frac{(x - x_{\mathrm{p}})(z - z_0)}{(z - z_0)\sqrt{(x - x_{\mathrm{p}})^2 + (y - y_{\mathrm{p}})^2 + (z - z_0)^2}} \left|_{x_1}^{x_2} \right|_{y_1}^{y_2} \left|_{H}^{h(x,y)} \right. \quad (5.63)$$

式（5.62）即为任意一个方柱体对观测点 P_0 的地形影响值，要计算整个地形体对观测点 P_0 的地形影响，需要将周围所有的方柱体对观测点的影响结果累加：

$$\Delta g_{\mathrm{T}} = \sum \Delta g \qquad (5.64)$$

式（5.62）和式（5.63）即为常规航空重力地形改正的公式。

第三节　海洋重力测量数据整理

海洋重力测量主要受四个方面的干扰：厄缶校正、水平加速度校正、垂直加速度校正以及交叉-耦合效应等。海洋重力测量数据纬度校正与陆上重力测量应用的纬度校正相同，高度校正一般不必要，只有在与码头上的陆地基点连接时才做高度校正。地形校正与陆上地形校正不同，当在海面进行重力观测时，海底的地形起伏引起的地形影响有正值也有负值。

一、厄缶校正

因运载体相对于地球运动改变了作用在重力仪上的离心力而对重力产生的影响。根据下面的公式进行校正：

$$\delta g_{\mathrm{E}} = 7.499 v \sin A \cos\varphi + 0.0041 v^2 \quad (10^{-5}\,\mathrm{m/s}^2) \qquad (5.65)$$

式中，v 为船速，n mile/h；A 航向角，即载体纵轴在水平面的投影与地理子午线之间的夹角，规定以地理北向为起点，偏东方向为正，范围为 $-180° \sim 180°$；φ 为测点的纬度。

二、水平加速度校正

因波浪或机器震动等因素引起运载体在水平方向上的周期性加速度对重力的影响，使仪器的摆杆与水平方向的夹角发生变化，而且在平行旋转轴方向上使摆杆晃动，这种影响

称为直接影响。将摆杆强制在水平位置附近，直接影响就可以大大削弱。水平加速度对处于倾斜的仪器还有一种间接影响，称为布隆尼效应。产生这种效应的原因是原来保持重力仪水平的常平架相当于绕定点转动的摆，在水平加速度 a 作用下常平架的轴线偏离垂线方向，而处在重力 g 和水平加速度 a 的合力方向上，因此重力仪测得的是此合力，需在观测重力中加上此项校正，其值为

$$\delta g_B = \frac{\bar{x}^2 + \bar{y}^2}{2g} \tag{5.66}$$

式中，$\bar{x}^2$、$\bar{y}^2$ 为水平加速度 a 在 x 轴和 y 轴方向上的分量。为了求得布隆尼校正，可采用一对长短周期摆实际测得 $\bar{x}^2$ 和 $\bar{y}^2$ 值。

由于常平架置平重力仪的精度较低，现已被陀螺稳定平台代替。若重力仪安装在陀螺稳定平台上，平台长周期偏离值小于 5′，布隆尼效应可忽略不计；平台随水平加速度作周期性晃动时，将产生短周期晃动误差，这也要求平台能予以消除。

三、垂直加速度校正

垂直加速度校正是因波浪或机器震动等因素引起的周期性垂直加速度对重力的影响，理论上，只要在一个时间段（通常在 3～5min）内进行观测，取观测的平均值，就可以消除垂直加速度的影响。实际上，垂直加速度的振幅往往很大，在平静海况下可达 1×10^5 ～ 2×10^5 g. u. ；在较恶劣海况下可达 1×10^6 g. u.，因此它的变化范围远远超出重力仪的读数范围。为了解决这个问题，一般采用黏滞性很大的液体或强磁场进行强阻尼，削弱这种周期性垂直加速度的幅度，或采用数字滤波的方法予以消除。

四、交叉-耦合效应

交叉-耦合（cross-coupling）效应是当旋转型海洋重力仪安装在陀螺稳定平台上进行测量时，周期相同、相位差 $\pi/2$ 的垂直加速度和水平加速度共同作用在摆杆上的一种效应，简称 CC 效应，一般是由仪器本身的特殊装置测算后自动校正。

海洋重力测量的精度，除了受重力仪的误差影响外，在很大程度上取决于海上导航定位的精度。

五、布格校正

根据测深仪器得到的海水的深度计算布格校正，计算方法是假定海水被下伏岩石所取代。这样的布格校正存在一些问题，海洋重力测量的布格校正及重力异常具有一定的特殊性。Kearey 和 Brooks（1991）指出，布格异常是陆地重力资料解释的基础。通常计算滨海及浅海区的布格异常。在滨海及浅海区，布格校正消除了水深的局部变化引起的局部重力效应，而且，可以通过布格异常直接比较滨海及浅海区的重力异常，同时把陆地和海洋的重力数据结合以构成包括滨海及浅海区的统一的重力等值线图，根据此图可以追踪横过海

岸线的地质特征。然而，布格异常不适合于深海重力测量，因为在这样的地区布格校正的应用是一个人为的做法，会造成非常大的正的布格异常值，而对于地质体引起的局部重力特征没有明显地加强。因此，自由空气重力异常常用于这些地区的解释。此外，自由空气重力异常可以评价这些地区的均衡补偿。Bremaecker 也指出，当海洋重力测量在海面进行时，海洋的自由空气校正非常接近于零。有时采用布格校正，但是它没有多少物理意义，因为它等效于用同等体积的岩石代替海水进行布格校正。海洋接近于均衡平衡，所以加入巨大量的岩石完全破坏了均衡，结果导致了与海底地形呈强烈反相关的布格重力异常，而且比陆地情况更为强烈。

第四节　井中、卫星重力测量数据整理

一、井中重力测量数据整理

井中重力测量的原理与地面高精度测量相似，都是测量重力加速度垂直分量的变化。然而，在进行井中重力测量时，在地面以下的垂直方向是被限制的。井中重力测量不同于其他测井所采用的连续测量方法，它是通过在井中一系列测点上停放仪器进行测量、读数，获得不同深度上的重力值，如图 5.18 所示。

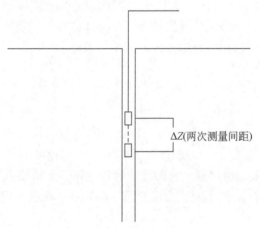

ΔZ(两次测量间距)

图 5.18　井中重力原理示意图

仪器在井中测得的重力变化受下列因素影响：

（1）自由空气效应 FZ，使得重力值随测井深度增大而增大；

（2）中间层效应 b，即横向密度均匀分布的水平层状介质引起的引力影响；

（3）异常密度分布的重力效应，它表明地壳中未构成水平均匀密度层的其他质量所引起的重力影响，称为布格重力异常 Δg_i；

（4）地表或海底地形的重力效应 Δg_t；

（5）与井眼有关的，如井径、套管、泥浆等引起的重力效应 Δg_b。

综上所述，井中任意一点的重力值 g 均可写成以下形式，即

$$g = g_0 + FZ + b + \Delta g_i + \Delta g_t + \Delta g_b \tag{5.67}$$

式中，g_0 为井中重力值；F 为重力场垂直梯度，取 0.3086Gal/m；Z 为井下重力测点深度（以井口基面算起）。$\dfrac{\Delta g}{\Delta z} = F - 4\pi G \bar{\rho} b = -4\pi g \, \bar{\rho} z$，为井中间层效应，$\bar{\rho} = G \sum p_i z_i / \sum \Delta z$，为加权平均密度；$G$ 为引力常数。

对式（5.67）求导数，并取有限量形式表示重力梯度时，可以写出以下形式，即

$$\frac{\Delta g}{\Delta z} = F - 4\pi G \bar{\rho} + \frac{\Delta g_i}{\Delta z} + \frac{\Delta g_t}{\Delta z} + \frac{\Delta g_b}{\Delta z} \tag{5.68}$$

式（5.68）中最右端的三项均为很小的值，所以可以忽略不计。这样便可以简化为

$$\frac{\Delta g}{\Delta z} = F - 4\pi G \bar{\rho} \tag{5.69}$$

由此可得

$$\bar{\rho} = \frac{F - \dfrac{\Delta g}{\Delta z}}{4\pi G} \tag{5.70}$$

式（5.69）便是利用井中重力测量结果计算测点间的间隔，或称之为测点间地层密度的公式。当测点间为水平地层时，式（5.69）给出的是该地层的实际密度值。在实际计算时，常采用实用公式，即

$$\bar{\rho} = 3.68 - 11.926 \frac{\Delta g}{\Delta z} \tag{5.71}$$

式中，Δg 为井中任意两个测点间的重力差值，mGal；Δz 为井中任意两个测点间的距离，m；ρ 为井中任意两个测点间的间隔密度，g/cm^3。

二、卫星重力测量数据整理

重力观测数据可用于研究地球内部的深部构造、圈层形态和地球深部动力学信息，是揭示地球内部地球物理特征的重要数据之一。地球重力场是整个地球密度结构的综合体现（图 5.19），为突出特定剩余密度分布的重力场特征，须对原始重力数据进行各项校正获得布格重力异常。

地面重力观测数据研究的区域范围较小，重力校正一般在平面直角坐标系下进行，不考虑地球曲率的影响。卫星重力观测数据研究的区域范围大，在重力校正过程中必须考虑地球曲率的影响。由于获取重力数据的方式不同，卫星重力数据校正与地面重力数据校正方法存在差异。

卫星重力观测数据是通过专业重力卫星的飞行轨道参数换算而来的。卫星飞行高度总是高于地球表面，在零或负高程观测面上的布格重力异常物理意义不明确，需将地形校正的基准面定的高于地球表面。如图 5.20 所示，R 为地球的平均半径，R_1 为进行布格校正计算的球面半径。在计算地表地形起伏物质的重力效应过程中，基准球面必须高于地形起伏最高峰的任意球面 S_1，地球最高峰为珠穆朗玛峰高达 8848.86m。

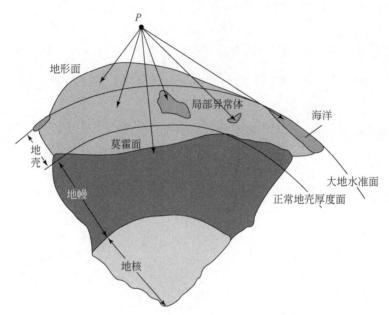

图 5.19　地下物质层对观测点（P 点）的影响

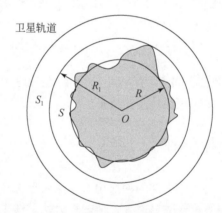

图 5.20　卫星布格重力异常计算高度示意图

由图 5.20 可知，高于地球参考球面 S 的地形物质（图 5.20 中高于 S 面的区域）在基准球面 S_1 上产生的重力效应需要从重力值中削减；低于参考球面 S 的区域为空，在进行地形校正时，需要将此区域填补到参考球面 S 上（图 5.20 中低于 S 面区域），将填补物的重力效应加到观测值中去。将地球近似为一个半径为 R 的标准球体，在基准球面 S_1 的布格重力异常是对于地球自然表面之下和高于参考球面 S 的地球内部密度异常体，所以地形重力效应值随地形值的正负变化也有正负之分。

卫星重力数据的观测面在空中为同一个观测面，测点高度均可视为一致，根据中间层校正定义可知，卫星重力数据不需要进行中间层校正，只需将卫星重力数据中进行自由空气重力校正（高度校正+正常场校正）和地形校正。其中进行高度校正是因为在进行重力测量过程中，重力测点高程与总基点高程不同，需对观测值进行高度校正，目的是消除因高度不同对观测的正常重力值所造成的影响。正常场校正是为了消除正常重力值随纬度变化的影响，在区域和全球尺度的重力数据处理过程中需进行正常场校正。地形校正是把地球表面椭球体近似为球体，并在此基础上，计算观测点周围的起伏地形对该点的重力影响值。球面地形校正思想为：把地球的球心视作球坐标系的原点，球面为大地参考面，将大地水准面以上的富余物质放入球坐标系统内，并且按照一定的规律将区域分为 $M \times N$ 块，每个块体用经纬球面柱体（图5.21）来作为地形模型，计算每个经纬球面柱体对观测点的重力作用值，累加求和即可得到地形物质的重力值。通过以上校正即可得到卫星布格重力异常数据。

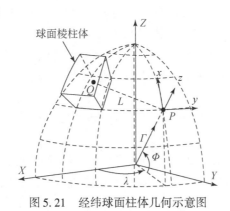

图5.21 经纬球面柱体几何示意图

习 题

（1）为了获得布格重力异常，需要经过哪几种校正？各项校正的物理实质是什么？

（2）地壳均衡主要存在哪两种假说，以及两种假说的主要区别？

（3）简述布格重力异常在高山地区往往表现为负值的原因？

（4）处于均衡平衡状态的地区，海拔为5km山所对应的理论山根的厚度是多少？某地区海深为2km，其所对应的理论反山根的厚度是多少（地壳平均密度为2.67g/cm³，岩浆平均密度为3.37g/cm³，海水密度为1.03g/cm³）？

（5）在不考虑大地水准面弯曲的情况下，地形校正值是正值还是负值，为什么？

第六章　重力异常正演计算

在重力勘探中，重力异常是对地下地质构造和矿产赋存情况进行解释的基本依据，它是由地表到地下深处密度不均匀体引起的。决定重力异常的地质因素主要有：地壳厚度变化及上地幔内部密度不均匀性；结晶基岩内部构造和基底起伏；沉积盆地内部构造及成分变化；金属矿的赋存以及地表附近密度不均匀等。因此，为了根据重力异常研究引起它的场源体以更好地进行地质解释，首先必须了解不同形状、大小、产状和密度等的场源体所引起的重力异常的特征、大小、分布等。给定场源体空间位置及剩余密度，通过理论公式定量求取它在观测面的重力异常的过程被称为重力异常正演计算。

第一节　正演概述

实际地质和重力异常观测情况是十分复杂的，待研究的地质体形状不规则、物性参数不均匀、各地质体间互相穿插和重叠、观测面（或线）存在起伏等情况都对我们观测到的重力异常有一定影响。对于如此复杂的实际情况，若全部考虑是难于用精确的数学物理方法计算场源的重力异常空间分布的。因此，在重力勘探中，计算地下某个地质体在地面上的重力异常，通常给出一些假定条件，如形状规则、密度均匀、有限分布等。对满足上述条件的、孤立的且可以用简单几何形体模拟的地质体被称之为单一规则形体。针对这些规则形体，通过对第一章所介绍的重力异常积分式的积分运算可求解出重力异常正演解析公式，由此可计算出重力异常的精确值。对于不满足上述假定条件的地质体，一般都笼统地称其为复杂条件下的地质体。对此类地质体的重力异常的计算也相对复杂，有时甚至难以通过积分运算求解，只能采用近似的方法求出异常的近似值。本章将重点介绍一些常用的典型地质体模型的重力异常的正演计算方法，以及对于不同地质构造可能产生的重力异常的分析。

第二节　简单条件下规则地质体重力异常

实际地质体常通过球体、水平圆柱体、台阶、板（脉）状体和长方体五种典型地质体模型表征，本节主要介绍这五种地质体的重力异常。

一、球体的重力异常

球体是一种常见的三度体模型。在实际问题中，埋藏在一定深度的近等轴状的地质体，如巢状矿体、囊状矿体、岩株和穹隆构造等地质体，它们在地面所产生的重力异常可近似看作球体的异常。

（一）球体的重力异常公式

对于如图6.1所示的剩余密度为ρ且均匀的球体，在计算其外部重力异常时可看作球体全部剩余质量m集中于球心$Q(\xi,\ \eta,\ h)$的质点。因此，采用重力及其梯度异常积分式，球体在其外部任意点$P(x,\ y,\ z)$所引起的重力异常及引力位的高阶导数公式为

$$\Delta g = V_z = Gm\ \frac{-(z-h)}{r^3} \tag{6.1}$$

$$V_{xy} = 3Gm\ \frac{(x-\xi)(y-\eta)}{r^5} \tag{6.2}$$

$$V_{xz} = 3Gm\ \frac{(x-\xi)(z-h)}{r^5} \tag{6.3}$$

$$V_{yz} = 3Gm\ \frac{(y-\eta)(z-h)}{r^5} \tag{6.4}$$

$$V_{xx} = Gm\ \frac{2(x-\xi)^2-(y-\eta)^2-(z-h)^2}{r^5} \tag{6.5}$$

$$V_{yy} = Gm\ \frac{2(y-\eta)^2-(x-\xi)^2-(z-h)^2}{r^5} \tag{6.6}$$

$$V_{zz} = Gm\ \frac{2(z-h)^2-(x-\xi)^2-(y-\eta)^2}{r^5} \tag{6.7}$$

$$V_{zzz} = 3Gm\ \frac{-2(z-h)^3+3(x-\xi)^2(z-h)+3(y-\eta)^2(z-h)}{r^7} \tag{6.8}$$

其中，$r = \sqrt{(x-\xi)^2+(y-\eta)^2+(z-\zeta)^2}$。若令球心$Q$位于坐标原点正下方，即$Q$的坐标为$(0,\ 0,\ h)$，测点$P$位于地表，其坐标为$(x,\ y,\ 0)$，其重力异常及引力位的高阶导数公式为

$$\Delta g = V_z = Gm\ \frac{h}{r^3} \tag{6.9}$$

$$V_{xy} = 3Gm\ \frac{xy}{r^5} \tag{6.10}$$

$$V_{xz} = 3Gm\ \frac{-xh}{r^5} \tag{6.11}$$

$$V_{yz} = 3Gm\ \frac{-yh}{r^5} \tag{6.12}$$

$$V_{xx} = Gm\ \frac{2x^2-y^2-h^2}{r^5} \tag{6.13}$$

$$V_{yy} = Gm\ \frac{2y^2-x^2-h^2}{r^5} \tag{6.14}$$

$$V_{zz} = Gm\ \frac{2h^2-x^2-y^2}{r^5} \tag{6.15}$$

$$V_{zzz} = 3Gm\ \frac{2h^2-3x^2-3y^2}{r^7}h \tag{6.16}$$

再令 $y=0$，可得主剖面上的正演公式为

$$\Delta g = V_z = Gm\frac{h}{r^3} \tag{6.17}$$

$$V_{xy} = V_{yz} = 0 \tag{6.18}$$

$$V_{xz} = 3Gm\frac{-xh}{r^5} \tag{6.19}$$

$$V_{xx} = Gm\frac{2x^2-h^2}{r^5} \tag{6.20}$$

$$V_{yy} = Gm\frac{-x^2-h^2}{r^5} \tag{6.21}$$

$$V_{zz} = Gm\frac{2h^2-x^2}{r^5} \tag{6.22}$$

$$V_{zzz} = 3Gm\frac{2h^2-3x^2}{r^7}h \tag{6.23}$$

关于重力异常值的单位问题：万有引力常数 $G\approx6.67\times10^{-11}\mathrm{m}^3/(\mathrm{kg\cdot s}^2)$；密度以 g/cm³为单位，$1\mathrm{g/cm}^3=1\times10^3\mathrm{kg/m}^3$；重力位一阶、二阶和三阶导数单位分别为 g.u.、E 和 nMKS。其中，$1\mathrm{g.u.}=1\times10^{-6}\mathrm{m/s}^2$；$1\mathrm{E}=1\times10^{-9}/\mathrm{s}^2$；$1\mathrm{nMKS}=1\times10^{-9}\mathrm{MKS}$，$1\mathrm{MKS}=1\times1/(\mathrm{m\cdot s}^2)$。

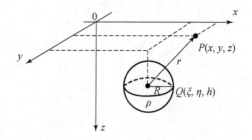

图 6.1　球体及坐标关系图

（二）球体的重力异常特征

这里在 $\rho>0$ 的情况下讨论重力异常分布特征。

1. 平面特征

将式（6.9）改写成

$$\Delta g = Gm\frac{h}{(r_0^2+h^2)^{3/2}} \tag{6.24}$$

式中，$r_0=\sqrt{x^2+y^2}$；m 为球体的剩余质量。由式（6.24）可知，当 x、y 变化但 r_0 不变时，Δg 值不变。因此，Δg 的平面等值线是以球心在地面的投影点为圆心的一系列同心圆，极大值点在球心的正上方。从式（6.9）~式（6.16）还可以看出，Δg、V_{zz}、V_{zzz} 是关于原点对称的 x、y 的偶函数，重力异常平面等值线图无明显的方向性；V_{xy} 是关于原点对称的 x、y 的奇函数，且关于 $y=x$ 和 $y=-x$ 对称；V_{xz}、V_{yz} 则是关于 x 或 y 的奇函数，V_{xz} 沿 x 轴方向

有明显的方向性，V_{yz} 则沿 y 轴方向性较明显。图 6.2（a）~（e）分别显示了球体各种异常的平面特征及立体特征。

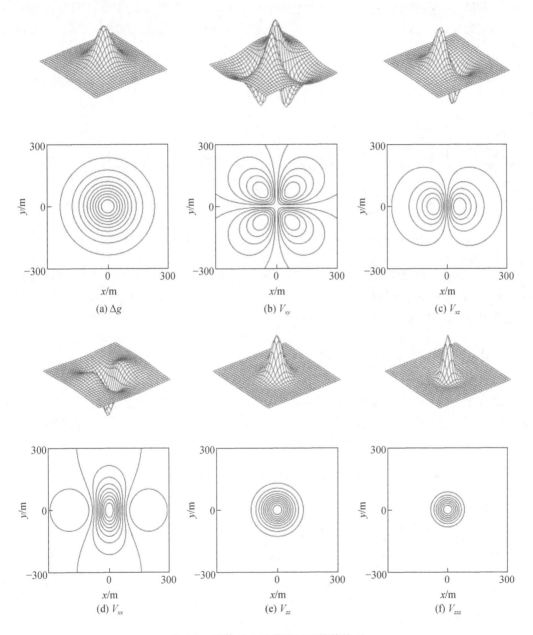

图 6.2　球体重力异常和平面等值线图

2. 主剖面特征

图 6.3 分别是过坐标原点沿 x 轴方向的主剖面，从图 6.3 中可更明显地看出 Δg、V_{zz}、V_{zzz} 为轴对称曲线，V_{xz} 为点对称曲线的情况。深入细致地观察还会发现许多有意义的特征：$x=0$ 时，$\Delta g = \Delta g_{max} = Gm/h^2$；$x \to \pm\infty$时，$\Delta g \to 0$；若令 $\Delta g(x) = \Delta g_{max}/n$，则可解得 $x_{1/n} =$

$\pm(n^{2/3}-1)^{1/2}h$，取 $n=2$，有 $x_{1/2}\approx\pm 0.766h$，而 $\Delta g(x)$ 曲线上等于 $\Delta g_{max}/2$ 的点间的水平距离为 $d_{1/2}\approx 1.533h$。显然，当剩余质量 m 不变时，重力异常的极大值与球体中心深度 h 的平方成反比，而等于极大值一半的两个点的距离 $d_{1/2}$ 与深度 h 成正比。当球体中心深度 h 不变时，Δg 与剩余质量 m 成正比。因此，随球体中心深度的增加，Δg 曲线减小变缓。

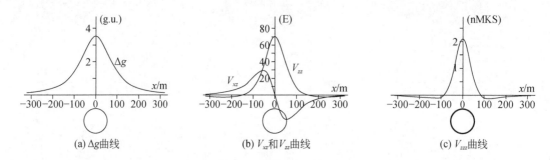

图 6.3　球体重力异常主剖面图（$R=50\text{m}$、$h=100\text{m}$、$\rho=1\text{g/cm}^3$）

V_{xz}、V_{zz} 和 V_{zzz} 与剩余质量成正比，V_{xz}、V_{zz} 的极大值与球体中心深度 h 的三次方成反比，而 V_{zzz} 的极大值与球体中心深度的四次方成反比。随球体中心深度的增加，V_{xz}、V_{zz} 和 V_{zzz} 值减小，V_{xz}、V_{zz} 和 V_{zzz} 曲线变缓变低。

二、无限长水平圆柱体的重力异常

埋藏在一定深度上的横截面近于等轴状、沿走向延伸较长的扁豆状体、长轴背斜、向斜构造等，在地表研究它们的重力异常时，可近似将它们视为无限长的水平圆柱体，它是典型二度体之一。

（一）无限长水平面圆柱体的重力异常公式

如图 6.4 所示的剩余密度均匀的无限长水平圆柱体可视为质量集中于轴线 $Q(\xi,h)$ 上的无限长水平物质线。对此，重力及其梯度异常积分式中的被积函数可移至积分号外，而 $\iint_s \text{d}\xi \text{d}h = S$（$S$ 为圆柱体的横截面积），故有

$$\Delta g = V_z = -2G\lambda\frac{z-h}{(x-\xi)^2+(z-h)^2} \tag{6.25}$$

$$V_{xz} = 4G\lambda\frac{(x-\xi)(z-h)}{[(x-\xi)^2+(z-h)^2]^2} \tag{6.26}$$

$$V_{xx} = 2G\lambda\frac{(x-\xi)^2-(z-h)^2}{[(x-\xi)^2+(z-h)^2]^2} \tag{6.27}$$

$$V_{zz} = 2G\lambda\frac{(z-h)^2-(x-\xi)^2}{[(x-\xi)^2+(z-h)^2]^2} = -V_{xx} \tag{6.28}$$

$$V_{zzz} = 4G\lambda \frac{3(x-\xi)^2(z-h)-(z-h)^3}{[(x-\xi)^2+(z-h)^2]^3} \tag{6.29}$$

其中，线密度 $\lambda = \rho S$。

令 $\xi = 0$，$z = 0$，则得坐标原点在轴线正上方的剖面（x 轴）上的公式：

$$\Delta g = V_z = 2G\lambda \frac{h}{x^2+h^2} \tag{6.30}$$

$$V_{xz} = -4G\lambda \frac{xh}{(x^2+h^2)^2} \tag{6.31}$$

$$V_{zz} = 2G\lambda \frac{h^2-x^2}{(x^2+h^2)^2} \tag{6.32}$$

$$V_{zzz} = -4G\lambda \frac{3x^2h-h^3}{(x^2+h^2)^3} \tag{6.33}$$

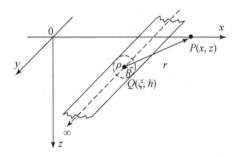

图 6.4 无限长水平圆柱体及坐标关系图

（二）无限长水平圆柱体的重力异常特征

1. 平面特征

异常呈长条带状是二度体的重力异常的基本特征。无限长水平圆柱体的 Δg、V_{xz}、V_{zz}、V_{zzz} 异常平面等值线图形为一系列相互平行的直线，Δg、V_{zz}、V_{zzz} 异常图每条直线所代表的异常值从中间向两侧呈对称状逐渐减小，而 V_{zz}、V_{zzz} 异常图两侧等值线出现对称的负极值，如图 6.5 所示。

2. 剖面特征

式（6.24）～式（6.27）表示 Δg、V_{zz}、V_{zzz} 为 x 的偶函数，而 V_{xz} 为 x 的奇函数，因此 Δg、V_{zz}、V_{zzz} 为轴对称曲线，而 V_{xz} 为中心对称曲线，如图 6.6 所示。

无限长水平圆柱体的重力异常与剩余密度成正比，Δg_{max} 与轴线深度成反比，而 V_{xz}、V_{zz} 的极值与轴线深度的平方成反比，随深度的增加重力异常曲线变低变缓。

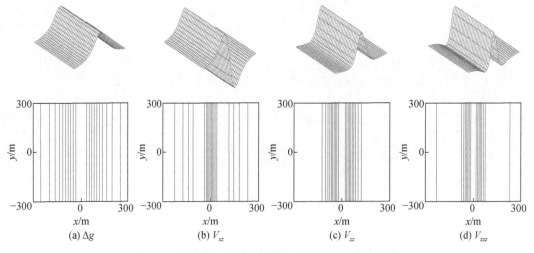

图 6.5　无限长水平圆柱体重力异常和平面等值线图

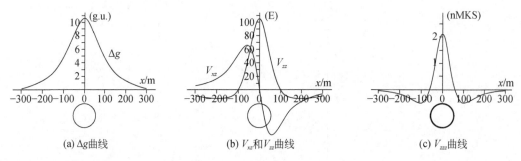

(a) Δg曲线　　　　　(b) V_{xz}和V_{zz}曲线　　　　　(c) V_{zzz}曲线

图 6.6　无限长水平圆柱体重力异常剖面图（$R=50\text{m}$、$h=100\text{m}$、$\rho=1\text{g}/\text{cm}^3$）

三、台阶的重力异常

台阶是常见的地质模型，如接触带、超覆岩层等，研究它们的地表异常时，可近似将它们视为如图 6.7 所示的台阶，台阶是典型二度体之一。

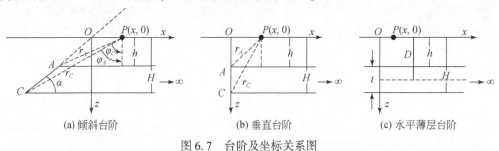

(a) 倾斜台阶　　　　　　(b) 垂直台阶　　　　　　(c) 水平薄层台阶

图 6.7　台阶及坐标关系图

（一）台阶的重力异常公式

由图 6.7（a）和式（2.43）可知，台阶在 x 轴上任意点 $P(x,0)$ 的重力异常为

$$\Delta g = 2G\rho \int_h^H \mathrm{d}\zeta \int_{-\zeta\cot\alpha}^{\infty} \frac{\zeta \mathrm{d}\xi}{(x-\xi)^2 + \zeta^2}$$

$$= 2G\rho\left[\frac{\pi}{2}\int_h^H \mathrm{d}\zeta + \int_h^H \arctan\frac{\zeta\cot\alpha + x}{\zeta}\mathrm{d}\zeta\right] \tag{6.34}$$

$$= 2G\rho\left[\frac{\pi}{2}(H-h) + \int_h^H \arctan\frac{\zeta\cot\alpha + x}{\zeta}\mathrm{d}\zeta\right]$$

式中，ρ 为台阶剩余密度。利用下列积分公式对式 (6.34) 进行积分：

$$\int u\mathrm{d}v = uv - \int v\mathrm{d}u$$

$$\int \frac{Mu}{a + bu + cu^2}\mathrm{d}v = \frac{M}{2c}\ln(a + bu + cu^2) - \frac{Mb}{2c}\int\frac{\mathrm{d}u}{a + bu + cu^2}$$

$$\int \frac{\mathrm{d}u}{a + bu + cu^2} = \frac{2}{\sqrt{4ac - b^2}}\arctan\frac{2cu + b}{\sqrt{4ac - b^2}}$$

可得

$$\Delta g = G\rho\left[x\sin^2\alpha\ln\frac{(x+H\cot\alpha)^2 + H^2}{(x+h\cot\alpha)^2 + h^2} + \pi(H-h)\right.$$

$$\left. (2H + x\sin2\alpha)\arctan\frac{x+H\cot\alpha}{H} - (2h + x\sin2\alpha)\arctan\frac{x+h\cot\alpha}{h}\right] \tag{6.35}$$

$$= 2G\rho\left[\pi\frac{H-h}{2} + \varphi_C(H + x\sin\alpha\cos\alpha) - \varphi_A(h + x\sin\alpha\cos\alpha) + x\sin^2\alpha\ln\frac{r_C}{r_A}\right]$$

其中，$\varphi_A = \arctan\dfrac{x+h\cot\alpha}{h}$；$\varphi_C = \arctan\dfrac{x+H\cot\alpha}{H}$；$r_A = \sqrt{(x+h\cot\alpha)^2 + h^2}$；$r_C = \sqrt{(x+H\cot\alpha)^2 + H^2}$。

同理，可得

$$V_{xz} = 2G\rho\sin\alpha\left[\sin\alpha\ln\frac{r_C}{r_A} - \cos\alpha(\varphi_A - \varphi_C)\right] \tag{6.36}$$

$$V_{zz} = 2G\rho\sin\alpha\left[\cos\alpha\ln\frac{r_C}{r_A} + \sin\alpha(\varphi_A - \varphi_C)\right] = -V_{xx} \tag{6.37}$$

$$V_{zzz} = 2G\rho\sin^2\alpha\left[\frac{x+2h\cot\alpha}{r_A^2} - \frac{x+2H\cot\alpha}{r_C^2}\right] \tag{6.38}$$

对垂直台阶 ($\alpha = 90°$)，如图 6.7 (b) 所示，有

$$\Delta g = V_z = 2G\rho\left[\pi(H-h)/2 + \varphi_C H - \varphi_A h + x\ln\frac{r_C}{r_A}\right] \tag{6.39}$$

$$V_{xz} = 2G\rho\ln\frac{r_C}{r_A} \tag{6.40}$$

$$V_{zz} = -V_{xx} = 2G\rho(\varphi_A - \varphi_C) \tag{6.41}$$

$$V_{zzz} = 2G\rho x\left(\frac{1}{r_A^2} - \frac{1}{r_C^2}\right) \tag{6.42}$$

式中，$r_A = (x^2 + h^2)^{1/2}$；$r_C = (x^2 + H^2)^{1/2}$；$\varphi_A = \arctan(x/h)$；$\varphi_C = \arctan(x/H)$。

对如图 6.7 (c) 所示的水平薄层台阶（上顶深度远大于直立台阶厚度 $t = H - h$），由式 (6.39) ~ 式 (6.42) 可得

$$\Delta g = 2G\mu\left(\frac{\pi}{2}+\arctan\frac{x}{D}\right) \tag{6.43}$$

$$V_{xz} = 2G\mu\frac{D}{x^2+D^2} \tag{6.44}$$

$$V_{zz} = -V_{xx} = 2G\mu\frac{x}{x^2+D^2} \tag{6.45}$$

$$V_{zzz} = 4G\mu\frac{Dx}{(x^2+D^2)^2} \tag{6.46}$$

式中，$\mu=\rho(H-h)=\rho t$；$D=(H+h)/2$。

（二）台阶的重力异常特征

这里以向右无限延伸台阶为例，讨论其异常特征，并说明向左无限延伸台阶和断层的异常特征。

1. 平面特征

如图6.8所示的直立台阶 Δg、V_{xz}、V_{zz}、V_{zzz} 平面等值线为一系列平行于台阶走向的直线。如果不注意每条等值线所代表的异常值，其中异常形状差别不大，且与水平圆柱体等值线形状有相似之处。图6.8中给出的立体图显示，沿垂直走向方向上 Δg 异常在台阶的两侧自左向右升高（或自左向右降低呈梯度变化）；V_{xz} 在 $x=0$ 点处向两侧呈均匀递减趋势；V_{zz}、V_{zzz} 则在 $x=0$ 两侧分别出现极值的函数值，其梯度带变化在 $x=0$ 附近最明显。

倾斜台阶的平面等值线在条带状分布的特点上与直立台阶完全一样，但随着台阶倾斜度的变化，沿垂直走向方向上的等值线的梯度（等值线的疏密）会有变化。

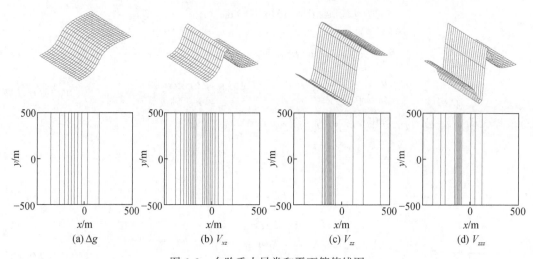

图6.8　台阶重力异常和平面等值线图

2. 剖面特征

（1）直立台阶：直立台阶的 Δg 为单调变化曲线，其剖面图如图6.9（a）所示，当

$x=0$ 时，$\Delta g(0)=\pi G\rho(H-h)=\pi G\rho t$；当 $x\rightarrow-\infty$ 时，$\Delta g(-\infty)=\Delta g_{\min}=0$；$x\rightarrow+\infty$ 时，$\Delta g(\infty)=\Delta g_{\max}=2\pi G\rho(H-h)=2\pi G\rho t$。可见，$\Delta g(0)$ 为 $\Delta g_{\max}$ 的一半，$\Delta g(0)$ 点为 Δg 曲线的拐点，$\Delta g(0)$、$\Delta g_{\max}$ 仅与直立台阶的厚度 t 有关，在直立台阶厚度不变时，随上顶深度增大，$\Delta g(0)$、$\Delta g_{\max}$ 不变，而 Δg 曲线变缓变低。

直立台阶的 V_{xz} 为轴对称曲线，V_{zz}、V_{zzz} 为中心对称曲线，其剖面图见图6.9（b）和（c）。

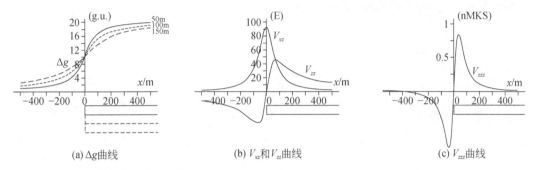

(a) Δg曲线　　　(b) V_{xz}和V_{zz}曲线　　　(c) V_{zzz}曲线

图6.9　直立台阶重力异常剖面图（$h=50\mathrm{m}$、$100\mathrm{m}$、$150\mathrm{m}$，$\rho=1\mathrm{g/cm^3}$，$t=H-h=50\mathrm{m}$）

（2）倾斜台阶：倾斜台阶的 Δg 也是单调变化曲线，其剖面图见图6.10（a），当 $x\rightarrow-\infty$ 时，$\Delta g(-\infty)=\Delta g_{\min}=0$；当 $x\rightarrow\infty$ 时，$\Delta g(\infty)=\Delta g_{\max}=2\pi G\rho t$。但是，$\Delta g(0)\neq\Delta g_{\max}/2$。当 $\alpha<90°$ 时，$\Delta g(0)>\Delta g_{\max}/2$；而当 $\alpha>90°$ 时，$\Delta g(0)<\Delta g_{\max}/2$。$\Delta g(0)$ 点也不是 Δg 曲线的拐点。

倾斜台阶的 V_{xz}、V_{zz}、V_{zzz} 曲线皆不对称，V_{xz} 的极大值点 V_{zz}、V_{zzz} 的零值点的位置向倾斜面的倾向一侧移动。在台阶上顶面深度 h 远小于台阶厚度 t 的情况下，倾向一侧 V_{xz} 曲线较缓，而 V_{zz}、V_{zzz} 的幅值较小，据此可判断倾斜面的倾向，如图6.10（b）、（c）所示。

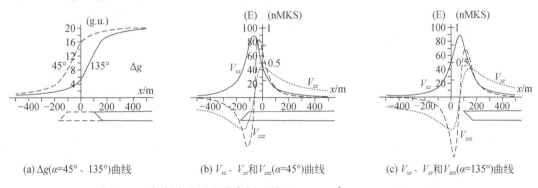

(a) $\Delta g(\alpha=45°、135°)$曲线　　(b) V_{xz}、V_{zz}和$V_{zzz}(\alpha=45°)$曲线　　(c) V_{xz}、V_{zz}和$V_{zzz}(\alpha=135°)$曲线

图6.10　倾斜台阶重力异常剖面图（$\rho=1\mathrm{g/cm^3}$，$t=50\mathrm{m}$，$h=50\mathrm{m}$）

由式（6.36）和式（6.37）可求得

$$\left.\begin{array}{l}V_{xz}(x,180°-\alpha)=V_{xz}(-x,\alpha)\\ V_{zz}(x,180°-\alpha)=-V_{zz}(-x,\alpha)\\ V_{zzz}(x,180°-\alpha)=-V_{zzz}(-x,\alpha)\end{array}\right\} \tag{6.47}$$

可见，$V_{xz}(x,\alpha)$ 和 $V_{xz}(x,180°-\alpha)$ 关于纵轴对称；$V_{zz}(x,\alpha)$ 和 $V_{zz}(x,180°-\alpha)$ 关于原点中心对称；$V_{zzz}(x,\alpha)$ 和 $V_{zzz}(x,180°-\alpha)$ 同样关于原点中心对称。

（3）向左无限延伸台阶：无限水平物质层所产生的引力垂直分量为

$$\Delta g = V_z = \pi G \rho (H-h)$$

从它减去向右无限延伸台阶的重力异常式，便得向左无限延伸的重力异常公式。由于无限水平物质层在空间各点的引力垂直分量为常量，因此，V_z、V_{xz}、V_{zz}、V_{zzz} 都为零。故向左无限延伸台阶的 V_z、V_{xz}、V_{zz}、V_{zzz} 与向右无限延伸台阶的公式只差一个负号。图 6.11 为两种延伸台阶的重力异常剖面曲线对比图。

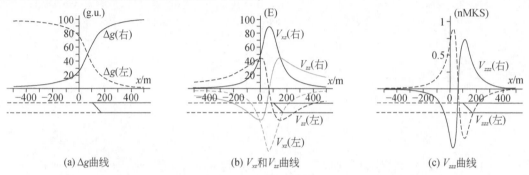

图 6.11　两种不同延伸方向台阶重力异常剖面对比图（$\rho = 1 \mathrm{g/cm^3}$，$t = 50\mathrm{m}$，$h = 50\mathrm{m}$）

（4）断层：断层的重力异常应为厚度相等、上顶面深度不等而水平延伸方向相反的两个台阶的异常之和。

图 6.12 给出了三种不同类型断层的重力异常剖面曲线，在 $x=0$ 和 $x \to \pm\infty$ 时，断层的 $\Delta g = 2\pi G\rho t$（常数），Δg 在 $2\pi G\rho t$（常数）上下变化。但是，常数 $2\pi G\rho t$ 在野外是测不出来的，图 6.12 中纵轴的数值是以常数 $2\pi G\rho t$ 为零而标记的。

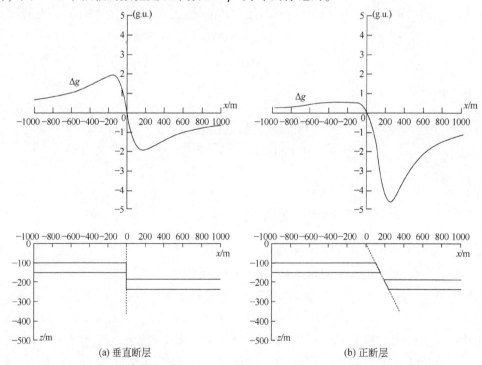

（a）垂直断层　　　　　　　　　　　　　　（b）正断层

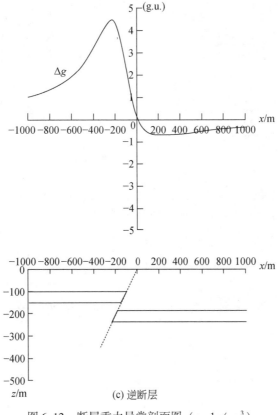

图 6.12 断层重力异常剖面图 ($\rho = 1 \text{g/cm}^3$)

在剩余密度 $\rho > 0$ 的情况下，$\Delta g_{\max}$ 对应上升盘，$\Delta g_{\min}$ 对应下降盘。正断层 $\Delta g_{\min}$ 明显，而逆断层 $\Delta g_{\max}$ 明显，而垂直断层 $\Delta g_{\max} = |\Delta g_{\min}|$。故由断层 Δg 曲线的特征可判断断层性质。

四、板状体的重力异常

一些矿脉、岩脉、岩墙及基底变质岩系等，只要它们沿走向方向较长，在研究它们在地表的异常时，可将它们近似地视为板（脉）状体，板（脉）状体是典型二度体之一。

（一）无限延深板状体的重力异常公式

如图 6.13（a）所示的有限延深板状体，其重力异常公式可利用两个台阶异常公式相减而得到。但是，前面所介绍的台阶异常公式的坐标原点在倾斜面与水平线（x 轴）的交点上。为此，在相减前应统一坐标原点，若以 O_{AB} 为统一原点，则以 CD 为倾斜面的台阶异常公式中的 x 须以 $x-2b$ 替代。习惯上，板状体的坐标原点取在板上顶面中心在 x 轴的投影点 O 处，因此，以 CD 为倾斜面的台阶的公式中的 x 应换成 $x-(b+h\cot\alpha)$，以 AB 为倾斜面的台阶的公式中的 x 应换成 $x+(b-h\cot\alpha)$。可以想象出，有限延深板状体的异常公式冗长。

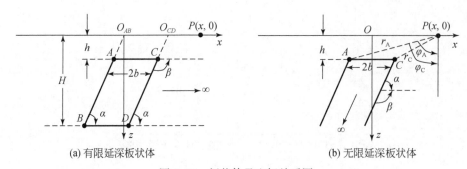

图 6.13　板状体及坐标关系图

这里，我们主要讨论如图 6.13（b）中所示的无限延深板状体的异常，只要令有限延深板状体异常公式中 $H \rightarrow \infty$ 即可得无限延深板状体重力异常公式：

$$\Delta g \rightarrow \infty \tag{6.48}$$

$$V_{xz} = 2G\rho \sin\beta \left[\sin\beta \ln\frac{r_C}{r_A} + \cos\beta(\varphi_A - \varphi_C) \right] \tag{6.49}$$

$$V_{zz} = -V_{xx} = 2G\rho \sin\beta \left[\sin\beta(\varphi_A - \varphi_C) - \cos\beta \ln\frac{r_C}{r_A} \right] \tag{6.50}$$

$$V_{zzz} = 2G\rho \sin^2\beta \left(\frac{x - h\cot\beta + b}{r_A^2} - \frac{x - h\cot\beta - b}{r_C^2} \right) \tag{6.51}$$

式中，$r_A = \sqrt{(x+b)^2 + h^2}$；$r_C = \sqrt{(x-b)^2 + h^2}$；$\varphi_A = \arctan[(x+b)/h]$；$\varphi_C = \arctan[(x-b)/h]$；$\beta$ 为板状体的倾角，此处 β 取 $180° - \alpha$。

板状体可分为厚板和薄板，在重力勘探中，厚板与薄板是一个相对的概念，当 $2b \ll h$ 时，称为薄板，反之为厚板。

对于薄板，因 $\varphi_A - \varphi_C \approx 2bh/(x^2 + h^2)$，$\ln(r_C/r_A) \approx -2bx/(x^2 + h^2)$，所以有

$$V_{xz} = 2G\rho 2b \sin\beta \frac{h\cos\beta - x\sin\beta}{x^2 + h^2} \tag{6.52}$$

$$V_{zz} = -V_{xx} = 2G\rho 2b \sin\beta \frac{h\sin\beta + x\cos\beta}{x^2 + h^2} \tag{6.53}$$

$$V_{zzz} = 2G\rho 2b \sin^2\beta / (x^2 + h^2) \tag{6.54}$$

若令式（6.49）~式（6.51）中 $\beta = 90°$，则可得直立无限延深板状体的 V_{xz}、V_{zz} 和 V_{zzz} 的公式：

$$V_{xz} = 2G\rho \ln r_C / r_A \tag{6.55}$$

$$V_{zz} = -V_{xx} = 2G\rho(\varphi_A - \varphi_C) \tag{6.56}$$

$$V_{zzz} = 2G\rho \left(\frac{x+b}{r_A^2} - \frac{x-b}{r_C^2} \right) \tag{6.57}$$

（二）板状体的重力异常特征

1. 无限延伸板状体的剖面特征

直立板状体的 V_{xz} 为中心对称曲线，而 V_{zz} 为轴对称曲线，其剖面异常如图 6.14（a）

所示，倾斜板状体 V_{xz} 和 V_{zz} 皆为非对称曲线，剖面异常如图6.14（b）和（c）所示。V_{xz} 的零点值和 V_{zz} 的极大值点向板状体的倾向一侧移动，倾向一侧 V_{zz} 曲线较缓，V_{xz} 幅值较小而 V_{zz} 幅值较大。因此，由板状体的 V_{xz} 和 V_{zz} 曲线可判断板状体的倾向。由式（6.49）~式（6.51）可得

$$\left.\begin{array}{l} V_{xz}(x,180°-\beta) = -V_{xz}(-x,\beta) \\ V_{zz}(x,180°-\beta) = V_{zz}(-x,\beta) \\ V_{zzz}(x,180°-\beta) = V_{zzz}(-x,\beta) \end{array}\right\} \qquad (6.58)$$

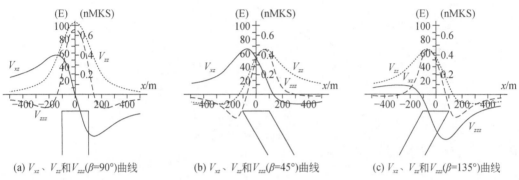

(a) V_{xz}、V_{zz} 和 V_{zzz}（$\beta=90°$）曲线　　(b) V_{xz}、V_{zz} 和 V_{zzz}（$\beta=45°$）曲线　　(c) V_{xz}、V_{zz} 和 V_{zzz}（$\beta=135°$）曲线

图 6.14　无限延深板状体重力异常剖面图（$b=100\text{m}$、$h=100\text{m}$、$\rho=0.5\text{g/cm}^3$）

2. 有限延深板状体的剖面特征

有限延深板状体也是一种常见的二度体模型，图6.15给出了其 Δg、V_{xz}、V_{zz} 的剖面异常示意曲线。可见，有限延深板状体的倾向一侧，Δg、V_{zz} 曲线较缓，而 V_{xz} 的幅值较小，且 V_{zz} 的正值两侧均有负值，这是有限延深地质体异常的基本特征。

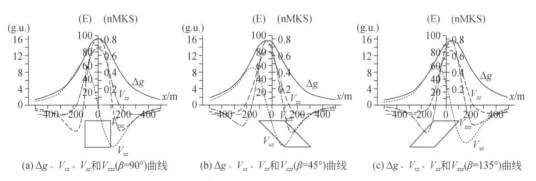

(a) Δg、V_{xz}、V_{zz} 和 V_{zzz}（$\beta=90°$）曲线　　(b) Δg、V_{xz}、V_{zz} 和 V_{zzz}（$\beta=45°$）曲线　　(c) Δg、V_{xz}、V_{zz} 和 V_{zzz}（$\beta=135°$）曲线

图 6.15　不同倾向有限延深板状体 Δg、V_{xz}、V_{zz} 和 V_{zzz} 异常剖面示意图

（$b=100\text{m}$、$h=100\text{m}$、$H=200\text{m}$、$\rho=0.5\text{g/cm}^3$）

五、长方体的重力异常

长方体（直角棱柱体）是一个很有实际意义的地质体模型，当底面很深时可代表侵入

岩，当厚度较小时可表示岩床等。

由式（2.38）可知，引用分部积分法、变量置换法及其他基本积分公式，可求得如图 6.16 所示的有限延深长方体重力异常公式，即

$$\Delta g = G\rho \left\{ -(x-\xi)\ln\left[r+(y-\eta)\right] - (y-\eta)\ln\left[r+(x-\xi)\right] + (z-\zeta) \right.$$

$$\left. \arctan\frac{(x-\xi)(y-\eta)}{(z-\zeta)r} \right\} \left| \begin{matrix} \xi_2 \\ \xi_1 \end{matrix} \right| \begin{matrix} \eta_2 \\ \eta_1 \end{matrix} \left| \begin{matrix} \zeta_2 \\ \zeta_1 \end{matrix} \right. \tag{6.59}$$

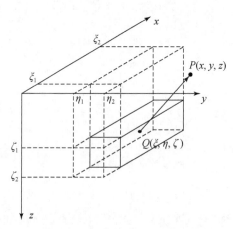

图 6.16　长方体及其坐标关系

同理，由式（2.39）~式（2.45）求得

$$V_{xy} = -G\rho\ln\left[r+(z-\zeta)\right] \left| \begin{matrix} \xi_2 \\ \xi_1 \end{matrix} \right| \begin{matrix} \eta_2 \\ \eta_1 \end{matrix} \left| \begin{matrix} \zeta_2 \\ \zeta_1 \end{matrix} \right. \tag{6.60}$$

$$V_{xz} = -G\rho\ln\left[r+(y-\eta)\right] \left| \begin{matrix} \xi_2 \\ \xi_1 \end{matrix} \right| \begin{matrix} \eta_2 \\ \eta_1 \end{matrix} \left| \begin{matrix} \zeta_2 \\ \zeta_1 \end{matrix} \right. \tag{6.61}$$

$$V_{yz} = -G\rho\ln\left[r+(x-\xi)\right] \left| \begin{matrix} \xi_2 \\ \xi_1 \end{matrix} \right| \begin{matrix} \eta_2 \\ \eta_1 \end{matrix} \left| \begin{matrix} \zeta_2 \\ \zeta_1 \end{matrix} \right. \tag{6.62}$$

$$V_{xx} = G\rho\arctan\frac{(y-\eta)(z-\zeta)}{(x-\xi)r} \left| \begin{matrix} \xi_2 \\ \xi_1 \end{matrix} \right| \begin{matrix} \eta_2 \\ \eta_1 \end{matrix} \left| \begin{matrix} \zeta_2 \\ \zeta_1 \end{matrix} \right. \tag{6.63}$$

$$V_{yy} = G\rho\arctan\frac{(x-\xi)(z-\zeta)}{(y-\eta)r} \left| \begin{matrix} \xi_2 \\ \xi_1 \end{matrix} \right| \begin{matrix} \eta_2 \\ \eta_1 \end{matrix} \left| \begin{matrix} \zeta_2 \\ \zeta_1 \end{matrix} \right. \tag{6.64}$$

$$V_{zz} = G\rho\arctan\frac{(x-\xi)(y-\eta)}{(z-\zeta)r} \left| \begin{matrix} \xi_2 \\ \xi_1 \end{matrix} \right| \begin{matrix} \eta_2 \\ \eta_1 \end{matrix} \left| \begin{matrix} \zeta_2 \\ \zeta_1 \end{matrix} \right. \tag{6.65}$$

$$V_{zzz} = -G\rho\frac{(x-\xi)(y-\eta)\left[r^2+(z-\zeta)^2\right]}{\left[(x-\xi)^2+(z-\zeta)^2\right]\left[(y-\eta)^2+(z-\zeta)^2\right]r} \left| \begin{matrix} \xi_2 \\ \xi_1 \end{matrix} \right| \begin{matrix} \eta_2 \\ \eta_1 \end{matrix} \left| \begin{matrix} \zeta_2 \\ \zeta_1 \end{matrix} \right. \tag{6.66}$$

式中，$r = \sqrt{(x-\xi)^2+(y-\eta)^2+(z-\zeta)^2}$。

对无限延深（$\zeta_2 \rightarrow \infty$）直角棱柱体，由式（2.36）~式（2.42）可得

$$\Delta g = G\rho \left\{ -(x-\xi)\ln\left[r+(y-\eta)\right] - (y-\eta)\ln\left[r+(x-\xi)\right] \right.$$

$$+(z-\zeta_1)\arctan\frac{(x-\xi)(y-\eta)}{(z-\zeta_1)r}\}\ \begin{vmatrix}\xi_2\\\xi_1\end{vmatrix}\begin{matrix}\eta_2\\\eta_1\end{matrix} \tag{6.67}$$

$$V_{xy}=G\rho\ln\left[r+(z-\zeta_1)\right]\ \begin{vmatrix}\xi_2\\\xi_1\end{vmatrix}\begin{matrix}\eta_2\\\eta_1\end{matrix} \tag{6.68}$$

$$V_{xz}=G\rho\ln\left[r+(y-\eta)\right]\ \begin{vmatrix}\xi_2\\\xi_1\end{vmatrix}\begin{matrix}\eta_2\\\eta_1\end{matrix} \tag{6.69}$$

$$V_{yz}=G\rho\ln\left[r+(x-\xi)\right]\ \begin{vmatrix}\xi_2\\\xi_1\end{vmatrix}\begin{matrix}\eta_2\\\eta_1\end{matrix} \tag{6.70}$$

$$V_{xx}=-G\rho\left[\arctan\frac{(y-\eta)(z-\zeta_1)}{(x-\xi)r}+\arctan\frac{y-\eta}{x-\xi}\right]\ \begin{vmatrix}\xi_2\\\xi_1\end{vmatrix}\begin{matrix}\eta_2\\\eta_1\end{matrix} \tag{6.71}$$

$$V_{yy}=-G\rho\left[\arctan\frac{(x-\xi)(z-\zeta_1)}{(y-\eta)r}+\arctan\frac{x-\xi}{y-\eta}\right]\ \begin{vmatrix}\xi_2\\\xi_1\end{vmatrix}\begin{matrix}\eta_2\\\eta_1\end{matrix} \tag{6.72}$$

$$V_{zz}=-G\rho\arctan\frac{(x-\xi)(y-\eta)}{(z-\zeta_1)r}\ \begin{vmatrix}\xi_2\\\xi_1\end{vmatrix}\begin{matrix}\eta_2\\\eta_1\end{matrix} \tag{6.73}$$

式中，$r=\sqrt{(x-\xi)^2+(y-\eta)^2+(z-\zeta_1)^2}$。

令式（6.73）中 $z=0$，则得水平面（xOy 面）内的异常公式，令 $x=y=z=0$，则得以计算点为坐标原点的异常公式。

第三节 简单条件下非规则地质体重力异常

自然界中存在的地质体无论其外形还是密度分布都是相当复杂的，要想把它们都化简为规则几何形体或多个规则形体的组合再进行计算是非常困难的，所以为了便于实现更复杂的正演计算，还需要研究非规则形体的正演计算方法。

一、多边形截面二度体重力异常正演

对于横截面为任意形状的地质体，可以用多边形来逼近其截面的形状（图 6.17）。只要给出多边形各个角点的坐标，就可以用解析式计算出二度体的重力异常。显然，计算精度取决于多边形逼近任意形状横截面的程度。

多边形截面如图 6.17 所示，在计算中首先用计算点 O 与多边形各边组成 ΔOAB、ΔOBC，…，ΔOGA 等多个三角形，然后顺时针给各个三角形赋以正、负号（顺时针为正，逆时针为负）。分别计算各三角形截面积在 O 点引起的正、负重力异常，求和后，即能得出整个多边形 $AB\cdots G$ 在 O 点产生的重力异常。

根据水平圆柱体的计算公式，已知一条不通过 z 轴、沿 y 方向无限延伸的物质线在坐标原点引起的重力异常为

$$\Delta g=\frac{2G\lambda\zeta}{\xi^2+\zeta^2} \tag{6.74}$$

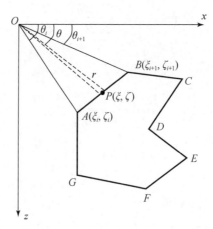

图 6.17　多边形截面二度体示意图

引入极坐标后，$\Delta g = 2G\rho\sin\theta \mathrm{d}\theta \mathrm{d}r$，则整个三角形 OAB 在原点 O 引起的重力异常为

$$\Delta g_i = 2G\rho \int_{\theta_i}^{\theta_{i+1}} \int_0^r \sin\theta \mathrm{d}\theta \mathrm{d}r \tag{6.75}$$

由于 $\mathrm{d}r\sin\theta = \mathrm{d}\zeta$，

$$\Delta g_i = 2G\rho \int_{\theta_i}^{\theta_{i+1}} \int_0^{\zeta} \mathrm{d}\theta \mathrm{d}\zeta = 2G\rho \int_{\theta_i}^{\theta_{i+1}} \zeta \mathrm{d}\theta \tag{6.76}$$

根据 A、B 两点直线方程以及 $\xi = \zeta\cot\theta$，对于 AB 上任意一点有

$$\zeta = \frac{\xi_i\zeta_{i+1} - \zeta_i\xi_{i+1}}{(\zeta_{i+1} - \zeta_i)\cot\theta - (\xi_{i+1} - \xi_i)} \tag{6.77}$$

将式（6.77）代入式（6.76）中，然后积分得

$$\Delta g_i = \frac{G\rho(\xi_i\zeta_{i+1} - \zeta_i\xi_{i+1})}{(\xi_{i+1} - \xi_i)^2 + (\zeta_{i+1} - \zeta_i)^2}\left[2(\xi_{i+1} - \xi_i)\arctan\frac{\xi_i\zeta_{i+1} - \zeta_i\xi_{i+1}}{\xi_i\xi_{i+1} + \zeta_i\zeta_{i+1}} + (\zeta_{i+1} - \zeta_i)\ln\frac{\xi_{i+1}^2 + \zeta_{i+1}^2}{\xi_i^2 + \zeta_i^2}\right] \tag{6.78}$$

整个二度体在 O 点引起的重力异常，即横截面为 ΔOAB，ΔOBC，$\cdots$，ΔOGA 等 n 个二度体在 (x, z) 点引起重力异常为

$$\begin{aligned}
\Delta g = G\rho \sum_{i=1}^n \Bigg\{ &\frac{(x - \xi_i)(z - \zeta_{i+1}) - (x - \xi_{i+1})(z - \zeta_i)}{(\xi_{i+1} - \xi_i)^2 + (\zeta_{i+1} - \zeta_i)^2} \\
&\left[2(\xi_{i+1} - \xi_i)\arctan\frac{(x - \xi_i)(z - \zeta_{i+1}) - (x - \xi_{i+1})(z - \zeta_i)}{(x - \xi_i)(z - \zeta_i) - (x - \xi_{i+1})(z - \zeta_{i+1})}\right. \\
&\left.+ (\zeta_{i+1} - \zeta_i)\frac{(x - \xi_{i+1})^2 + (z - \zeta_{i+1})^2}{(x - \xi_i)^2 + (z - \zeta_i)^2}\right]\Bigg\}
\end{aligned} \tag{6.79}$$

且 $i = n+1$ 时，令 $i = 1$。

二、任意多面体重力异常正演

相比于二度体实际情况中的三度体更为常见，对于任意形状的三度体，可以用多面体来逼近其形状，如图 6.18（a）所示。给出多面体各个角点的坐标，就可以用解析式计算出三度体的重力异常。

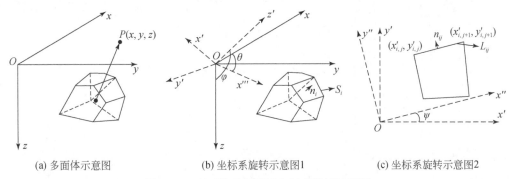

(a) 多面体示意图　　　　　　　(b) 坐标系旋转示意图1　　　　　　　(c) 坐标系旋转示意图2

图 6.18　多面体示意图及坐标系旋转示意图

对于如图 6.18 所示的多面体在原点处产生的重力异常，依据高斯散度定理我们可以将（2.34）式写为如下积分的形式：

$$\Delta g = - G\rho \iint_{S_A} \frac{\cos\varphi}{(x^2 + y^2 + z^2)^{1/2}} \mathrm{d}s$$

$$= - G\rho \sum_{i=1}^{n} \cos\varphi_i \iint_{S_i} (x^2 + y^2 + z^2)^{-1/2} \mathrm{d}s \qquad (6.80)$$

式中，φ_i 为 S_i 面外法线与 z 轴的夹角。若该多面体有 n 个面，通过这种方式我们就可以将其转化为 n 个面积分求和的形式。在计算第 i 个面的积分时，为便于计算，我们通过坐标旋转的方式使新的 z 轴与该面的外法线方向一致［图 6.18（b）］，即先将坐标轴以 z 轴为中心旋转 θ_i，得到 x''' 轴与 y' 轴，其中 x''' 轴与 S_i 面外法线在 xOy 平面投影方向一致；之后以 y' 轴为中心旋转 φ_i 得到 x'、y'、z' 坐标系，且 z' 轴与 S_i 面的外法线方向一致。因此，两坐标系间坐标转换公式如下：

$$\begin{bmatrix} x' \\ y' \\ z' \end{bmatrix} = \begin{bmatrix} \cos\varphi_i & 0 & -\sin\varphi_i \\ 0 & 1 & 0 \\ \sin\varphi_i & 0 & \cos\varphi_i \end{bmatrix} \begin{bmatrix} \cos\theta_i & \sin\theta_i & 0 \\ -\sin\theta_i & \cos\theta_i & 0 \\ 0 & 0 & 1 \end{bmatrix} \begin{bmatrix} x \\ y \\ z \end{bmatrix} \qquad (6.81)$$

式中，θ_i 为 S_i 面外法线在 xOy 平面的投影与 x 轴的夹角；φ_i 为 S_i 面外法线与 z 轴的夹角。将其代入式（6.80）中并依据格林公式，我们可以将 S_i 面内的面积分进一步转换为线积分：

$$J_{ij} = \iint_{S_i} (x'^2 + y'^2 + z'^2)^{-1/2} \mathrm{d}s$$

$$= \sum_{j=1}^{m_i} \cos\psi_{ij} \int_{L_{ij}} \ln(y' + \sqrt{x'^2 + y'^2 + z'^2}) \, \mathrm{d}l \qquad (6.82)$$

在计算第 j 条线的积分时，为便于计算，我们通过坐标旋转的方式使新的 y 轴与该线垂直，如图 6.18（c）所示。因此，两坐标系间坐标转换公式如下：

$$\begin{bmatrix} x'' \\ y'' \end{bmatrix} = \begin{bmatrix} \cos\psi_{ij} & \sin\psi_{ij} \\ -\sin\psi_{ij} & \cos\psi_{ij} \end{bmatrix} \begin{bmatrix} x' \\ y' \end{bmatrix} \qquad (6.83)$$

将其代入式 (6.82) 并积分, 可得最终的四面体正演公式:

$$\Delta g = G\rho \sum_{i=1}^{n} \cos\varphi_i \sum_{j=1}^{m_i} J_{ij} \tag{6.84}$$

$$
\begin{aligned}
J_{ij} &= \cos\psi_{ij} \int_{x''_{i,j}}^{x''_{i,j+1}} \ln\left[x''\sin\psi_{ij} + y''\cos\psi_{ij} + \sqrt{(x''^2 + y''^2 + z'^2_i)} \right] \mathrm{d}x'' \\
&= \left\{ (x'\sin\psi_{ij} - y'\cos\psi_{ij})\ln\left[x'\cos\psi_{ij} + y'\sin\psi_{ij} + \sqrt{x'^2 + y'^2 + z'^2_i} \right] \right. \\
&\quad \left. - 2z'_i \arctan \frac{(1+\sin\psi_{ij})\left[y' + \sqrt{x'^2+y'^2+z'^2_i} \right] + x'\cos\psi_{ij}}{z'^2_i \cos\psi_{ij}} \right\} \left| \begin{array}{c} (x'_{i,j+1}, y'_{i,j+1}) \\ (x'_{i,j}, y'_{i,j}) \end{array} \right.
\end{aligned} \tag{6.85}
$$

其中, $\cos\psi_{ij} = \dfrac{x'_{i,j+1} - x'_{i,j}}{\sqrt{(x'_{i,j+1} - x'_{i,j})^2 + (y'_{i,j+1} - y'_{i,j})^2}}$, $\sin\psi_{ij} = \dfrac{y'_{i,j+1} - y'_{i,j}}{\sqrt{(x'_{i,j+1} - x'_{i,j})^2 + (y'_{i,j+1} - y'_{i,j})^2}}$。

第四节　密度分界面重力异常

　　研究地质构造的问题, 常常要计算一个或多个密度分界面引起的重力异常。当界面两侧密度差是常数时, 多个密度界面重力异常的计算可分解为几个单个界面异常的计算。

　　假设地下界面 S 的上下物质层的密度分别为 ρ_1 和 ρ_2, 为了计算 S 界面的起伏在地表引起的重力异常, 可以采用下列三种基准面以构成引起重力异常的剩余质量 (图 6.19): 由地面与 S 面构成的物质层, 此时剩余密度 $\rho = \rho_1 - \rho_2$; S 面与其下方某一水平面 H_1 构成的物质层, 剩余密度应是 $\rho' = \rho_2 - \rho_1$; 穿过 S 面的某一水平面 H_2 与 S 面构成的物质层, 其可分为两部分相应的剩余密度分别为 ρ' 和 ρ。可以证明, 不论何种方案, 计算所得重力异常彼此形态 (相对变化) 完全一样, 只相差某一个常数。在多个界面情况下, 为方便起见, 一般都是以地面为起算面, 逐一将各界面与地面构成一个物质层, 取相应的剩余密度进行正演计算。

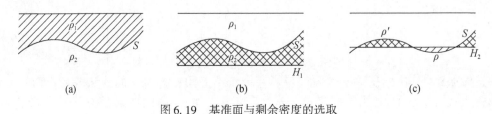

图 6.19　基准面与剩余密度的选取

一、单一密度界面的重力异常

　　密度界面的正反演计算, 在区域地质、深部地质构造的研究中应用较广泛, 且多限于界面两侧的密度均匀的单一界面的情况, 对界面两侧密度不均匀和多个界面条件下的正反演方法还处在探索阶段。

（一）关于密度分布的等效性问题

以如图 6.20 所示的二度界面为例，说明密度分布的等效性，图 6.20 中 S 为二维密度分界面，ρ_1 和 ρ_2 分别为界面上下物质层的密度，x 轴与界面走向垂直，界面与平行铅直向下的所有直线只有一个交点。

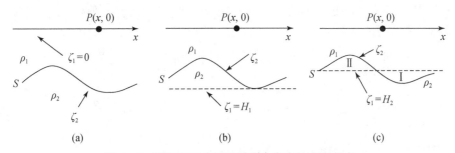

图 6.20　研究密度分界面时剩余密度的选取方式

计算界面在地表所产生的重力异常，可采用不同计算方案。

首先，取地面（$\zeta_1=0$）为起算平面，地面与界面间为剩余密度 $\rho=\rho_1-\rho_2$ 的物质层，如图 6.20（a）所示。由式（2.46）可知，该物质层在地面 $P(x, 0)$ 点的重力异常为

$$\Delta g = 2G\rho \int_{-\infty}^{\infty} \int_{0}^{\zeta_2} \frac{\zeta \mathrm{d}\zeta \mathrm{d}\xi}{(x-\xi)^2 + \zeta^2} = G\rho \int_{-\infty}^{\infty} \ln\left[(x-\xi)^2 + \zeta^2\right]\Big|_0^{\zeta_2} \mathrm{d}\xi \qquad (6.86)$$

其次，取界面最深点以下某一水平面为起算平面（$\zeta_1=H_1$），起算平面与界面间剩余密度为 $\rho'=\rho_1-\rho_2$ 的物质层，如图 6.20（b）所示。该物质层在地面 $P(x, 0)$ 点所产生的重力异常为

$$\Delta g = G\rho' \int_{-\infty}^{\infty} \ln\left[(x-\xi)^2 + \zeta^2\right]\Big|_{\zeta_2}^{\zeta_1=H_1} \mathrm{d}\xi = G\rho \int_{-\infty}^{\infty} \ln\left[(x-\xi)^2 + \zeta^2\right]\Big|_{\zeta_1=H_1}^{\zeta_2} \mathrm{d}\xi$$

$$(6.87)$$

最后，取过界面上的某一点的水平面（$\zeta_1=H_2$）为起算平面，起算平面将界面分为 I 和 II 两部分，如图 6.20（c）所示。由前面的讨论可知，这两部分在地面 $P(x, 0)$ 点所产生的重力异常应为

$$\Delta g = G\rho \int_{\mathrm{I}} \ln\left[(x-\xi)^2 + \zeta^2\right]\Big|_{\zeta_1=H_2}^{\zeta_2} \mathrm{d}\xi + G\rho' \int_{\mathrm{II}} \ln\left([(x-\xi)^2 + \zeta^2]\right)\Big|_{\zeta_2}^{\zeta_1=H_2} \mathrm{d}\xi$$

$$= G\rho \int_{\mathrm{I}} \ln\left[(x-\xi)^2 + \zeta^2\right]\Big|_{\zeta_1=H_2}^{\zeta_2} \mathrm{d}\xi + G\rho \int_{\mathrm{II}} \ln\left([(x-\xi)^2 + \zeta^2]\right)\Big|_{\zeta_1=H_2}^{\zeta_2} \mathrm{d}\xi$$

$$= G\rho \int_{-\infty}^{\infty} \ln\left[(x-\xi)^2 + \zeta^2\right]\Big|_{\zeta_1=H_2}^{\zeta_2} \mathrm{d}\xi$$

$$(6.88)$$

比较式（6.86）、式（6.87）可见，两者仅差一个厚度为 H_1 的无限大水平物质层的重力异常值，且此差值为 $2\pi G\rho H_1$，而式（6.86）和式（6.88）只相差 $2\pi G\rho H_2$。

以上结果说明，在研究密度界面的正问题时，起算平面不同，剩余密度不同，但是重力异常的形态却相同，彼此仅差一个常数，称其为密度分布的等效性。

（二） 单一密度界面的重力异常的正演计算方法

设密度界面 S 的起伏 Δh 远小于界面的平均深度 h_0，界面上下密度 ρ_1 和 ρ_2 均匀，取计算点为坐标原点，界面上任意点深度为 $h = h_0 + \Delta h$，如图 6.21 （a） 所示。由式 （2.38） 可知，界面以上的剩余质量在计算点所产生的重力异常为

$$
\begin{aligned}
\Delta g &= G\rho \iiint \frac{\zeta \mathrm{d}\xi \mathrm{d}\eta \mathrm{d}\zeta}{(\xi^2 + \eta^2 + \zeta^2)^{3/2}} = G\rho \int_{-\infty}^{\infty} \int_{-\infty}^{\infty} \mathrm{d}\xi \mathrm{d}\eta \int_0^h \frac{\zeta \mathrm{d}\zeta}{(\xi^2 + \eta^2 + \zeta^2)^{3/2}} \\
&= G\rho \int_{-\infty}^{\infty} \int_{-\infty}^{\infty} \mathrm{d}\xi \mathrm{d}\eta \int_0^{h_0} \frac{\zeta \mathrm{d}\zeta}{(\xi^2 + \eta^2 + \zeta^2)^{3/2}} + G\rho \int_{-\infty}^{\infty} \int_{-\infty}^{\infty} \mathrm{d}\xi \mathrm{d}\eta \int_{h_0}^h \frac{\zeta \mathrm{d}\zeta}{(\xi^2 + \eta^2 + \zeta^2)^{3/2}}
\end{aligned}
$$

$$(6.89)$$

由无限延伸水平物质层重力异常公式可得

$$\Delta g = 2\pi G\rho h_0 + \mu \tag{6.90}$$

其中，

$$
\begin{aligned}
\mu &= G\rho \int_{-\infty}^{\infty} \int_{-\infty}^{\infty} \mathrm{d}\xi \mathrm{d}\eta \int_{h_0}^h \frac{\zeta \mathrm{d}\zeta}{(\xi^2 + \eta^2 + \zeta^2)^{3/2}} \\
&= G\rho \int_{-\infty}^{\infty} \int_{-\infty}^{\infty} \left[\frac{1}{(\xi^2 + \eta^2 + h_0^2)^{1/2}} - \frac{1}{(\xi^2 + \eta^2 + h^2)^{1/2}} \right] \mathrm{d}\xi \mathrm{d}\eta
\end{aligned}
$$

$$(6.91)$$

将式 （6.91） 被积函数中的第二项，在 h_0 邻域内展成泰勒级数。考虑到 $\Delta h < h_0$，忽略二次以上的项得

$$\mu \approx G\rho \int_{-\infty}^{\infty} \int_{-\infty}^{\infty} \frac{h_0 \Delta h}{(\xi^2 + \eta^2 + \zeta^2)^{3/2}} \mathrm{d}\xi \mathrm{d}\eta \tag{6.92}$$

实际上，μ 是相对于平均深度的界面起伏所产生的重力异常。式中，$\rho = \rho_1 - \rho_2$。

若以如图 6.21 （b） 所示的点距 （$\Delta\xi$）、线距 （$\Delta\eta$），划分式 （6.92） 的积分区域，则界面起伏部分被分成若干个截面积为 $\Delta S = \Delta\xi \Delta\eta$ 的有限延深直角棱柱体，对第 i 行、第 i 列任意一棱柱体应有

$$
\begin{aligned}
\mu_{ij} &\approx G\rho \int_{(i-1/2)\Delta\xi}^{(i+1/2)\Delta\xi} \mathrm{d}\xi \int_{(j-1/2)\Delta\eta}^{(j+1/2)\Delta\eta} \frac{h_0 \Delta h_{ij}}{(\xi^2 + \eta^2 + h_0^2)^{3/2}} \mathrm{d}\eta \\
&= G\rho \Delta h_{ij} \arctan \frac{\xi\eta}{h_0 (\xi^2 + \eta^2 + h_0^2)^{1/2}} \left| \begin{array}{c} (i+1/2)\Delta\xi \\ (i-1/2)\Delta\xi \end{array} \right. \left| \begin{array}{c} (j+1/2)\Delta\eta \\ (j-1/2)\Delta\eta \end{array} \right.
\end{aligned}
$$

$$(6.93)$$

界面起伏引起的重力异常为

$$\mu = G\rho \sum_{j=-m}^{m} \sum_{i=-n}^{n} \mu_{ij} \tag{6.94}$$

式中，$2m \times 2n$ 为棱柱体的个数；Δh_{ij} 为第 （i，j） 个棱柱体的厚度。

在应用式 （6.94） 时，界面起伏 Δh 是相对于界面平均深度 h_0 的，界面在 h_0 以上时 Δh 为负，反之 Δh 为正。

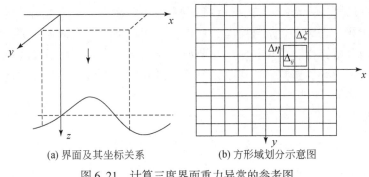

(a) 界面及其坐标关系   (b) 方形域划分示意图

图 6.21 计算三度界面重力异常的参考图

二、叠加场源重力异常计算

对自然界中存在着的不同空间位置、不同形态以及不同物性参数的地质体相互穿插和相距较近的情况，据物理场的可加性质，多个地质体共同产生的异常等于各个地质体产生的异常之和，并称其为叠加异常。

叠加异常公式等于各个单一地质体异常公式相加，但先要统一坐标原点。例如，球体与无限长水平圆柱体（轴线与 y 轴平行）共同产生的重力异常公式为

$$\Delta g = Gm \frac{h_1}{\left[(x-\xi_1)^2 + (y-\eta_1) + h_1^2 \right]^{3/2}} + 2G\lambda \frac{h_2}{(x-\xi_2)^2 + h_2^2} \qquad (6.95)$$

式中，(ξ_1, η_1, h_1) 为球心坐标；(ξ_2, h_2) 为无限长水平圆柱体轴线坐标。

图 6.22 给出了几种简单叠加异常，其中图 6.22（a）是水平圆柱体与水平物质半平面的叠加重力异常剖面图；图 6.22（b）是四个直立无限延深板状体的叠加重力异常剖面图；图 6.22（c）是一个线性变化的重力异常与两个球体产生重力异常的叠加，上图为剖面图，下图为平面等值线图，左侧是高密度球体（剩余密度 $\rho>0$）使等值线向异常降低方向弯曲，右侧是低密度球体（$\rho<0$）使等值线向异常升高方向弯曲。

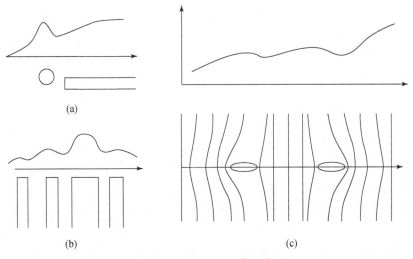

(a)

(b)   (c)

图 6.22 叠加重力异常示意图

　　由图 6.22 可见，每个地质体的异常特征都发生了畸变。尽管如此，异常图形仍能显示出地质体的个数。在研究叠加异常时，通常将范围较小的异常称为局部异常，而将范围较大的异常称为区域异常。叠加异常的复杂程度与地质体个数、地质体的赋存状态及其物性参数有关，实际的叠加异常往往更复杂，为了研究它们必须对实际异常进行一定的简化处理。

习　　题

　　（1）在广阔平坦地区的地下有一个半径为 6m、中心深度为 10m 的充满水的洞穴，洞穴周围表土的密度为 $2.3g/cm^3$，试回答用一台观测精度为 $±1.0g.u.$ 的重力仪能否确定这个洞？

　　（2）在图 6.23 中的各剖面上画出重力异常 Δg、V_{xz}、V_{zz}、V_{zzz} 的示意曲线。

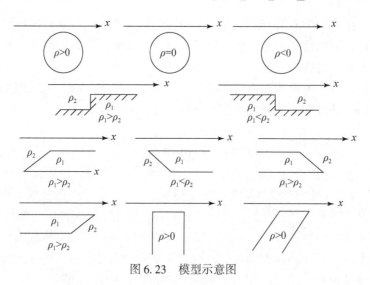

图 6.23　模型示意图

　　（3）当球体、无限长水平圆柱体的深度增大一倍时，Δg_{max} 将各为原值的多少倍？Δg 的剖面（或主剖面）曲线的宽度（将 $\Delta g_{max}/2$ 两点的水平距离视为曲线的宽度）和最大水平变化率各为原值的多少倍？

　　（4）对水平物质半平面，试证明：

　　①$\Delta g_{max}=\Delta g(x)+\Delta g(-x)=2\Delta g(0)$；

　　②Δg 曲线的拐点即为坐标原点。

　　（5）在一个出露范围较大岩体表面中点上的重力异常为 200g. u.，已知岩体密度为 $3.0g/m^3$、围岩密度为 $2.0g/m^3$，试估算重力异常是否单纯由该岩体所引起的？

　　（6）指出下列叙述中的错误所在：

　　①一个背斜构造，它一定会产生一个正的重力异常；而一个向斜构造上则一定是一个负异常。

　　②一个地质体引起的重力异常越大，它所对应的重力水平梯度也一定大。

③两个同样形状和大小的地质体一定产生完全一样的重力异常。

④同一个地质体，当埋深不变，仅剩余密度加大一倍（如设 $\rho = 1\text{g/cm}^3$ 和 2g/cm^3 两种情形），则在过中心剖面上两种情况下的 Δg 异常曲线数值也相差一倍，所以两条异常曲线互相平行。

（7）当球体、水平圆柱体和铅垂台阶的中心埋深都是 D，剩余密度都是 ρ，且台阶的厚度正好是球体与水平圆柱体的半径 R 的两倍（$R \leqslant D$）时，求 $\Delta g_{\max}^{球} : \Delta g_{\max}^{柱} : \Delta g_{\max}^{台}$。

（8）已知计算铅垂物质线段的 Δg 正演公式为

$$\Delta g = G\lambda \left(\frac{1}{(x^2+h^2)^{1/2}} - \frac{1}{(x^2+H^2)^{1/2}} \right)$$

式中，h、H 为物质线段顶与底的深度；λ 为线密度。试导出当 $H \to \infty$ 时，由 Δg 曲线反演求解 h 和 λ 的解析式。

（9）如果利用与无限长水平圆柱体走向斜交的观测剖面上测得的 Δg 异常曲线来反演该物体的参数，其结果会产生什么样的失真？

（10）应用平板公式 $\Delta g = 2\pi G\rho (H-h)$，在 ρ 已知时，请问：

①利用该式做正演估算由两测点下方密度界面相对起伏而引起的异常值时，是最大可能值还是最小可能值，为什么？

②利用该式作反演估算，是从两点间的异常差值来计算下方界面的深度差，这深度差是最大可能值还是最小可能值，为什么？

（11）图 6.24 是在一个盐丘上测得的重力异常曲线，已知围岩的平均密度为 2.4g/cm^3，盐丘的密度为 2.1g/cm^3。为计算方便，将盐丘看作球体，请利用 Δg 曲线求盐丘的中心埋深和顶部埋深（提示：实测 Δg 曲线不够对称，计算 $x/2$ 处的 Δg 值时应取两边平均值）。

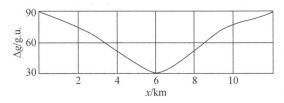

图 6.24　盐丘重力异常

第七章 重力资料地质解释及实例应用

重力资料的解释是利用实测数据或经适当处理获得的重力异常，结合工区地质条件和地质资料（岩、矿石的物性参数等），说明引起异常的地质原因，做出相应结论或推断。解释结果的优劣程度既取决于实测资料的质量，也取决于解释人员对重力场及地质理论的把握经验和认知水平。因此，实际解释和地质推断工作应当结合其他地球物理及地质钻探等综合资料，方可获得较为可靠的结论和认识。

第一节 重力异常地质解释概述

重力异常是物质密度分布不均匀而引起的重力的变化，包含了丰富的信息。无论是地壳深部构造与地壳均衡状态的研究，还是矿产与油气资源普查、勘探，或是高精度重力测量在工程勘察、考古、水文及其他资源勘查方面的应用等诸多地质任务，都可能需要利用重力资料和重力方法来进行研究和解决。面向不同的解释目标和任务，重力解释内容、方法、步骤会存在一定差别，但一般来说其基本步骤大致相同，主要可分为以下四个方面。

一、重力资料的分析与检查

重力资料的分析与检查是决定后期解释效果的前提条件。为保障资料完整、可靠，在解释前应主要分析重力观测精度的高低、有无系统误差、是否存在自然或人文干扰因素，以及测网、线比例尺能否足以反映所研究对象产生的特征差异。还要检查数据是否完整、其他相关资料是否齐备，做到心中有数，以便选择适当的处理与解释方法。

重力异常的复杂性是多种地质因素综合影响的一种反映，同时也说明，从地表到地下深处，只要存在密度差异，就能引起重力异常。综合起来，由深到浅引起重力异常的主要地质因素有：①地壳厚度变化及上地幔内部密度不均匀性；②结晶基岩内部构造和基底起伏；③沉积盆地内部构造及成分变化；④金属矿的赋存以及地表附近密度不均匀等。所以，任何测点的观测值，虽然经过了各种校正，但它们仍代表了从表层以下许多具有密度差异的物质分布的叠加效应，即来源于不同深度。这样只有用某种方法把来自不同深度的异常成分区分开来，才能着手进行解释。鉴于重力异常的复杂性，还需要对重力资料进行必要的数学物理处理与转换。

二、异常的定性解释

定性解释包括两个主要步骤，一是初步判断引起异常的地质原因，对解释目标存在的可能性大小做出判断；二是大致判断地质体的形状、产状和范围。异常定性解释的基本内容包括以下四个方面。

（一）异常分类

重力异常是地下多种不同赋存状态、不同密度地质体的综合反映，为了对异常进行有侧重的研究，在解释前应对异常进行分类，分析研究各区（类）异常特征与区域地质环境可能的内在联系。目前，对异常分类还没有普遍适用的标准，应根据地质任务或测区内异常分布的特征进行划分。如在普查找矿中，往往根据异常的分布范围，分为区域异常或局部异常。区域异常一般与区域地质构造、火成岩体分布等有关，局部异常可能与矿化带、侵入体、矿床等有关。依据地质条件的不同，区域异常又可分为强度大、变化大（也称强振幅、高频率）的异常和强度小、变化小（也称弱振幅、低频率）的异常。对于局部异常，结合地质条件尤其是成矿控矿因素，又可分为有意义和无意义异常。

（二）遵循"已知"到"未知"的原则

在已知地质情况的区域内，按照物性参数的差别，将异常的特征（强度、梯度、极值、正负值的分布、形状、走向等）与地质构造、岩矿石（体）、地层进行对比，总结出它们的对应规律。从已知的对应规律出发，运用对比分析方法对条件相同的未知地区的异常进行地质解释（图7.1）。

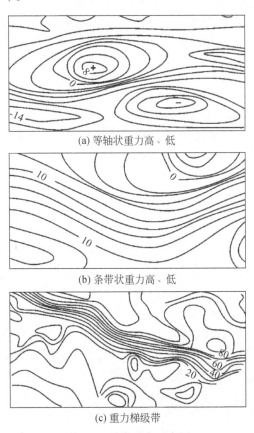

(a) 等轴状重力高、低

(b) 条带状重力高、低

(c) 重力梯级带

图7.1　异常形态示意图

1. 等轴状重力高

该异常特征为等值线圈闭成圆形或接近圆形，异常值中心高、四周低，有极大值点。与之相对应的规则几何形体可能有剩余密度为正值的均匀球体、垂直圆柱体、水平截面接近正多边形的垂直棱柱体等。可能反映的地质因素有囊状、巢状、透镜体状的致密金属矿体，如铬铁矿、铁矿、铜矿等；中基性岩浆（密度较高）的侵入体，形成岩株状，穿插在较低密度的岩体或地层中；高密度岩层形成的穹窿、短轴背斜等；松散沉积物下面的基岩（密度较高）局部隆起；低密度岩层形成的向斜或凹陷内充填了高密度的岩体，如砾石等。

2. 等轴状重力低

该异常等值线圈闭成圆形或近于圆形，异常值中心低、四周高，有极小值点。相对应的规则几何形体有剩余密度为负的均匀球体，铅直圆柱体，水平截面接近正多边形的铅直棱柱体等。可能反映的地质因素有盐丘构造或盐盆地中盐层加厚的地段；酸性岩浆（密度较低）侵入体，侵入在密度较高的地层中；高密度岩层形成的短轴向斜；古老岩系地层中存在巨大的溶洞；新生界松散沉积物的局部加厚地段。

3. 条带状重力高

该异常形态呈延伸很大或闭合呈条带状，等值线量级呈中心高、两侧低，存在极大值线。相对应的规则几何形体有剩余密度为正的水平圆柱体、棱柱体和脉状体等。可能反映的地质因素有高密度岩性带或金属矿带；中基性侵入岩形成的岩墙或岩脉穿插在较低密度的岩石或地层中；高密度岩层形成的长轴背斜、长垣、地下的古潜山带、地垒等；地下的古河道为高密度的砾石所充填等。

4. 条带状重力低

该异常等值线延伸很大，或呈闭合条带状，其量级为中心低、两侧高，存在极小值线。相对应的规则几何形体有剩余密度为负的水平圆柱体、棱柱体和脉状体等。可能反映的地质因素有低密度的岩性带或非金属矿带；酸性侵入体形成的岩墙或岩脉穿插在较高密度的岩石或地层中；低密度岩层形成的长轴向斜、地堑等；充填新生界松散沉积物的地下河床。

5. 重力梯级带

该异常等值线近平行密集排列，异常值向某个方向单调上升或下降。相对应的规则几何形体有垂直或倾斜台阶。可能反映的地质因素有垂直或倾斜断层、断裂带、破碎带；具有不同密度的岩体的陡直接触带；地层的拗曲。

在实践中，地质、地球物理条件完全相同的地区是少见的。因此，在进行"已知"到"未知"的对比分析时，应考虑具有典型意义的一些特征，忽略那些次要的细节，也应注意某些条件变化对异常的影响。经验表明，在查明异常地质原因时，只要已知区的规律总结得正确，与未知区的对比分析得当，均能取得较好的地质效果。

（三）对异常进行详细处理与分析

对实际异常或经处理、转换后的异常分布特征和变化规律进行深入、仔细分析，可以确定地质体的范围、形状、产状、埋深及其物性参数，再结合地质资料，就可能判断引起异常的地质原因。针对解释的具体地质任务和条件选用相应的方法，并通过试验确定相关的参数（如延拓高度、截止频率、窗口大小等），从中选取效果最佳的解释方案。

（四）综合地质地球物理资料分析与验证

由于地下地质情况的复杂性，单一的重力方法获得的认识本身具有局限性，推测地质原因有时会很困难。考虑所研究对象往往具有多种物理性质，应收集和综合利用相应的地质、钻探、物性和其他物化探资料，尽可能地增加已知条件或约束条件，降低解释多解性。只有综合地球物理方法的解释成果，才能从不同侧面来提供对产生异常的场源性质、产状等做出较为合理与正确的判断，为重力异常的解释提供印证、补充或修改。当有条件时，应对已解释异常开展一定程度的验证工作，进一步评价解释的可靠性。相反，如出现矛盾或有差别的结果时，应进一步分析原因及求真，使重力解释更加深化，积累的经验也将提高日后方法解释的成功率。

三、异常的定量解释

定量解释通常是在定性解释的基础上进行的，定量解释结果往往可以补充初步定性解释结果，两者之间没有严格的界限。关于定量解释方法（或反演计算方法），前面的章节已经做了很多介绍，从中不难理解定量解释的目的和作用，它可以概括为以下三个方面：①依据反演所得到的地质体的位置、几何参数和物性参数，进一步判断引起异常的地质原因；②提供岩石（地层）或基底的深度、倾角和厚度在平面或剖面上的变化，以便推断地下的地质构造；③提供地质体在平面上的投影位置及地质体的深度、倾向等，以便合理地布置进一步的勘探工程。

四、图件与解释结论

图件是重力工作成果的集中表现和形象描述，工作成果应尽可能以推断成果图的形式表示，如异常平面（剖面）图、推断地质略图、推断构造纲要图及矿产和油气预测图件等。结论是重力异常解释的主要成果，是对场源异常规律的归纳与总结，也是由定性解释、定量解释与地质规律相结合而做出的地质推论，重力解释图件通常可表现为以下几种形式。

（一）剖面图

为了对异常进行识别、分析和解释，总是用各种图来表示，统称为异常图，重磁测量都是如此。剖面图主要反映某一剖面线上异常变化的情况，在作定性和定量解释中用得较多，异常平面等值线图与地形等高线类似，用异常等值线来表示它的形态和变化。

（二）色彩图

色彩图是用颜色变化来代表异常的强弱，能更加清晰地反映异常的形态特征，利于异常的解释工作。

（三）平面剖面图

平面剖面图是把多条异常剖面图按测线位置和方向展布在同一平面上，可以给人立体视觉，在数据的解释中应用较多。

（四）立体阴影图

立体阴影图的成图原理是将平面分布的场强数据，乘以一定的比例因子后当作"高程"数据，反映"地形变化"。在一定方位、某一倾角的光源照射下，由于各处"地势"不同，因而显示出明暗不一的图像。立体阴影图能突出地反映与光源正交方向的构造线。

设 x、y 为水平轴，z 为垂直轴，光源方位角、光源倾角与面元法线交角为 θ、φ。设 $p = \dfrac{\partial f}{\partial x}$，$q = \dfrac{\partial f}{\partial y}$，则可推出

$$\cos\lambda = \frac{-p\cos\theta\cos\varphi - q\sin\theta\sin\varphi + \sin\varphi}{\sqrt{p^2 + q^2 + 1}} \tag{7.1}$$

$\cos\lambda$ 正比于照明度，它的大小表示该点的光照强度，即由它来控制阴影图中各点的亮度。工作中为使立体阴影图具有更好的反差，应选择适当的比例因子，即将式（7.1）计算结果予以适当拉伸。

面对一幅重力异常图，首先要注意观测异常的特征。在平面等值线图上，异常特征主要是指区域性异常的走向及其变化，从东到西（或从南到北）异常变化的幅度有多大；区域性重力梯级带的方向、延伸长度、平均水平梯度和最大水平梯度值等。对局部异常来说，主要指的是异常的弯曲和圈闭情况，对圈闭状异常应描述其基本形状，如等轴状、长轴状或狭长带状；是重力高还是重力低；重力高、低的分布特点；异常的走向（指长轴方向）及其变化；异常的幅值大小及其变化等。在综合分析区域异常与局部异常基本特征后，有可能根据异常特征的不同将工区划分成若干小区，以供下一步作较深入的分析研究。在重力异常剖面图上，应注意异常曲线上升或下降的规律、异常曲线幅值的大小、区域异常的大致形态与平均变化率、局部异常极大值或极小值的幅度以及所在位置等。

第二节　重力解释在区域地质调查中的应用

区域地质调查是具有战略意义的综合性基础地质工作，也是先行的地质工作，对基础地质研究和矿产资源长远勘探规划等具有重要意义。区域地质调查的比例尺是 1 ： 100 万（或 1 ： 50 万）、1 ： 20 万（或 1 ： 10 万）和 1 ： 5 万。区域地质调查的比例尺不同，地质任务、工作重点也就不同。

不同比例尺地质调查中利用重力资料可能解决的地质问题可概括为：①划分地质构造单元、确定深大断裂、研究部分矿产的分布规律；②进行地质填图，如确定接触带、断裂带、破碎带，圈定侵入体、喷出岩、沉积岩及变质岩；③划分成矿带，确定成矿远景区，指出找矿方向；④1 ： 5 万的重力测量还具有直接和间接找矿的价值。

一、重力异常划分大地构造单元

所谓大地构造单元是指按地壳结构的特点及构造发展史而划分的不同区域。通常认为一级大地构造单元就是指所划分的地台区和地槽区。重力异常在地槽区和地台区具有不同的特征，它们的内部还可以划分为一些次一级的构造单元。由于地槽区和地台区的地质特征不同，它们的重力异常的分布特征也不同。

（一）地槽与地台

地槽区（褶皱带）是地壳上构造运动最强烈、构造最复杂的地区，区内以强烈的褶皱运动、岩浆活动、变质作用和成矿作用发育为主要特点。地壳的强烈振荡和褶皱运动使地槽区形成巨厚的沉积建造，并在造山运动中回返褶皱成山系，所以地形上往往表现为巨大的褶皱山系，同时地壳厚度相应增大。因此，地槽区的区域性重力异常等值线多呈条带状，且重力低平行排列，延伸可达数百乃至数千千米；区域异常变化的幅度可达数百至数千 g.u. 。一般来讲，该区布格重力异常与地形起伏有镜像关系，就是说地形越高，重力异常越低。也反映了地壳下界面（莫霍面）相应加深的特点。

地台区是地壳运动相对稳定、沉积建造相对较薄、褶皱作用和火山活动相对较弱的地区。从地形上看，地台区多为平原或丘陵。因此，地台区的区域布格重力异常变化平缓、稳定、相对幅度变化较小，方向性不明显。因为地壳厚度较薄，平均异常值较地槽区高。

地槽区与地台区之间的过渡带，布格异常最显著的特征是呈现出巨大的重力梯度带，它主要反映出阶梯断裂或平行断裂。地槽、地台及过渡带之间反映出的重力异常特征如图7.2所示。图7.2中地槽与地台区异常特征非常清楚，剖面北部巴楚至叶城段属于塔里木地台区，因此，重力异常变化平缓。而叶城至大盐池段，属昆仑褶皱带的地槽区，异常表现随地形起伏而出现与地形呈镜像关系的跳跃特征。

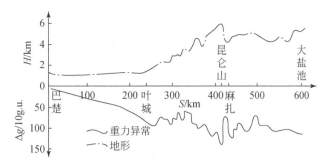

图7.2　新疆巴楚至大盐池布格重力异常与地形对比图

（二）海沟与洋脊

在研究洋中脊与深海沟时，海洋重力测量已被证明是非常有效的一种手段并已取得了大量有价值的资料，下面介绍两个实例。

1. 海沟

海沟重力异常的特点是,在海沟轴部有大幅度负异常,而在朝向陆地的岛弧上为正异常。塔尔沃尼(1970 年)发表了 10 条重力测线上的自由空间异常。这些测线有的穿过同一海沟的不同部位,有的穿过不同海沟。当把这些测线相对于海沟重叠起来时,它们就显示出有明显特征的图形。异常的最大值出现在邻近的火山岛弧上面,其值可达 3000g. u.,或更大些;而异常的最小值出现在海沟轴附近,其值为–3500 ~ –2000g. u.。这说明,此类异常是由相同类型的构造产生的。图 7.3 是塔尔沃尼发表的具有代表性的一条海沟重力异常,该异常是沿着阿拉斯加的阿留申海沟上测得的。从图 7.3 中还可看出,海沟异常在朝向海洋的海沟壁上具有长波正异常。波长为几百千米,幅度可达 500g. u.,大于邻近的深海平原上的异常值。

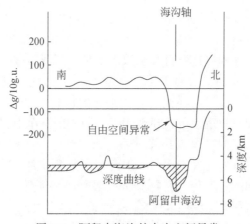

图 7.3　阿留申海沟的自由空间异常

2. 洋脊

洋底隆起与其周围洼地相反,一般具有较低的布格异常和不太大的自由空间异常。图 7.4 是通过大西洋中脊的重力异常及凭借地震资料推演的构造模型。从图 7.4 中可以看出,穿过洋脊的自由空间异常平均值一般比邻近海底的大 200 ~ 300g. u.。异常特点是,几乎与洋脊高度无关(洋脊系列中的海山与岛屿等局部地区除外)。在典型的高地势洋脊周围,自由空间异常接近于零值,这意味着洋脊地壳本身几乎是处于均衡平衡状态的。为此需要在洋脊底下补偿低密度物质(说明质量亏损)。洋脊正上面,海洋深度一般在 2 ~ 3km,地壳厚度也薄,一般只有 7km 左右。沿洋脊的补偿必定主要出现在上地幔顶部,这需要洋脊下面的地幔有相当低的密度。

(三)裂谷

重力测量表明,在裂谷上一般出现比较大的局部负异常,如根据美国宇航中心对东非整个裂谷的重力测量资料可知,整个裂谷区内存在大面积区域性的负布格重力异常,其规模长 5000km、宽 1000km,异常量级在–2000 ~ –1000g. u.,局部地区达–2400g. u.,如图 7.5 所示。然而,在总的负布格异常背景下,沿埃塞俄比亚和肯尼亚等强烈火山活动地带存在着明显的

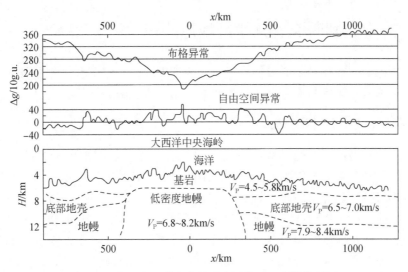

图 7.4　穿过大西洋中脊的重力异常及地壳结构剖面

局部异常高值。异常宽度为 40~80km，异常值高出背景值 300~600g.u.。根据其他地球物理和地质资料推断，这显然是由于密度差较大（可达 0.33g/cm³）的地幔侵入体引起的。东非裂谷带内之所以出现如此大规模的负布格重力异常，原因可能是刚性岩石圈的厚度变薄，异常地幔上涌。上涌物质的密度可能大于硅铝层，但比正常地幔明显偏低（与岩石圈相比具有 -0.12g/cm³ 的密度亏损）形成的。也可能是压力释放、温度梯度上升和黏度下降，或裂谷内大量松散沉积物的堆积等使异常降低，出现大规模的负异常。

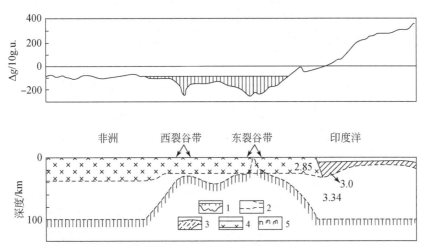

图 7.5　利用地质与其他地球物理资料对东非裂谷系（近赤道区）重力异常的解释

剖面上的数字是密度，单位为 g/cm³；垂直与水平的比例为 4 : 1。1. 与软流圈隆起有关的布格异常低值；2. 沉积物；
3. 大洋地壳；4. 大陆地壳；5. 软流圈表面（软流圈的密度为 3.22g/cm³）

二、重力异常识别断裂、褶皱等地质构造

不同级别的断裂往往是不同级别构造单元的分界线，一些矿产的分布与断裂构造密切相关。利用重力资料确定断裂被证明是有效的，尤其重、磁资料相结合效果更加明显。

(一) 断裂的重力异常特征

不同性质的断裂，引起的异常特征也不同。根据已知断裂重力异常的反应及实践经验，归纳出以下几条重力异常的标志作为确定断裂的原则：①沿一定方向延伸的重力异常梯级带，且梯级带两侧异常特征不同，往往是深大断裂 [图 7.6 (a)]；②局部异常轴线明显错动的扭曲地段，反映存在水平错动断层 [图 7.6 (b)]；③串珠状异常的两侧或中间连线地段，一般是由于断裂形成后，后期有岩浆侵入，往往是张性断裂 [图 7.6 (c)]；④两侧异常特征明显不同的分界线，一般是升降运动形成的断裂 [图 7.6 (d)]；⑤封闭异常等值线突然变宽、变窄部位，反映存在垂直错动断层 [图 7.6 (3)]；⑥异常梯级带同形扭曲和间距的变化，反映断层被后期构造运动所改造，一般指水平错动断层或指两段倾角不同造成等值线的扭曲 [图 7.6 (f)]。图 7.6 给出以上六种识别断层的图形，供大家参考。

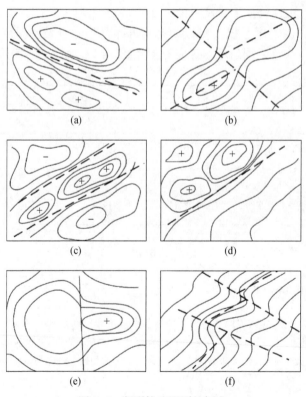

图 7.6 断裂构造识别的标志

利用断裂的识别标志给出了东北地区构造划分结果（图7.7），此外，建立了不同高度观测异常与断裂的对应关系，证明观测高度越高能更好地反映深大断裂的分布。

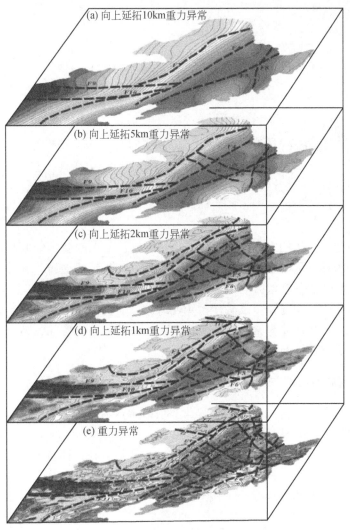

图 7.7　中国东北地区断裂分布

F1. 东吴–额尔古纳左旗断裂；F2. 大兴安岭断裂；F3. 嫩江断裂；F4. 孙吴–大庆–阜新断裂；F5. 依兰–伊通断裂；
F6. 敦化–密山断裂；F7. 逊克–铁力–尚志断裂；F8. 牡丹江断裂；F9. 西拉木伦断裂；F10. 赤峰–开原断裂

（二）褶皱的重力异常特征

褶皱构造也是常见的二度地质体，图7.8给出了模拟的背斜和向斜的重、磁异常理论曲线。褶皱构造的重力异常与水平圆柱体重力异常曲线形状相似，但剩余密度 $\rho>0$ 的背斜的重力异常为正异常，而剩余密度 $\rho<0$ 的向斜的重力异常却为负异常。实际的褶皱构造，只有在发生褶皱的岩层中存在明显的物性标志层的条件下才能产生相应的重力异常。

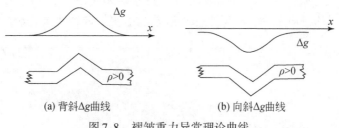

(a) 背斜Δg曲线　　　　　　　　(b) 向斜Δg曲线

图7.8　褶皱重力异常理论曲线

三、重力异常圈定岩体和划分不同岩性区

圈定岩体和划分不同岩性区是地质填图的重要内容。利用重、磁资料圈定岩体和划分不同岩性区地球物理的前提是，不同岩体和不同岩性区具有不同的物性参数，以及不同的异常特征。

识别隐伏的和半隐伏的岩体，并对岩体周边的倾没形态或隐伏顶底界面形态进行适当研究，对找矿工作具有重要意义。以重力资料为主，参照其他地质、地球物理资料可有效地识别从基性到酸性的各类侵入岩体。对于出露或半出露的侵入岩体，可以根据重力异常特征，结合地表地质、物性资料及其他物探资料进行推定。对于隐伏、半隐伏的岩体，则依据密度资料，从已知岩体异常的特征分析入手，根据重力场特征，结合地质及其他物探资料进行定性定量解释推断。

（一）各类岩体的识别方法简单总结

（1）基性与超基性岩体：局部重力异常一般显示重力高，异常形态多呈椭圆状、等轴状等，异常强度不等，规模一般不大。

（2）中性岩体主要指闪长岩类的侵入岩体，一般具有高密度特征，与围岩可形成一定密度差。

（3）酸性岩体主要指花岗岩类的侵入岩体，一般多显示为重力低异常，异常规模一般较大，异常形态多样，如椭圆、团状、等轴状等，磁场一般有反映。中酸性岩体主要指花岗闪长岩、二长花岗岩等侵入岩体，它们一般与围岩的密度差较小，其剩余重力异常在不同的背景上可显示为弱的重力高或重力低异常。识别时，应结合实测或收集岩石密度资料及地质资料分析判定。

（二）岩体空间形态确定

岩体边界圈定方法：利用推断为岩体的局部异常的垂向一导极值（或布格重力异常的垂向二导零值）位置、水平一导极值位置及总梯度极值位置，结合磁异常和地质认识进行圈定。

（三）岩体产状的确定

（1）局部异常梯度最大处，垂向二次导数零值线大概反映了岩体在地表投影边界。

（2）局部异常的中心位置一般是岩体的侵入中心或岩浆通道。

（3）局部异常的梯度大小、等值线疏密以及不同高度垂向二次导数零值线位移，大体反映了岩体的倾向。

四、重力异常研究结晶基底岩性和基底起伏

在埋藏深度不大的情况下，结晶基底的岩性变化可以产生一定的重力异常，在一些地台区，沉积岩下面是片麻岩、大理岩及各种结晶片岩组成的前寒武系结晶基岩。结晶基岩内部又有酸性岩、基性岩等侵入体，同时还有因构造运动而形成的褶皱和断裂。这些因素都使结晶基岩内部物质密度发生变化，引起重力异常。图7.9是波罗的海地区重力异常与结晶基岩密度变化的对比图。此外由于结晶基岩与上覆沉积岩间存在一个密度为 $0.1 \sim 0.3 \mathrm{g/cm^3}$ 的分界面，所以当基岩内部密度比较均匀的情况下，重力异常可以很好地反映结晶基底的起伏。在与油气藏密切相关的沉积盆地内，重力异常的变化主要反映盆地结晶基底的起伏，见图7.10。图7.10中拗陷地区及其周围就是油气分布的有利地段。

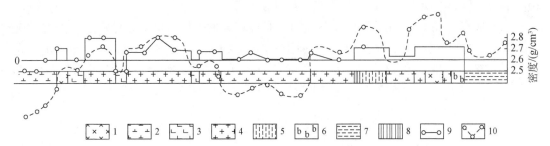

图 7.9　波罗的海地区重力异常与结晶基岩密度变化曲线对比图

1. 太古宇花岗片麻岩；2. 奥长环斑花岗岩；3. 混合岩；4. 波的尼亚后期花岗岩；5. 辉绿岩；6. 石英岩与砂岩；

7. 白云岩和石英喷发岩系；8. 千枚岩；9. 结晶岩密度曲线；10. Δg 曲线

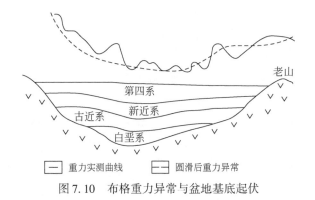

图 7.10　布格重力异常与盆地基底起伏

第三节　重力解释在地球深部构造及结构研究中的应用

利用重力资料研究地壳深部结构构造，不仅对解决地壳的演化和大陆与海洋的形成等基础理论问题有重要意义，而且对地质构造单元的划分、天然地震活动性的分析和预报以及火山作用与各种矿产的分布的研究也有重要意义。

一、利用布格重力异常计算莫霍面深度

对比重力资料和地壳测深资料可发现，在地壳均衡情况下，地面上的布格重力异常随地壳厚度增加而减小（或随地壳厚度减薄而增加）。因此，布格重力异常与地壳厚度间存在一定的相关关系。这样以地震测深资料来推算莫霍界面深度的变化是有可能的。但是由于地壳上部各地质体受构造的干扰和地形起伏的影响，不能试图用某一个测点的或者小范围内的布格异常值来求莫霍界面的深度，只有足够大的一定面积内的平均布格异常和该面积内平均莫霍界面深度之间通常存在近于线性的关系。

王懋基等在 20 世纪 70 年代利用全国 1°×1°面积上的平均布格重力异常图，在 22 个地震测深点已知莫霍界面深度的控制下，利用 $h = a + b \times \Delta g$ 进行了线性回归，求得 $a = 34.8$，$b = -0.0628$，其相关系数为 -0.96，绘制了我国最早的一张全国莫霍界面等深线图（图 7.11），为研究我国地壳深部构造及分区提供了重要依据。

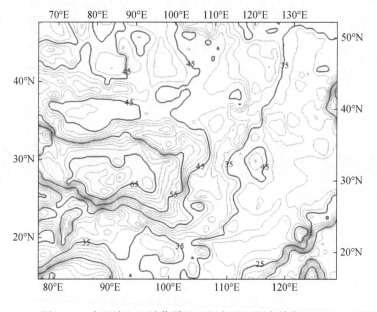

图 7.11　中国陆地区域莫霍界面深度图（深度单位：km）

二、利用均衡重力异常研究地壳的均衡状态

在研究地球表面的高山凸起和大洋凹陷的地质历史进程中，重力均衡是一种被普遍认同的地壳动态演变过程，而重力均衡异常图正是对地壳重力均衡现状的描述。虽然重力均衡改正计算需要大范围甚至全球的地形资料，大面积计算重力均衡改正比较麻烦，但可以用自由空间异常代替均衡异常，这种代替在小比例尺情况下，在地形平均高度和海底平均深度不超过2000m的范围内被认为是均衡异常的一级近似，是可行的。

大范围的均衡重力异常的计算结果表明，均衡异常 Δg_{ave} 的平均值可能有三种情况：①$\Delta g_{ave} \approx 0$，表明区域补偿近于均衡状态；②$\Delta g_{ave} > 0$，说明区域补偿过剩（地壳内存在剩余质量）；③$\Delta g_{ave} < 0$，表明区域补偿不足（地壳内存在质量亏损）。由此认为，在造山带地区出现正的均衡异常是由于地壳下有向上的挤压力而使较轻地壳上升的缘故；在深海沟处出现负均衡异常是由于岩石圈向地俯冲而使较轻的岩石圈插入软流圈的缘故。在借鉴有限的莫霍面深度资料的情况下计算得到的重力均衡异常图，不仅可以实现不同地区地壳稳定性的对比，而且进一步丰富了均衡理论，更有利于分析和认识地壳演变的趋势，是研究地壳均衡状态的重要基础资料。

三、地壳构造研究

全国布格重力异常图是研究我国的地球结构、地质构造及寻找矿产资源的基础图件，中国及其毗邻海区布格重力异常图（图7.12）具有下面的特征。

中国陆域布格重力异常变化的总趋势是由东向西逐渐减小，在香港泉州一带的布格重力异常为0mGal，上海的布格重力异常为10mGal，青岛的布格重力异常为-10mGal。由海岸线向西，重力异常值缓慢递减，并进入负值区。沿大兴安岭-太行山-武陵山一带的布格重力异常为-55mGal，显示为过渡带。再往西，至青藏高原周边地区（西昆仑山-阿尔金山-祁连山-龙门山-大雪山），布格重力异常值迅速减小为-300mGal。青藏高原大部分地区的布格重力异常值小于-400mGal。在89°30′E，33°30′N，布格重力异常达到最低值-580mGal。

在布格重力异常图上分布着一些重力梯级带，主要为NE向和近EW向，其次为NW向和SN向。其中，有三条巨大的重力梯级带：大兴安岭-太行山-武陵山重力梯级带、青藏高原周边重力梯级带以及钓鱼岛重力梯级带。

（1）大兴安岭-太行山-武陵山重力梯级带，展布方向为NE向。北端沿大兴安岭延伸至西伯利亚，南端经广西西部延伸入越南境内。在国内长达4000km，宽为50~100km，是一条重要的地球物理界线。

（2）青藏高原周边重力梯级带，围绕青藏高原呈弧形展布，长约4100km，宽为100~150km。

（3）钓鱼岛重力梯级带，位于东南大陆架东侧，由南向北展布方向为NEE向转为NE向，大体与我国东海岸平行。

还有一些规模较小的重力梯级带，主要有宁波-茂名重力梯级带、东昆仑山-阿尼玛卿

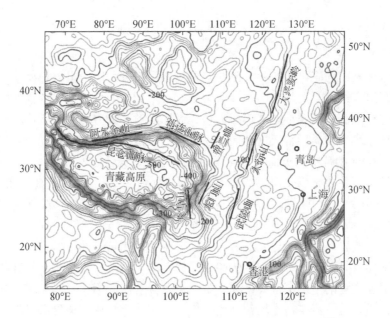

图 7.12　中国及其毗邻海区布格重力异常及分区图

山重力梯级带、额尔齐斯（阿尔泰山）重力梯级带、雅鲁藏布江重力梯级带等。

东亚及邻近海域地壳厚度分布图，把中国大陆划分为九条大小不等陡梯度带、六个地壳块体、九个沉积盆地（图7.13）。

陡梯度带包括：天山山脉陡梯度带（图7.13，Ⅱ），地壳厚度变化为 48~52km；阿尔金山陡梯度带（图7.13，Ⅲ），地壳厚度变化为 48~64km；喜马拉雅陡梯度带（图7.13，Ⅳ），地壳厚度变化为 40~60km；大兴安岭陡梯度带（图7.13，Ⅹ），地壳厚度变化为 34~42km；南北向陡梯度带（图7.13，Ⅺ），地壳厚度变化为 44~60km；太行山雪峰山云开大山陡梯度带（图7.13，Ⅻ），地壳厚度变化为 36~42km；锡特地壳厚度等值线陡梯度带（图7.13，ⅩⅢ），地壳厚度变化为 30~34km；燕山陡梯度带（图7.13，ⅩⅣ），地壳厚度变化为 28~34km；东海陡梯度带（图7.13，ⅩⅥ），地壳厚度变化为 16~24km。

地壳块体包括：C 块体（图7.13），即青藏高原块体；I 块体，由鄂尔多斯和汾渭裂谷系构成；J 块体，基本上以四川盆地与川、滇构造带和华南块体西缘一起组构，相当于扬子块体；K 块体，即东北块体；M 块体，即渤海湾块体；N 块体，即东南板块。

沉积盆地包括：准格尔盆地（图7.13，B_{s5}），相对周边地带莫霍（Moho）界面上隆（以下简述为"上隆"）4~8km；黄土高原地带（图7.13，B_{s6}），上隆 2~4km；东北平原地区（图7.13，B_{s7}），上隆 4~6km；渤海湾盆地（图7.13，B_{s9}），上隆 4~6km；塔里木盆地（图7.13，B_{s10}），上隆 5~10km；柴达木盆地（图7.13，B_{s11}），上隆 4~8km；羌塘盆地（图7.13，B_{s12}），上隆 4~6km；四川盆地（图7.13，B_{s13}），上隆 24km；华南地带（图7.13，B_{s14}），主要包括合肥盆地和江汉盆地，上隆 2~4km。

中国及其毗邻海区布格重力异常图与东亚及邻近海域地壳厚度分布、陡梯度带、块体

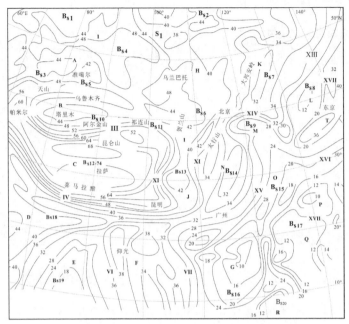

图 7.13　东亚及邻近海域地壳厚度分布、陡梯度带、块体划分及沉积盆地分布图

划分及沉积盆地分布图的比较表明：①我国地壳厚度从东向西有逐渐加大的趋势，与重力异常逐渐降低的趋势完全对应；②作为地壳块体分界线的所有陡梯度带，与重力异常梯级（度）带，在位置上完全重合；③与上述盆地，特别是西部盆地，相同位置的重力异常具有重力高的特征，显示地下构造的隆起。就是说，在总体上，莫霍界面的形态及深度变化与重力异常的形态及数值变化十分吻合。

　　然而，由于重力异常是由地下所有不同深度、不同规模密度不均匀地质体引起的重力效应的叠加，要从叠加异常中分离出单纯由地壳厚度变化引起的异常，是非常困难的。只根据重力异常资料，不可能研究一个局部地区的莫霍界面的细节。尽管如此，重力异常资料仍是研究区域或深部构造的基础。实际上，我国的莫霍界面及区域构造研究，是从重力异常图开始的。

　　中国及其毗邻海区布格重力异常图与"中国地形"图的比较，也显示出重力异常具有类似于地壳厚度与地形起伏的反相关关系。同时，重力图中的重力梯级带与我国大的山系或造山带也非常对应。上述的大兴安岭-太行山-武陵山重力梯级带及青藏高原周边重力梯级带，正好对应了我国地形图上三个大台阶的位置。

四、重力异常在地球深部构造研究中的应用

　　重力数据解释是研究地球深部构造的有效手段之一。高精度的卫星重力模型通常在200 阶次以上，囊括了从地核到地壳内部引起的重力响应。研究认为，大于30 的高阶异常源可能主要存在于岩石圈内；小于10 的低阶异常源可能存在于下地幔和地核之间；2~12 阶自由空气重力异常图（图 7.14）保留了全阶场中最基本的特征；控制全球重力场的最

主要异常源应该存在于软流圈以下。

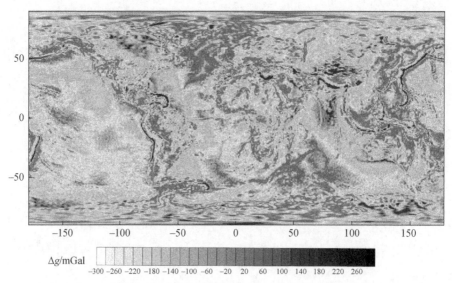

图 7.14　GOCE 地球重力场模型全球自由空气重力异常示意图

根据图 7.14 显示的异常特征，可得到以下几点推论。

（1）整个太平洋地区（图 7.14 的中部）包括全球主要岛弧-海沟地区及深源地震带，显示出清晰的高正异常环带。正异常带外面包围一圈负异常带，这一正一负的双层环状结构是全球自由空气异常场的主要特征。产生重力高带的场源既有岩石圈之下地球深部的因素，也有存在于岩石圈深部范围内的因素，较浅层的异常源似乎是消减板块随着下插深度增大而导致的密度增高部分（因温度与压力增加所致）。

（2）产生印度洋巨大负异常的场源存在于地球的深部，很可能是在软流圈以下存在着巨大的质量亏损所致。因在高阶场中，这一全球最大的负异常完全消失了。

（3）从喜马拉雅山脉到阿尔卑斯山脉有一条横贯东西的高正异常带，它的走向与板块边界线亦符合较好，但在低阶场中反映并不明显，说明场源深度较浅。有人认为，产生该地区正异常的原因是喜马拉雅山的地壳薄于相应的均衡地壳的厚度，故存在正的均衡异常。由于向北推移的印度板块与欧亚板块互相挤压，产生了巨大的构造运动压力，此力不仅克服了因均衡不足而产生的向下的均衡调整力，还迫使喜马拉雅山脉继续上升。

（4）大洋海岭的重力异常在高阶场中反映良好，形成了与海岭走向相吻合的低幅正值异常（0~100g.u.），而在低阶场中，这种特征完全消失，因而海岭的重力异常的场源应存在于浅部。结合海岭地区存在的其他地球物理特征，如高热流密度值、两侧对称分布的条带状磁异常、海水深度较浅、有大规模火山和地震活动等，可以认为海岭是地幔对流上涌的地区，是板块扩张的中心地带。之所以形成低幅正异常是由于地幔流上涌处的上表面为自由或近似于自由边界条件，因而地壳上升变形较大，从而形成与海岭走向一致的低幅正重力异常。

第四节　重力勘探在资源勘察、工程勘察等领域中的应用

一、重力勘探在高密度矿体、含矿岩体探测中的应用

大多数金属矿，特别是致密状矿体，一般都与围岩有 $1 \sim 3g/cm^3$ 的密度差。但因矿体不大，所以引起的异常较微弱，多数只有几个重力单位，个别达十几到几十个重力单位，分布范围也很小。利用 $1 : 5000 \sim 1 : 2000$ 大比例尺的重力测量结果，可以寻找某些金属矿床。前长春地质学院的陈善等于20世纪70年代在吉林省吉林市船营区大绥河镇小绥河村进行了利用重力法勘探金属矿的研究，成功地发现了含铜硫铁矿。

在勘察区内已经发现小型夕卡岩磁铁矿，为了扩大矿区的范围，并研究异常场源的情况，在原有的地面磁测工作基础上，进行了 $1 : 2500$ 的重力测量工作，得到了本区的布格重力异常图（图7.15）。从重力异常特征可看出，局部异常因受明显的区域异常的影响，其形态和特征并不清楚。为了突出局部异常，利用平滑曲线法计算出剩余重力异常（图7.16）。

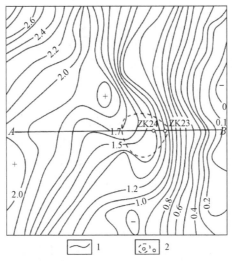

图7.15　吉林市船营区大绥河镇小绥河村铁矿区布格重力异常图（等值线距10g. u. ）

1. 重力异常等值线；2. 重力发现的含铜硫铁矿范围及钻井位置

剩余重力异常图表明，整个局部异常具有两个异常中心，其中西北部的封闭的异常等值线所圈定的范围与已知的铁矿位置一致，并与1000nT的磁力异常等值线所圈闭的面积相符。东南部明显的封闭重力异常等值线位于磁异常的零线及100nT等值线之间，即磁异常对这个重力场源体没有任何反映。

根据已知铁矿的产状和它与围岩的密度差对西北部的重力正异常进行了正演计算，发现计算的异常基本与西北部的实测异常相当，因而证明了它的底部不可能存在另外的矿体。

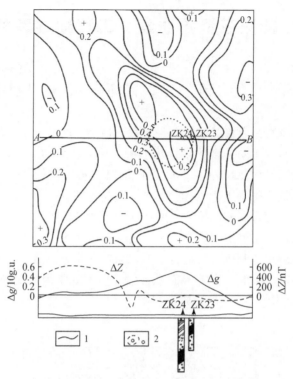

图 7.16　吉林市船营区大绥河镇小绥河村铁矿区剩余重力异常图（等值线距 1g. u. ）

1. 重力异常等值线；2. 重力发现的含铜硫铁矿范围及钻井位置

　　由于东南部只有重力异常，而几乎没有磁异常反映，为了查明原因，布设了验证钻孔 ZK23。布设钻孔的目的是验证重力异常，并同时验证弱磁异常。结果在十几米深处只见到 2～3m 厚的磁铁矿及黄铁矿化的夕卡岩，这样，磁异常得到了基本解释。但是对利用钻孔 所控制的这个矿体进行了重力正演计算，其结果却只有实测异常的 1/3 左右，显然深部还 有高密度体存在。为了进一步查明原因，又在重力异常中心设计了钻孔 ZK24。结果在 167m 深处见到了含铜硫铁矿（钻探前，重力解释推测的高密度体顶部的最大深度为 170m 左右），矿体厚度为 40m，矿石的密度为 4. 50～4. 95g/cm³；而它的磁化率却很低，基本无 磁性。由后来几个钻孔所控制的矿体产状进行了正演计算，其结果与实测重力异常基本吻 合，从而查明了引起重力异常的场源。

　　这个实例说明，应用重力资料或重力-磁法资料的综合解释，对于寻找在磁铁矿附近 无磁性的高密度矿体，效果较好。同时说明，解释工作应本着解释-验证-再解释-再验证 的原则，直到查明异常产生的原因为止。

二、重力异常在低密度矿体、含矿岩体探测中的应用

　　某些非金属矿（如岩盐、煤炭等）或侵入体及局部构造（如溶洞、含水破碎带等） 的密度一般比围岩要小。因此，当这些矿体或局部构造具有一定的规模且埋藏深度又不大

时，就能在地表观测到比围岩形成的背景场低的局部重力异常。

盐岩是一种沉积矿床，主要产于古内陆盆地的湖泊里或滨海半封闭的海湾中，它的密度比围岩小，而电阻率较高，因此，在适当的条件下，应用重力和电法勘探寻找这类矿床是比较有效的。

1965 年对滇南红色盆地开展了 1：10 万的重力普查工作，有效地圈定了含盐远景区。共发现 61 处重力负异常，其中解释为盐岩引起的负异常有 49 处，推算盐岩储量达 200 亿 t 以上，已经验证的 14 处异常有 13 处见矿（图 7.17）。

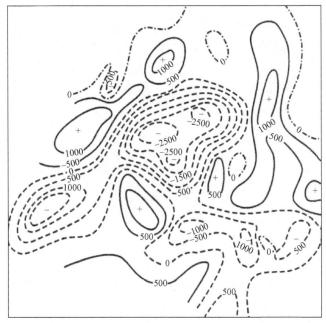

图 7.17　勐野井盐区布格重力异常图（重力单位：10g. u.）

滇南盐岩产于上白垩统勐野组中，密度为 2.18g/cm³，上覆第四系、新近系和古近系的密度为 2.07~2.24g/cm³，而下伏的侏罗系和白垩系的密度为 2.60~2.70g/cm³。盐岩与其下伏地层具有 0.42~0.52g/cm³ 的密度差，为应用重力方法寻找盐矿提供了有利条件。

勐野井盐区重力异常的幅度达 -70g. u.，呈等轴状，北侧重力异常的水平梯度大，表示了盆地北侧较陡，20g. u. 的等值线向 WS 和 ES 方向突出，表示盐矿层向这两个方向变薄。根据钻孔资料绘制的盐岩等厚度图和顶板等深度图与重力异常进行对比说明，矿体的等厚度线与重力异常等值线的形态相似，但最小异常的中心并不与盐岩最厚的位置相吻合，这是因为盐岩最厚的地方埋藏较深的缘故。为了突出盐岩异常，研究盐矿的边界，做了重力垂直二阶导数换算，结果发现矿体边界与 g_{zz} 的零等值线基本一致，见图 7.18。

根据钻孔揭示的矿层厚度及盆地形态作了重力的正演计算，结果理论异常与实测异常大体相符，说明引起重力异常的地质原因主要是盐岩所致。

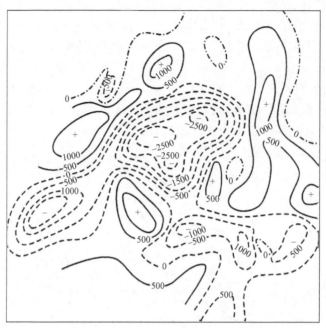

图 7.18　勐野井盐区重力垂直二阶导数图（单位：10^{-13} MKS）

三、煤田重力勘探的应用

应用重力方法普查和勘探煤田时，选用中等大小的比例尺可以查明隐伏地区含煤构造的基本轮廓和主要特征，计算煤系基底的深度，圈定煤田的边界，发现一定规模的断层并进一步提供详查区。在有利条件下，如果应用较大比例尺和高精度重力仪，可以研究煤田内部地质构造和深度适当且落差为数十米的断层。

1）探明隐伏地区的含煤构造

重力方法控制基底起伏，研究含煤构造提供了有利的地球物理条件。

2）追索煤层露头和控制断层

当煤系地层倾角较大时，在有利条件下可应用重力方法追索煤层露头，探明断层对煤层的影响。

3）矿井下的重力测量

目前国外在矿井巷道中进行重力测量发展较快，应用于金属矿区，它对加大勘探深度，扩大深部储量，查明矿层中的破碎带和空洞等很有意义。在煤坑道中，应用重力测量方法可以解决开采过程中的某些地质问题，如探测溶洞、断层、侵蚀界面等。

4）圈定隐伏的岩浆岩体

在岩浆岩与沉积岩密度差别明显的地球物理条件下，重力勘探可以圈定沉积岩地区的岩浆岩侵入体，如煤系地层中的岩浆岩侵入体，可以用较高精度的重力测量圈定其边界位置。

四、重力解释在油气勘查中的应用

重力法在石油及天然气的普查和勘探阶段发挥着重要作用。利用小比例尺的航空重力异常图，可以研究区域地质构造，划分构造单元，圈定沉积盆地的范围，预测含油、气远景区。利用中比例尺的航空重力异常图，可以划分沉积盆地内的次一级构造，识别构造样式，进一步圈定有利于油气藏形成的地段，寻找局部构造，如地层构造、古潜山、盐丘、地层尖灭、断层封闭等有利于油、气藏储存的地段；特别是有利于航空重力测量精度的提高、数据处理和解释方法的发展。利用大比例尺高精度的航空重力还可以查明与油气藏有关的局部构造的细节，直接寻找与油气藏有关的低密度体，为钻井布置提供依据。在油气开发过程中，根据重力异常随时间的变化，可以监测油气藏的开发过程。

（一）区域地质构造及油气远景区预测

华北地台基底是由前震旦纪的变质岩系构成的。吕梁运动后，震旦纪至中奥陶纪沉积了较厚的海相地层。加里东晚期，本区开始上升，因而缺失了上奥陶统、志留系、泥盆系及下石炭统。中石炭纪又开始下降，沉积了海陆交互相地层，二叠纪之后全部为陆相沉积。侏罗纪为内陆盆地沉积，火山岩发育。燕山运动后，本区北部、西部边缘褶皱成山，平原相对下降。因此，平原大部分地区被古近系、新近系和第四系所覆盖，沉积岩系的累加厚度达几万米。

平原区沉积岩系内部有两个主要密度分界面，一是新生界岩系与下伏古生界岩系之间，密度差为 $0.33 \sim 0.51 \mathrm{g/cm^3}$，主要分布于中生界沉积凹陷区；二是下古生界海相地层与中生界岩系之间，在上古生界及中生界缺失地区，两个界面合一，密度差为 $0.41 \sim 0.60 \mathrm{g/cm^3}$，它的分布范围很广，所以，这两个密度界面的起伏都可以引起相应的重力异常。由于该区上古生界及中生界分布零散，而下古生界海相沉积与前震旦纪的结晶基底岩系间的密度差不明显，因此在重力资料解释时，常把下古生界顶面作为结晶基底看待。

图 7.19 是华北平原布格重力异常与内部构造分区图，可以看出，布格重力异常等值线呈 NE 方向展布，由东向西异常值从 100g. u.，逐渐减至 -600g. u.，平均变化率为 1.5 ~ 2.0g. u. /km，它可能反映该区的莫霍界面和康腊面自东向西逐渐加深。区内有许多 NE-SW 向的重力梯级带，水平梯度超过 20g. u. /km，它们都是深断裂的反映，为确定区内的次级构造单元提供了重要依据。

根据重力异常特征并结合其他已知资料，将全区划分为冀中拗陷、沧县隆起、黄骅拗陷、无棣隆起、济阳拗陷和临清拗陷等构造单元。以上推断，后来均被钻井和其他资料所证实。20 世纪 60 年代在黄骅拗陷中找到了大港油田，在济阳拗陷中找到了胜利油田，20 世纪 70 年代在冀中拗陷中找到了任丘油田。

（二）寻找古潜山和封闭构造

利用重力法直接寻找储油气构造（如背斜、盐丘）已被许多事例证明是有效的。古潜山构造主要由下奥陶统、寒武系、震旦系以灰岩为主的老地层隆起所构成。当它周围沉积

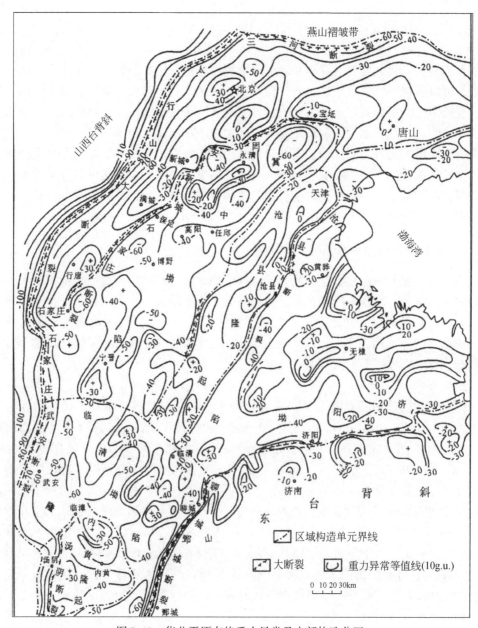

图 7.19　华北平原布格重力异常及内部构造分区

了巨厚的生油岩系时，石油就会向古潜山地层上或隆起的部位运移、聚集。由于石灰岩的节理、层理或溶洞比较发育，因此在一定条件下，可形成古潜山油田（图 7.20）。

　　华北平原区引起局部重力异常的原因主要是古潜山构造，如在冀中拗陷区得到的 140 个局部重力高值中，有 62 个与古潜山有关。古潜山构造主要由下奥陶系、寒武系、震旦系等灰岩为主的老地层隆起所构成，当它们的周围沉积了巨厚的生油岩系时，石油就会向古潜山地层的上翘或隆起部位运移、聚集。由于石灰岩的节理、层理和溶洞比较发育，因此，在一定的条件下，古潜山本身就是一个良好的储油场所，易形成古潜山油田，见图 7.20（a）。

　　另外，在构造运动比较频繁、断层比较发育的地区，往往形成断层封闭构造。这类封闭构造所产生的断块凸起或下降地区，在具有良好的生油储油条件下，也可形成良好的储油场所，见图 7.20（b）。

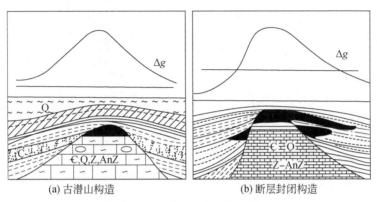

(a) 古潜山构造　　　　　　　　(b) 断层封闭构造

图 7.20　古潜山和断层封闭构造

（三）探测油气藏

　　重力法能否探测储油构造中的油气藏，取决于这个油气藏能否引起可观测的重力异常，以及能否得到反映油气藏存在的重力异常要素。利用重力归一化总梯度法，能够根据归一化总梯度断面图特征区别含油气藏的"湿"背斜和无油气藏的"干"背斜。应当指出，根据归一化总梯度对油气藏的探测，直接找的是与油气藏有关的低密度体，而低密度体不一定就是油气，因此这种探测还不能称为"直接"找油。当然，在油气区，背斜顶部的这些低密度体，很可能是油气。

　　根据前面的介绍，计算归一化总梯度在地下半空间的三维分布，由归一化总梯度水平分布中的极小值，就可以推断与油气藏有关的低密度体的存在及水平位置，这种设想及方法已经在胜利油区的油气藏探测中取得成功。

　　胜利油区的胜海油田是一个正在开发的跨海陆的油田。在它的勘探阶段，曾经进行过高精度重力测量，布格异常精度达到 $0.09 \times 10^{-5} \mathrm{m/s^2}$（$\pm 0.9 \mathrm{g.u.}$）。为了检验归一化总梯度法的效果，计算了深度为 500m、1000m、5000m 水平面上的归一化总梯度。深度为 2500m 的归一化总梯度图中有一些极小值（图 7.21），反映了油气藏的存在及位置；图 7.21 中的绝大多数井都是产油井，但油层厚度的差别较大。图 7.22 显示，油层厚度很大的高产油井 SHG1 与一个归一化总梯度极小值吻合得相当好，而其他的井一般都靠近某个极小值。

　　综合深度 500~5000m 的归一化总梯度极小值做出的图（图 7.22）是对本区油气藏赋存情况的预测，特别是在 SHG3 处，归一化总梯度都有一个明显的极小值。在布置此井时，参考了这一资料，结果于 1997 年 10 月，在这口井中发现了高产气层。

　　归一化总梯度法有利于在正在开发的油田寻找未知油气藏，适合于在普查勘探地区预测潜在的浅而厚的油气藏的存在及位置，为进一步的地球物理和地质工作的部署提供依

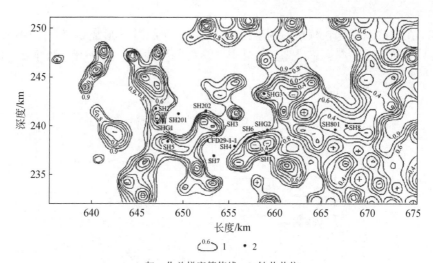

1-归一化总梯度等值线；2-钻井井位

图 7.21　胜海油田重力归一化总梯度水平分布（深度 2500m）

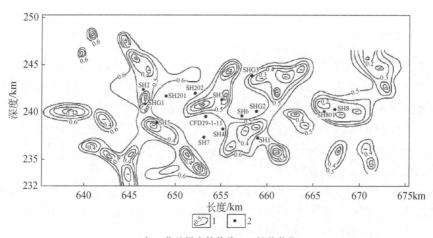

1-归一化总梯度等值线；2-钻井井位

图 7.22　胜海油田重力归一化总梯度极小值水平分布综合图

据。这个方法在下列条件下能够取得较好的效果：①油气藏的厚度（剩余质量）比较大，能够引起可观测的异常；②重力测区的范围足够大，一般应该为探测目标深度的 10 倍；③重力测点点距应该尽可能小；④重力测量精度应该相当高。

归一化总梯度法对于寻找油气藏来说还有值得完善之处，如在理论上要研究非背斜型油气藏的归一化总梯度特征，研究归一化总梯度指示油气藏或地质体特征点位置、能够实现稳定下延的机制，改进归一化总梯度的计算方法等；在应用上还应当处理更多的实际重力资料，以便研究方法的应用条件，并改善这个方法。

现在，重力法在国外的石油物探及开发中得到了不少新的应用，发挥了越来越大的作用。除油气田预测及探测外，重力法已经用于：①油气资源评价；②解决勘探中不同阶段的问题；③与地震资料进行综合解决地震解释中的一些难题；④解决火山岩地区的问题；

⑤估计地震波速度；⑥推断油气水平运移方向等。

五、工程勘察方面的应用

位于柴达木盆地中南部的察尔汗盐湖是我国最大的盐湖，青藏铁路约有 34km 的路基修筑在这个盐湖区，尽管在路基的设计与施工中曾按盐岩路基和岩溶路基进行过特殊处理，但由于近年来铁路货运量增大、气候条件变化以及人为因素等原因，盐溶溶洞的发展速度加快，这无疑对列车的安全构成严重威胁，因此必须调查和了解盐湖区铁路沿线溶洞的分布情况。

根据上述情况，采用微重力勘探技术，对此地区溶洞的分布情况进行探查。如果盐湖区的盐溶溶洞内没有任何物质充填，与其周围围岩的密度差可达 2.13 ~ 2.16g/cm^3，这样，若溶洞体的体积为 1m^3，埋深为 1m，在其正上方的地表处可产生 0.15g.u. 左右的负重力异常，这对于观测精度在 ±0.05g.u. 的拉科斯特重力仪来说，只要在高程测量上和其他方面采取相应措施，提高测量精度，改善观测条件，合理改正各种干扰因素，这种异常是完全可以探测到的。

为此在铁路两边的溶洞区内，布设三个微重力探测区。采用两台拉科斯特 G 型重力仪，在总面积 92.6m×19.5m 内，共布设 427 个测点。因受路基地形限制，在垂直铁路方向点距不等，最大点距为 3m、最小为 1.8m。在作微重力测量的同时，还进行了电法的电测深测量，以相互验证。微重力测量主要进行了固体潮改正、零点漂移改正、高度改正和干扰质量的改正。最后得到的重力异常见图 7.23，图 7.23 中的阴影部分是-0.2g.u. 以下的重力异常区，表明这些部位可能是溶洞体。

从图 7.23 中可以看出，测区重力异常范围在-0.3 ~ -0.2g.u.，异常等值线的长轴走向大致是东西向，这可能反映出地下物质的东西向条带分布或与地下承压水的流向相吻合，区内形成封闭的局部重力高和局部重力低，反映了地下有较围岩密度高和密度低的地质体存在。三个测区共分布有大小不一、形态各异的 14 个负异常封闭区，可能是 14 个溶洞存在的反映。其中 5 个位于铁路路基之下，另外 9 个位于测区边缘。根据钻探验证，位于铁路两侧的 9 个溶洞都存在，那么可以推测另外 5 个也是客观存在的（因为另外 5 个在铁路路基中心，不便钻探）。图 7.23 中虚线圈出区域为钻探所得溶洞的平面形状。

综上所述，可以看出应用微重力测量的方法，在地形地貌好的地区，探测盐溶溶洞会取得令人满意的结果。

六、考古方面的应用

在考古调查方面，重力探测也有一些实例。例如，1988 年中国科学院地球物理研究所利用微重力方法，以明代皇帝陵墓的明十三陵中的茂陵作为探查目标，对其地下陵墓的形状、位置和埋深进行探测。在对茂陵实测之前，对早已挖出的、已知的定陵地下陵墓作为已知目标，在定陵地表面先进行微重力测量，来验证设计方案、核查实测数据与已知的定陵形状、位置和埋深等参数的对应关系。即在定陵探测工作基础上，确定对茂陵的探查方

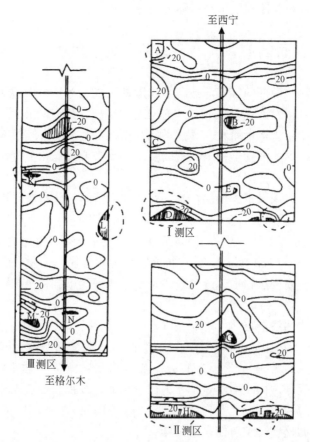

图 7.23   青藏铁路盐湖区段三测区重力异常平面图及钻探溶洞平面位置图（重力等值线单位：0.01 g. u.）

案、施工方法、施工范围等问题。

首先根据茂陵的外貌进行测区的布设。从地表外貌看，茂陵和定陵的建筑物分布格局很相似，由明楼、围墙和宝顶（陵墓的土丘）组成。这样参考定陵的特点，在茂陵陵墓后区设计一个 30m×50m 的面积的"后测区"；在陵墓中、前部设计一个连接前后测量区域的纵测线和几条垂直于纵测线的横向测线（前测区）。各个测区的测线距和测点距皆为 3m。另外，对陵园中央的陵墓宝顶以及陵墓四周 3m 和 6m 高的砖墙都进行了地形和建筑物的改正计算。

采用两台 L-R 重力仪进行测量，重力测量精度为 0.05g. u.，水准高程测量精度为 1cm，后测区最南与最北的测点相距虽为 30m，但仍进行了纬度改正。对各测点进行各项改正之后，得到测区重力异常分布图 [图 7.24 (a)]。

考虑到为使探查更准确、解释结果更可靠，在前后两个测区各分别进行了一条浅层人工地震测线的探测。探测结果表明，在距地表约 13m 深度处有一个相当于石灰层速度的高速层。这个结果表明在该深度处有陵墓灰岩质地的顶板存在，此深度与重力计算的结果（14m）是相当接近的。根据测区实测重力异常分布图和人工地震探测结果，并参考中国古代宫殿、陵寝建筑对称性特点和已知定陵的结构，给出了茂陵地下陵寝的初始模型及其

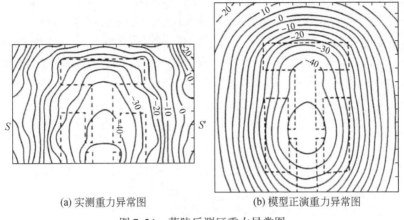

(a) 实测重力异常图　　　　　　(b) 模型正演重力异常图

图 7.24　茂陵后测区重力异常图

三维的几何参数。进行多次逼近的正演计算，得到与实测重力异常最佳的拟合结果 [图 7.24 (b)]。由此得到茂陵地下陵寝模型位置的诸参数，图 7.25 是陵寝模型的平面及立体图。

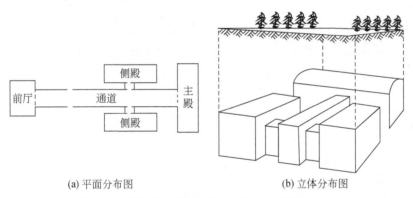

(a) 平面分布图　　　　　　　　(b) 立体分布图

图 7.25　利用重力资料推断的茂陵地下陵寝分布图

　　在正演计算中，设上覆盖层密度为 $2.0g/cm^3$；下部覆盖层为 $2.2g/cm^3$；陵寝内空区为 0；四周石灰岩的顶、底、直侧壁为 $2.6g/cm^3$。根据模型正演得出的计算重力异常与实测重力异常相对比，两者基本相符。

　　综上所述，微重力测量方法探查地下陵墓是可行和有效的。

七、水文地质调查方面的应用

(一)　重力勘探寻找淡水资源

　　随着城市的发展，城市对水资源的需求量显著增加。例如，苏丹可尔多凡省会乌拜伊德是一个拥有 50 万人口的城市，1966 ~ 1973 年由于降水量的减少，需在城北大约 60km 的巴腊盆地找水。该盆地面积约为 $6000m^2$，为稀疏植被半沙漠区。重力测量的点距为

0.5km 或 1.0km，测量得到的布格重力异常如图 7.26 所示。利用图解法由图 7.26 计算出了剩余重力异常，同时利用了多条剩余重力异常剖面进行定量计算并进行解释，由解释结果绘制了盆地总厚度图。根据异常值、异常范围确定出剩余质量；结合测出的岩石含水饱和度、干燥脱水沉积条件下的密度和孔隙度等参数，估计出该盆地蓄水量达 $10^{12} \mathrm{m}^3$，此结果为乌拜伊德解决缺水问题的后续工程勘探提供了重要依据。

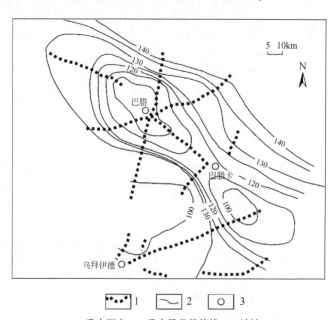

1-重力测点；2-重力异常等值线；3-城镇

图 7.26　巴腊盆地布格重力异常平面等值线图

（二）卫星时变重力数据检测水储量

随着卫星技术的不断进步，数据来源也不再局限于地表测量，2002 年 3 月发射的重力恢复与气候实验卫星（GRACE）是全球第二颗重力测量卫星，GRACE 卫星由一前一后两颗卫星组成，由于地球为非规则球形体，两颗卫星受到的引力不同，导致距离发生微小变化，利用这一原理可以反算出重力，它的出现为反演陆地水储量变化提供了新方法。

黑河流域是中国西北部典型的内陆河流域，远离海洋，周围高山环绕，气候干旱少雨，中下游年降水量远小于潜在蒸发量，水资源短缺，属于典型的资源型缺水地区。利用 GRACE 卫星可以监测地球重力场的变化，而重力变化反映了地球质量的重新分布。对于陆地部分，陆地水质量的变化是引起重力场时变的主要原因。根据 GRACE 卫星提供的球谐系数，求出地表质量变化，进而转换为流域水储量变化。图 7.27 为 2005~2008 年水储量变化量的年均值图，数值普遍为正值说明水储量总体是增加的。空间上，上游和中游水储量明显增加较多，下游水储量变化相对少些。整个水储量变化从上游、中游向下游方向递减，总体上降水的空间分布情况与水储量变化是一致的。同时由于黑河流域上、中、下游自然景观差异明显，年均气温及蒸发量均有很大区别，其中，上游和中游分布许多常年性河流、季节性河流及较大面积的农业灌溉，下游主要是戈壁荒漠。沙漠地区温度高，蒸发量较大，而降水量少，直接导致其水储量减少；而上、中游植被分布较多，河流多，气候相对下游湿润，蒸发量少，而降水量多，使得水储量增加。这些都对水储量的空间分布有影响，调整水储量空间分布的细部。

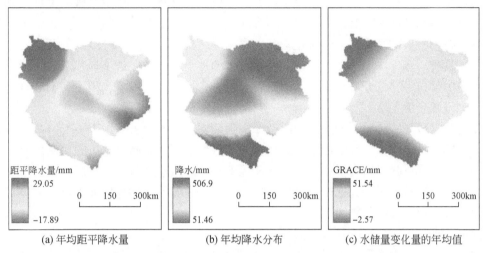

(a) 年均距平降水量　　　　　(b) 年均降水分布　　　　　(c) 水储量变化量的年均值

图 7.27　水储量变化量的年均值图

　　图 7.28 为黑河流域水储量年际变化情况。实线表示 2003～2008 年水储量变化，水储量整体呈显著上升趋势，2003～2007 年，黑河流域水资源含量是减少的，2008 年整个流域水储量增加。虚线为对应时期降水距平值的变化分布，可以看出 2004 年和 2006 年降水相对均值是减少的，2003 年和 2005 年持平；而 2007 年降水量相对年际降水均值增加最多，达到 4.3 等效水高。2007 年降水增加较多可能是引起黑河流域 2008 年水储量显著上升的主要原因。2007 年大量降水累积，致使之后的年份水储量损耗量相对输入水源较少，总体上水储量逐渐上升。理论上，流域水储量是整个水资源的综合量，黑河流域水储量变化受降水影响很大，此外还需要分析冰川川融水、蒸散发等因素的影响。气温升高，冰川川融水增多；温度降低，蒸散发量较少，都会使流域水储量资源量增加，反之减少。以上结果为后续黑河流域地区预防干旱和其他农业工作提供了相关依据。

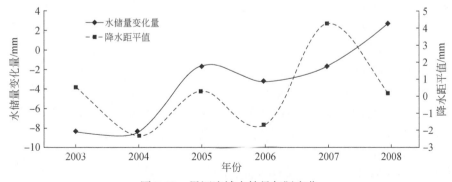

图 7.28　黑河流域水储量年际变化

八、地热资源勘查方面的应用

地热是集热、矿、水于一体的资源，具有储量大、分布广、稳定性好、可循环利用等特点，既是清洁的能源，又是十分可贵的医疗矿水资源，具有广泛的用途，在越来越强调环保和可持续发展的今天，科学合理地开发利用地热资源，具有十分重要的意义，世界能源危机的发酵、环保压力的增加、勘查开发技术的进步等大大促进了地热的广泛应用。我国的地热资源按照热储介质大致可分为三种类型：孔隙型地热资源、裂隙型地热资源和岩溶裂隙型地热资源。

重力测量也是一种重要的地热资源地球物理勘探方法，除了可用于研究解决一般地热地质构造问题外，长周期重复的地面高精度重力测量还可以监测地热田的储层变化，包括计算补给量、开采量、回灌量的大小，判断地下热水的运移状态，以及研究储层水文地质参数的各向异性等特征，为地热储层模拟提供约束，进而为科学合理地确定采灌方案，实现地热田可持续开发提供重要数据。

温度对地热储层的影响是多方面的。

（1）热水的侵蚀作用可能使岩石变质且密度增加，因而表现为重力正异常。霍赫斯坦和亨利就新西兰布兰兹地热田两个因素导致出现的重力高异常进行阐述，第一，地下深处岩石的热变质作用和岩石密度密切相关，热变质程度越深，岩石密度就会越大。非变质岩的岩石密度与变质深岩的密度之间相差的范围为 $0.17 \sim 0.43 \mathrm{g/cm^3}$。第二，地下深部热矿水在上升的过程中，经过低温岩石时使低温岩石发生了硅化作用，以至于岩石密度增加。因此，正是因为地热田岩石的热变质作用和硅化作用才导致地热田出现局部重力值较高的现象。

（2）可能是含蒸汽地热储层的孔隙度变大，岩石密度变低，表现为负异常。

因此，不能单独用重力异常是正异常还是负异常来判断是否为地热区，如在美国帝王谷的所有地热区都是表现为重力正异常，但是在美国 Geysers、Clear、Lake 等其他大地热区域，重力异常却为负值。

与此同时，基岩的起伏变化与地温的高低存在着必然联系。因为背斜构造顶端的围岩和基底隆起带热导率都比较高，而岩石密度和岩石的热导率之间也存在着一定的关系，温度较低的部位的岩石密度比温度较高部位的岩石密度比都要小，所以在地热温度较高的地方会出现重力的高值的现象。

因此利用重力勘探确定基底隆起、凹陷及断裂构造位置，预测地热田可能形成的有利远景区域，可以缩小地热田勘查靶区。使用航空重力方法调查地热时，不能直接确定地热赋存位置，但其作用有以下几个方面：①研究控制地热的区域构造；②探测热田位置和与热源有关的火成岩；③了解热田的基底起伏及计算基岩的埋藏深度。

九、人防设施与采空区探测的应用

自 20 世纪 70 年代以来，应用微重力法进行地下空洞探查有着较多成功开工范例，如美国在核电站地基空洞探查，以及欧洲在对二战期间废弃采矿坑的探查，均应用了微重力法并取得良好效果，国内在土洞、人防工程、溶洞勘察也有着许多成功经验。微重力法（高精度重力法）勘探以地下介质间密度值差异作为物理基础，通过研究局部密度不均体引起的重力加速度变化的数值、范围及规律来解决地质问题。微重力不受电磁场等人文干扰和工作场地大小等因素限制，可较低成本、快速地完成空洞、空穴的探查和推测。

辽源煤矿位于长白山余脉与松嫩平原交界，矿产资源丰富。由于长期的无序开采，地面塌陷给人民生活和城市建设带来安全隐患。采空区引起的重力异常相对较小，为了寻找采空区采用 CG-5 重力仪对测区进行高精度的微重力测量，读数分辨率为 $1\mu Gal$。对实测重力异常进行各项数据基本校正，并去除背景场后获得该地区相对剩余重力异常（图 7.29），图 7.29 中虚线为实际测区范围。

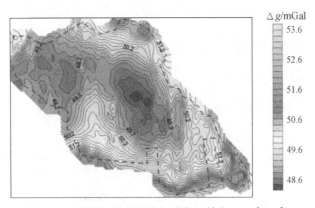

图 7.29　辽源地区实测重力异常（单位：$10^{-5}m/s^2$）

从图 7.29 中可以看出，研究区处于盆地内部，布格重力异常表现为低值，由于研究区边缘存在大量的火山岩，因此重力异常表现为高值。为了获得采空区的分布，需要分离出由采空区引起的重力异常，采用匹配滤波法对该异常处理得到该地区的区域重力异常（图 7.30）和剩余重力异常（图 7.31）。从图 7.31 中可以看出，分离出的区域异常更能凸显出周围高、中间低的特征，依据该结果能容易地确定出盆地的范围。

从图 7.32 中可以看出塌陷区的大致位置，截取两条剖面（即 mm' 剖面和 nn' 剖面）来计算采空区的深度，剖面位置如图 7.32 所示。对剖面 mm' 的剩余重力异常进行密度参数反演（图 7.33），可以看出地下空洞位于剖面上 $1000\sim2000m$，其深度范围为 $70\sim135m$。反演 nn' 剖面重力异常（图 7.34），发现此剖面上存在两个地下采空区和一个塌陷区，分别位于 300m、650m 和 1200m 处，两个采空区的深度在 $100\sim150m$。

十、国防安全与军事方面的应用

军事地球物理学是一门应用地球物理学。它是将地球物理学的理论、方法与技术应用于军事领域，以解决军事应用问题和发展军事应用地球物理理论、方法与技术为目的，推进国防安全的科学。作为地球物理学与军事科学交叉结合的应用学科，学科内涵是运用地球物理理论、方法与技术解决各种军事领域和国防建设中的问题的应用学科。军事地球物

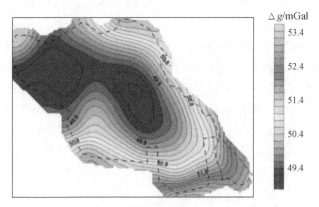

图 7.30　研究区区域重力异常（单位：$10^{-5}\,\mathrm{m/s^2}$）

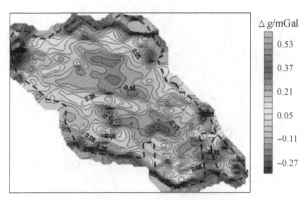

图 7.31　辽源地区剩余重力异常（单位：$10^{-5}\,\mathrm{m/s^2}$）

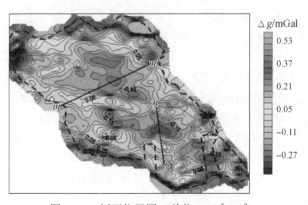

图 7.32　剖面位置图（单位：$10^{-5}\,\mathrm{m/s^2}$）

理学所涉及的范围很广，研究内容既有特殊性又有普遍性。有些研究成果可用于军事领域又可用于国民经济建设，特别是国防建设中的应用地球物理理论、方法与技术几乎都可以应用于民用工程中。换句话说，军事地球物理学中各种研究与实践活动也正是应用已有的地球物理理论、方法与技术来解决军事领域和国防建设中的问题，所以军民融合发展国防地球物理学理论、方法与技术是发展方向。

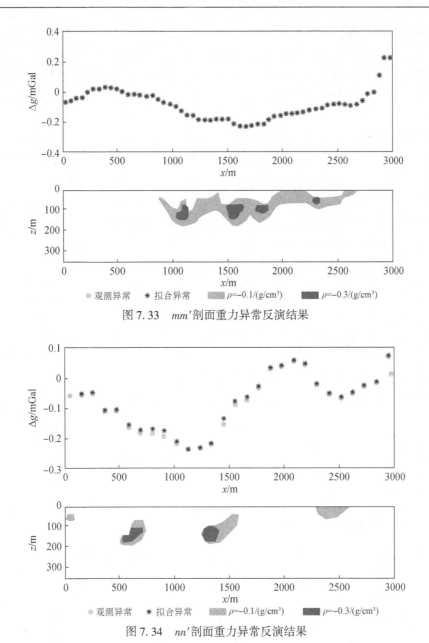

图 7.33　*mm′* 剖面重力异常反演结果

图 7.34　*nn′* 剖面重力异常反演结果

重力场是重要的军事地球物理环境资源，其对远程弹道导弹命中精度、水下无源导航和地下空间探测等都有着重要的意义和应用价值。

（一）重力异常对远程弹道导弹命中精度的影响

地球参考椭球产生的重力场称为正常重力场，它是人为设计的一种理想重力场模型。实测重力值与正常重力值的差，称为重力异常 Δg。重力异常对远程弹道导弹命中精度的影响主要体现在以下几个方面：一是由于重力异常无法通过弹上惯性导航系统敏感，会直接影响导弹命中精度；二是发射场重力模型存在误差，将会影响惯导系统标定准确性，进而影响导弹的导航精度，引起落点偏差；三是尽管重力异常的偏差值非常微小，但由于导弹在飞行末段的速度非常快，在惯性作用下，微小的偏差也会对导弹命中精度产生较大影响；四是受飞行空间扰动引力的影响，弹道下方的扰动引力场对飞行轨道会引起摄动，即由于受地球扰动引力场的影响，导弹的实际运动坐标、速度和轨迹会偏离理论设计值，造成落点偏差。

　　弹道导弹在飞行过程中时刻受到地球重力场的作用，因此必须按照发射坐标系描述的弹道飞行。也就是说，弹道导弹发射点和打击目标一经确定，其飞行弹道就可以相应计算出来，如图 7.35 所示。但这是基于弹道上任意点的重力参数均为理想向情况下的一种假设，而飞行轨迹所经地域重力场任何与理想情况不一致的因素均会导致导弹命中精度受影响。目前美国的陆基和海基导弹均已实现了重力场弹上实时修正，如美国海军"三叉戟"–Ⅱ型潜射弹道导弹命中精度已经达到百米。

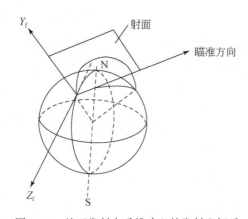

图 7.35　基于发射点垂线建立的发射坐标系

（二）重力匹配导航方面的应用

　　海洋占地球表面积的 70.8%，蕴藏着丰富的生物、矿产、化学和动力资源，探索和开发海洋将成为人类主要的生产活动，而水下航行器必将成为这生产活动中的重要工具。潜艇是水下航行器应用于军事领域的典型代表，因其隐蔽性好，突击力强，作战半径大，对制空权、制海权依赖性低，是世界军事强国传统的海上中坚。卫星导航（如 GPS、GLONASS、北斗等）、无线电导航（多普勒）、天文导航和声呐导航等在导航时由于需要与外界信息的交换，很容易受到外界的干扰，且隐蔽性较差；而重力辅助导航系统利用的地球重力场重力信息，其信息的测量不受测区环境的影响、不需要发射和接受其他电磁信号，是真正的无源导航，特别是在军事上有着突出的战略意义和战略用途。

　　无源重力导航是在研究重力扰动及垂线偏差对惯性导航系统精度的影响的基础上发展起来的一种利用重力敏感仪表的测量实现的图形跟踪导航技术，它要求事先制作好重力分布图，图中的各路线都有特殊的重力分布。重力分布图存储在导航系统中，再利用重力敏感仪器测定重力场特性来搜索期望的路线，通过人工神经网络和统计特性曲线识别法使运载体确认、跟踪或横过路线，到达目的地。

习　题

（1）重力资料在工程勘察、考古、水文及其他资源勘查方面都具有重要的作用。面向不同解释目标和任务，重力解释内容、方法、步骤会存在一定差别，但一般来说其基本步骤大致相同，简述重力解释的基本步骤。

（2）简述不同岩体在重力异常上的表现特征。

（3）试述重力资料再解释地球深部构造及结构研究中的几个应用方面。

（4）简要描述断裂及褶皱的重力异常特征，并画出示意图表示。

（5）简述如何利用重力资料进行油气远景区预测。

第八章　地球固体潮

地球除了受到地球本身所引起的引力和地球自转所引起的离心力的作用外，还受到日、月和其他星体以及地球外部大气层等的引力作用。由于地球存在于诸多内力和外力作用之下，地球表面的运动是很复杂的，所产生的物理现象也是多种多样的，地球潮汐就是其中的一种。

海洋潮汐是人们熟悉的一种自然现象，一般情况下，海水每天有两次涨落运动。其中早晨出现的潮涨，称之为潮；晚上出现的潮落，称之为汐，总称为潮汐。经过长期观测发现，海洋潮汐具有一定的规律性，具体可分为以下三种类型。

（1）半日潮：在一个太阴日（24h 50min）内，海水出现两次涨潮和两次落潮的变化。涨落潮时间间隔约为 6h 12.5min。

（2）全日潮：在一个太阴日内，海水出现一次涨潮和一次落潮的变化，涨落潮时间间隔约为 12h 25min。

（3）混合潮：半日潮向全日潮过渡的阶段，即一个太阴日内，出现两次涨落潮之间的时间间隔不规律。

同理，当日、月以及其他星体的引力作用于地球周围的大气时，则形成大气潮汐现象，它也同样遵循上述周期性的变化规律。

海洋潮汐和大气潮汐的形成是显而易见的事。那么日、月引力作用于地球的固体部分是否也会产生类似的潮汐现象呢？如果地球是一个刚体，回答显然是否定的。可是实践和理论证明，地球并非刚体，而是一个具有一定黏滞性的弹性体，因此，在日、月引力作用下，地球固体表面也会像海水一样产生周期性涨落，这也是一种地球潮汐现象，称为地球固体潮，简称地球潮汐。当然，地球固体潮的幅度要比海水潮汐的幅度小得多，但它仍然遵循海洋潮汐的变化规律。另外，由于日、月相对于地球位置的变化，日、月引力使地球重力场产生周期性变化，这种变化反映在重力数值上，最大可达 3g. u.。这种由于日、月引力作用而使地球的重力值发生变化的现象，称为地球重力固体潮。

地球固体潮的变化，除了和地球、月亮和太阳三者之间相对位置的变化有关外，还与地球内部物质的物理性质和地球本身的运动有关。因此，利用地球固体潮资料可以研究地球内部物质的物理性质、地球内部结构、地壳运动以及地极移动和地球自转速度的不均匀性等。

固体潮的观测值在时间上和空间上都有变化。研究表明，它在空间上的变化主要反映地壳和上地幔区域结构的变化；它在时间上的变化可能与某些灾难性的地震有直接或间接的关系。因而，通过对这些资料的研究，有可能找出它们与天然地震发生的对应关系，从而为天然地震的预报工作提供一定的依据。

地球固体潮对大地测量学的发展也有着不可忽视的影响，如在目前日益发展的空间技术中，要高精度地进行激光卫星测距、激光测月。全球定位系统（GPS）以及甚长基线测量（VLBI）精度已达厘米量级，这些都必须考虑地球固体潮对卫星轨道的摄动并准确地知道地球表面的固体潮形变的数值；在建立高精度重力基准点和重力基准网时，也应考虑地球固体潮的影响，总之，固体潮的观测一方面提供了了解地球内部结构的一个新窗口，另一方面为近代空间大地测量，精密重力测量和经纬度测量提供了固体潮校正的依据。近二三十年，固体潮的研究在观测技术、观测方法、数据分析和理论模型计算方面都得到了迅速发展，它已发展成为一个与海洋学、大地测量学、天文学和地质学密切相关的地球物理学分支。

第一节　引潮力、引潮力位及其展开

产生地球潮汐的力称为引潮力，又称起潮力。此力主要来源于日、月的引力。由于日、月相对于地球的周期性运行才形成了地球潮汐的周期变化。为了说明此问题，先以地月（即地球、月亮）系统来进行研究，对于太阳的情况完全类似。如图 8.1 所示，地球质量 $M = 5.9933 \times 10^{24} \mathrm{kg}$；月球质量 $m = 7.3537 \times 10^{22} \mathrm{kg}$；地球平均半径 $R = 6371 \mathrm{km}$；月球平均半径 $R' = 1738.2 \mathrm{km}$；地心和月心平均距离 $r = 385000 \mathrm{km} = 60.4R = 221.5R'$。

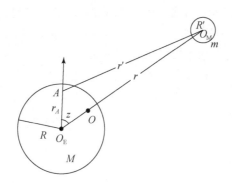

图 8.1　地月系统引力示意图

由天文学可知，月球在地球的引力作用下，绕地球不停地公转。同样月亮对地球也有引力。这样，地、月之间就构成了一个相互吸引的引力系统，称为"地月系统"。地月系统内有一个公共质心，在两者引力的作用下，地心 O_{E} 和月心 O_{M} 都围绕这个地月系统的公共质心 O 在转动，如图 8.2 所示。

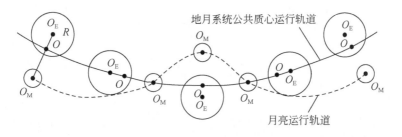

图 8.2　地月系统运行轨迹图

根据力学中力矩定理可知：

$$OO_E \times M = OO_M \times m = (r - OO_E) \times m$$

整理后得

$$OO_E = 0.73R \qquad (8.1)$$

这说明，公共质心位于地心、月心连线上，且在地球内部距地心 $0.73R$ 处。

在分析月球在地球内产生的引潮力时，先不考虑与月球引潮力无直接关系的地球自转。

在图 8.1 中，A 为地球上任一点。作用于该点应有两个力，一是月亮对它的引力，另一个是地球绕地月系统公共质心平动所产生的惯性离心力，此两力的合力称为引潮力。根据万有引力定律可知，月亮对 A 点的引力为

$$F = -G \frac{m}{r'^2} \qquad (8.2)$$

式中，r' 为月心 O_M 到 A 点的距离。此引力的大小随 A 点在地球上的位置和月亮相对地球的位置的变化而变化，方向朝向月心。

此外，地球绕地月系统公共质心 O 的运动，就地球整体而言是一种平动，如图 8.3 所示。由于这种平动，地球本身就不是一个惯性系统，因而在研究地球上的力学现象时，必须考虑因地球平动而产生的惯性离心力。由于地心 O_E 绕以 $0.73R$ 为半径的球体做圆周运动，位于 O_E 点的单位质量受到的惯性离心力为 $0.73R\omega^2$（ω 为地月系统绕 O 点旋转的角速度）。经计算，惯性离心力的大小为 33g. u.，而方向在 OO_E 的连线上且背向月心 O_M。月球对 O_E 点单位质量的引力（Gm/r^2）也为 33g. u.。这说明在地心处单位质量所受到的惯性离心力和月球对它产生的引力大小相等，方向相反。这样惯性离心力又可表示为

$$P = \frac{Gm}{r^2} \qquad (8.3)$$

这说明地球上各点所受到的惯性离心力是一个平行力场。同样道理，可求出地球对月亮中心点单位质量的引力为 2700g. u.。

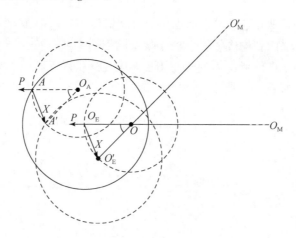

图 8.3　地球绕地月系统公共质心的平动

月球与地球之间的相互吸引力（GMm/r^2）为 1.983×10^{20} N。如果用每平方厘米拉力为 10^5 kg 的钢丝来对比，它们之间的拉力相当于半径为 79km 的钢柱在拉着它们。因而引力虽然是十分微弱的力，但对于质量巨大的天体而言，也是十分强大的。由于地球内部各点和月亮的相对位置不断地发生变化，且月球对地球内各点产生的引力差异也是可观的，当地壳或板块之间存在活动断层时，月球的附加引力也可以成为地壳或板块活动的触发力，所以地球固体潮的研究可以为地震预报做出贡献。

在地球平动时，地球内部各点的运动轨迹是一样的，地球内部各点所受到的惯性离心力的大小也是相等的，且同一时刻的方向也是一样的。但是，月球对地球各点的引力场是不同的。接近月球的点，引力场大；远离月球的点，引力场小，且在不同点上引力场的方向也不同。地球平动产生的惯性离心力场与月球对地球各点的引力场的矢量和，称为引潮力场，简称引潮力。从图8.4中看出，对于一个平动的地球，月球的引潮力使地球在地心和月心的连线方向拉长，即涨潮；而在垂直连线方向上压缩地球，即落潮。

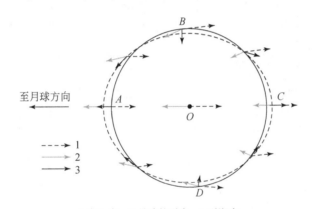

1-离心力；2-月球的引力；3-引潮力

图 8.4　地球在引潮力作用下的形变

下面介绍地球自转对引潮力的影响。作为一种特殊情况，当月球在某一时刻正处于赤道上 A 点的天顶时，A 点所受的引潮力背向地心出现涨潮。经过 6h 12.5min，地球自转 1/4 周，则 B 点转到 A 点处，而月球位于 B 点天顶，此时 A 点转到 D 点，A 点所受到的引潮力指向地心，出现落潮。再经过 6h 12.5min，地球又自转 1/4 周，月球位于 C 点的天顶，而 A 点转到 C 点位置 A 点所受到的引潮力又背向地心，出现涨潮。依此类推，可以看出，在一个太阴日内，月球相对地球可认为是相对不动的，但由于地球的自转，在 A 点将出现两次涨潮和两次落潮。这种引潮力及其潮汐变化是以半日为周期，故称半日潮。

由于地面点的位置以及月球和地球相对位置（这是由于月球相对地球的公转和地球自转引起的）不同，引潮力及其潮汐的周期性变化是相当复杂的，这里只能给予简单的介绍。

地球绕太阳的运动与月球绕地球的运动相似，分析方法也相同。太阳对地球中心的引力场强度 $GM_S/r_S^2 = 6000$ g. u.，其中太阳质量 $M_S = 333432M$；太阳中心与地球心的距离 $r_S = 23400R$。用同样方法算出太阳对地球各点的引潮力约为月球引潮力的 0.46 倍。

地球上任意点的引潮力主要是月亮和太阳在该点引潮力的矢量和。在朔望时（阴历初

一、十五)，太阳、月亮和地球在一条连线上，太阳、月亮的起潮力彼此相加，形成大潮；在上、下弦时（阴历初八、廿三），太阳和月亮位于地球的两侧，所以对地球的引潮力互相抵消一部分，形成小潮。

在图 8.5 中，假设 A 是地球内任一点。由式 (8.2) 可知，月亮对 A 点的引力位为

$$V_A = \frac{Gm}{r'} \tag{8.4}$$

式中，r' 为月心 O_M 到 A 点的距离。

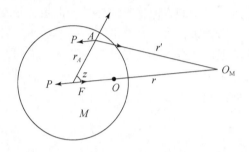

图 8.5   引潮力位展开式中各要素关系示意图

现在再来求由于地球绕地月系中心平动而在 A 点产生的惯性离心力位，前面讲过，地球上每一点的惯性离心力如式 (8.3) 所示。按照位函数的定义，显然在地心上的离心力位为

$$Q_{O_E} = -G\,\frac{m}{r} \tag{8.5}$$

如果能求得 A 点相对于 O 点的离心力位差，则 A 点的离心力位即可求得。由图 8.5 可得

$$\frac{\mathrm{d}Q}{\mathrm{d}r_A} = -\,|\,P\,|\,\cos z \tag{8.6}$$

式中，r_A 为 A 点的地心向径；z 为月亮在 A 点的天顶距；负号表示离心力分量方向和地心向径 r_A 的方向相反。将式 (8.3) 代入式 (8.6)。则

$$\frac{\mathrm{d}Q}{\mathrm{d}r_A} = -G\,\frac{m}{r^2}\cos z$$

再经过积分，得

$$\Delta Q = \int_{Q_{O_E}}^{Q_A}\mathrm{d}Q = -G\,\frac{m}{r^2}\cos z\int_0^P \mathrm{d}p = -G\,\frac{m}{r^2}r_A\cos z \tag{8.7}$$

所以，A 点的离心力位应为式 (8.5) 和式 (8.7) 之和：

$$Q_A = -G\,\frac{m}{r}-G\,\frac{m}{r^2}r_A\cos z \tag{8.8}$$

按照引潮力的定义，A 点的引潮力位应是引力位 V_A 和离心力位 Q_A 之和，即

$$T_A = V_A + Q_A = Gm\left(\frac{1}{r'}-\frac{1}{r}-\frac{r_A}{r^2}\cos z\right) \tag{8.9}$$

由式 (8.9) 可以看出，引潮力位是一个相当复杂的函数。因为地球上任一点 A 至月

心的距离 r' 和月亮的地心天顶距 z 以及 A 点的地心向径 r_A 等不仅和地面点的位置有关，而且还随时间而变化，所以为了便于实际计算和理论分析，和地球的引力位一样，可以将引潮力位展开成级数形式。

一、勒让德展开式

依据图8.5将式（8.9）中 $1/r'$ 的展开成勒让德级数形式，即

$$\frac{1}{r'} = \sum_{n=0}^{\infty} \frac{r_A^n}{r^{n+1}} P_n \cos z \tag{8.10}$$

其中，$P_n(x) = \sum_{i=0}^{n/2 \text{或}(n-1)/2} (-1)^i \frac{(2n-2i)!}{i! \, 2^n (n-i)! \, (n-2i)!} x^{n-2i}$ 为勒让德多项式。

将式（8.10）代入式（8.9）中，则得引潮力位的勒让德展开式为

$$T_A = Gm \sum_{n=2}^{\infty} \frac{r_A^n}{r^{n+1}} P_n \cos z \tag{8.11}$$

如果只取二阶和三阶项，则分别可得

$$T_2(A) = \frac{1}{2} Gm \left[\frac{r_A^2}{r^3} (3\cos^2 z - 1) \right] \tag{8.12}$$

$$T_3(A) = \frac{1}{2} Gm \left[\frac{r_A^3}{r^4} (5\cos^3 z - 3\cos z) \right] \tag{8.13}$$

在引潮力位的勒让德展开式（8.11）中再引进一个常数：

$$D = \frac{3}{4} Gm \frac{R^2}{c^3} \tag{8.14}$$

式中，D 为杜德森常数；c 为地、月心之间的平均距离；R 为与地球同体积的圆球的半径，即 $R = \sqrt[3]{a^2 b}$，a 为地球最大半径；b 为地球最小半径。

将杜德森常数代入式（8.12）和式（8.13）两式，则得

$$T_2(A) = \frac{2}{3} D \left(\frac{c}{r}\right)^3 \left(\frac{r_A}{R}\right)^2 (3\cos^2 z - 1) \tag{8.15}$$

$$T_3(A) = \frac{2}{3} D \left(\frac{c}{r}\right)^4 \left(\frac{r_A}{R}\right)^3 \frac{R}{c} (5\cos^3 z - 3\cos z) \tag{8.16}$$

这就是月亮引潮力位的勒让德展开式。若取至二阶项为式（8.15）；若取至三阶项，则为上两式之和。

杜德森常数是 G、m、c 及 R 的函数，如果这几个精确数值已知的话，则 D 是可以精确求得的。例如，通常采用月亮的杜德森常数 $D = 26206\,\text{cm}^2/\text{s}^2$。现在随着地球平均半径 R 和地月心之间的平均距离测定精度的提高，杜德森常数又有更精确的数值，如 $D = 26277\,\text{cm}^2/\text{s}^2$。引进了这个常数，则便于估算几个基本潮汐的振幅。

对于太阳，可采用完全相同的方法导出与式（8.15）和式（8.16）类似的引潮力位的勒让德展开式。此时需将两式中的杜德森常数（D）、平均距离（c）和地心天顶距（z）换成太阳的数值 D_S、c_S 和 Z_S，同时，公式中的 r 应为太阳质心与地球质心之间的距离。

与式 (8.14) 类似可以写出

$$D_S = \frac{3}{4} G m_S \frac{R^2}{c_S^3}$$

式中，m_S 是太阳的质量。再将 D_S 与 D 相比，可得

$$D_S = \left(\frac{c}{c_S}\right)^3 \left(\frac{m_S}{m}\right) D$$

将 c、c_S、m 和 m_S 值代入上式，则得 $D_S = 0.46051D$，现在更精确的数值为 $D_S = 0.45990D$。

二、拉普拉斯展开式

潮汐现象表现出十分复杂的周期性变化，引潮力位是各种不同周期函数的总和。为了研究潮汐现象的几何和力学性质，还要将引潮力位进一步展开，以便分离出其中的不同因素。在这种情况下，勒让德展开式 (8.15) 和式 (8.16) 中包含天体（月亮或太阳）的地心天顶距 z 是不方便的，因为它随天体以及地面点的位置而变化。由此，我们在进一步展开引潮力位时，采用天体的赤道坐标和地面点的地理坐标，以便将此两种因素在引潮力位中分离开来。

在图 8.6 中，P 是北天极，Z 是地球上任意一点 A 的天顶，O_M 是月心。由此 $\widehat{PO_M} = 90°-\delta$，$\delta$ 为月亮的赤纬；$\widehat{PZ} = 90°-\varphi$，$\varphi$ 为 A 点的纬度；$\widehat{ZO_M} = z$，z 为月亮在 A 点的地心天顶距，$\angle ZPO_M = t$，t 为月亮的时角。在球面三角形 PZO_M 中，利用球函数的加法定理可得

$$P_n(\cos z) = P_n(\sin\delta) P_n(\sin\varphi) + 2\sum_{k=1}^{n} \frac{(n-k)!}{(n+k)!} P_n^k(\sin\delta) P_n^k(\sin\varphi) \cos kt \quad (8.17)$$

将式 (8.17) 代入式 (8.11) 中，并引进杜德森常数，则得引潮力位的一般展开式：

$$T_A = \frac{4}{3} D \frac{c^3}{R^2} \sum_{n=2}^{\infty} \frac{r_A^n}{r^{n+1}} \left[P_n(\sin\delta) P_n(\sin\varphi) + 2\sum_{k=1}^{n} \frac{(n-k)!}{(n+k)!} P_n^k(\sin\delta) P_n^k(\sin\varphi) \cos kt \right]$$

$$(8.18)$$

将式 (8.17) 取至二阶项，则有

$$P_2(\cos z) = P_2(\sin\delta) P_2(\sin\varphi) + \frac{1}{3} P_2^1(\sin\delta) P_2^1(\sin\varphi)\sin(\varphi)\cos t + \frac{1}{12} P_2^2(\sin\delta) P_2^2(\sin\varphi)\cos 2t$$

$$= \frac{1}{4}(3\sin^2\delta - 1)(3\sin^2\varphi - 1) + \frac{3}{4}\sin 2\delta\sin 2\varphi\cos t + \frac{3}{4}\cos^2\delta\cos^2\varphi\cos 2t$$

将上式代入式 (8.18)，并令 $r_A = R$，则得地球表面上任一点 A 的取至二阶项的引潮力位展开式为

$$T_2 = D\left(\frac{c}{r}\right)^3 \cdot \left[3\left(\sin^2\varphi - \frac{1}{3}\right)\left(\sin^2\delta - \frac{1}{3}\right) + \cos^2\varphi\cos^2\delta\cos 2t + \sin 2\varphi\sin 2\delta\cos t \right] \quad (8.19)$$

式 (8.19) 就是引潮力位的拉普拉斯展开式。此式右端所包含的三项分别表示三种不同周期的分潮波，它们有着显著的几何特征。

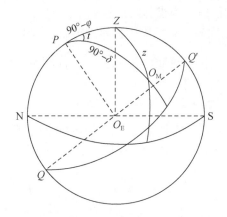

图 8.6　拉普拉斯展开式中的天球坐标要素

(一) 长周期波

式 (8.19) 中第一项 $3(\sin^2\varphi - 1/3)(\sin^2\delta - 1/3)$ 包含了一个常波 ($1/3 - \sin^2\varphi$) 和一个周期波 $3(1/3 - \sin^2\varphi)\sin^2\delta$。从球面天文学可知，天体赤纬 δ 的变化对月亮是一个月为一周期，对太阳是一年为一周期。因为这个周期波与时间有关的周期性函数只有 $\sin^2\delta$，所以此项潮波称为月亮的半月潮波（周期为 14 天）或太阳的半年潮波（周期为六个月），两者统称为长周期波，又称长周期潮。而对于常波，它仅是观测点纬度的函数。因为若使 $1/3 - \sin^2\varphi = 0$ 则在 $\varphi = \pm35°16'$ 的两条纬线上，此项常波等于零。也就是说，由 $\varphi = \pm35°16'$ 的两条纬线将整个地球表面划分成三个带形区域。此项引潮力位在这三个区域内的数值正负交错。图 8.7 中，非阴影区为正，为涨潮区；阴影区为负，为落潮区。显然，引潮力位的这一项为带函数。

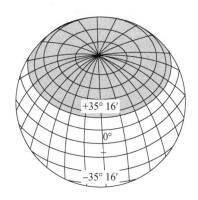

图 8.7　长周期潮分布区

(二) 半日潮波

半日潮波又称半日潮。式 (8.19) 中第二项为 $\cos^2\varphi\cos^2\delta\cos2t$，与时间有关的周期性函数为 $\cos^2\delta\cos2t$。从球面天文学可知，月亮时角 t 在一个太阳日（24h 50.47min）内变化

2π。太阳时角在 24h 内变化 2π。显然 $\cos 2t$ 的周期为半日，而在一日内月亮或太阳的赤纬 δ 变化很小。因此这种潮波称为月亮或太阳的半日潮波，又称半日潮。对于与月亮或太阳的时角 t 成 $\pm\dfrac{\pi}{4}$ 和 $\pm\dfrac{3\pi}{4}$ 地面点以及两极上 $\left(\varphi=\pm\dfrac{\pi}{2}\right)$，此项半日潮波等于零。这就是说，由 $t=\dfrac{\pi}{4}$ 和 $\dfrac{3\pi}{4}$ 的两条经线将整个地球表面划分成四个扇形区域。此项引潮力位在此四个区域内的数值正负交错。如图 8.8 所示，非阴影区为正，为涨潮区；阴影区为负，为落潮区。在每一区域的中央子午线与赤道的交点上振幅达到极大值。显然，引潮力位的这一项为扇函数。

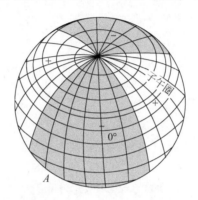

图 8.8　半日潮波分布区图

(三) 周日潮波

周日潮波又称日潮。式 (8.19) 中第三项为 $\sin 2\varphi \sin 2\delta \cos t$，与时间有关的周期性函数为 $\sin 2\delta \cos t$。显然，$\cos t$ 的周期为一日，因此这种称为周日潮波，又称日潮。对于与月亮或太阳的时角 t 成 $\pm\dfrac{\pi}{2}$ 的地面点以及赤道上 ($\varphi=0°$)，此项周日潮波等于零。这就是说，由 $t=\dfrac{\pi}{2}$ 的经线和赤道将整个地球表面划分成四个田形区域，此项引潮力位在此四个区域内的数值正负交错。如图 8.9 所示，非阴影区为正，为涨潮区；阴影区为负，为落潮区。在每一区域的中央子午线与 $\varphi=\pm 45°$ 的纬线交点上，振幅达到最大值。显然，引潮力位的这一项为田函数。

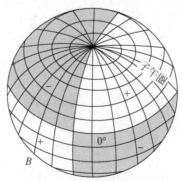

图 8.9　周日潮波分布区

从以上引潮力位的展开及其几何特征可以初步验证潮汐现象是由各种不同周期的潮波叠加而成的。只要在式（8.18）中取 $n=3$，即可推出与式（8.16）相应的引潮力位三阶项展开式为

$$
\begin{aligned}
T_3 = D\left(\frac{c}{r}\right)^4 \frac{R}{c}\Bigg[&\frac{1}{3}\sin\varphi(3-5\sin^2\varphi)(3\sin\delta-5\sin^3\delta)\\
&-\frac{1}{2}\cos\varphi(1-5\sin^2\varphi)\cos\delta(1-5\sin^2\delta)\cos t\\
&+5\sin\varphi\cos^2\varphi\sin\delta\cos^2\delta\cos2t-\frac{5}{6}\cos^3\varphi\cos^3\delta\cos3t\Bigg]
\end{aligned}
\tag{8.20}
$$

三、杜德森展开式

拉普拉斯展开式已将引潮力位展开成三种类型的潮汐波。但地球绕太阳的轨道运动和月亮绕地球的轨道运动是极其复杂的，所以式（8.19）展开式中的 $(c/r)^3$、δ 以及 t 具有复杂的函数关系。为了分析潮汐现象的实质和进行实际计算，将引潮力位只展开成如式（8.19）所示的三类不同周期的潮波是不够的。可以想象，随着日、地、月三者之间相互位置的变化，式（8.19）的三类潮波必定还能分成更多更细的潮汐波。杜德森在将引潮力位作进一步展开时，采用了天文学中的六个天文参数作为变量，使展开式中各潮波的振幅不显示时间的关系。现先将此六个天文参数作图简要说明其几何意义。图8.10表示黄道、白道和赤道的相对位置。

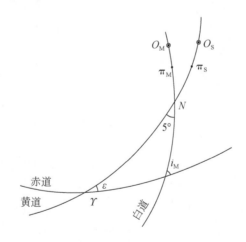

图8.10　黄道、白道和赤道相对位置图

图8.10中 O_M 为月心；O_S 为日心；π_M 为月亮的近地点；π_S 为太阳的近地点（即地球的近日点）；Y 为平春分点；N 为月亮在黄道上的升交点。由图8.10可看出六个天文参数的定义为

月亮平黄经：$S=\widehat{YN}+\widehat{NO_M}$；

太阳平黄经：$h=\widehat{YN}+\widehat{NO_S}$；

月亮近地点平黄经：$P = \widehat{YN} + \widehat{N\pi_{\mathrm{M}}}$；

太阳近地点（或近日点）平黄经：$P_{\mathrm{S}} = \widehat{YN} + \widehat{N\pi_{\mathrm{S}}} = \widehat{Y\pi_{\mathrm{S}}}$；

月亮升交点平黄经：$N = \widehat{YN}$；

平太阴时 $\tau = t + 180°$（从月亮下中天起算，t 为月亮的时角，用角度表示）。

以上五个平黄经（又称平经度）是从春分点起算，并随时间在黄道上等速变化。其中除 N 外，都是向东增加，而 N 则是向西增加，所以在研究潮汐理论时，常采用 $N' = -N$。

此外，根据天文学可知，平太阴时和平太阳时之间有下列关系式：

$$\tau_* = \tau + S - 180° = \tau_{\mathrm{S}} + h - 180° \tag{8.21}$$

式中，τ_* 为恒星时；τ_{S} 为平太阳时（以下中天起算）；S、h 为地球赤道上的角度。由此：

$$\tau = \tau_{\mathrm{S}} + h - S \tag{8.22}$$

表 8.1 列出了以上这些参变量的角频率和周期。

表 8.1 八个参变量的角频率和周期

参数	角频率/[(°)/h]	周期
τ_*	15.0410686	0.997270 平太阳日 = 1 恒星日
τ_{S}	15.0000000	1.000000 平太阳日 = 1 平太阳日
τ	14.4920521	1.035050 平太阳日 = 24h 50.47min = 1 平太阴日
S	0.5490165	27.321582 平太阳日 = 1 回归月
h	0.0410686	365.242199 平太阳日 = 1 回归年
P	0.0046418	8.847 年 = 月亮平近地点周期
P_{S}	0.0000020	20.940 年 = 近日点周期
N'	0.0022064	18.613 年 = 月亮升交点周期

上述六个天文参数，除 τ 在（8.21）式已给出外，其余都是时间的递增函数。根据天文学推导出它们的形式为

$$S = 270.43659° + 481267.8907°T + 0.00198°T^2 + 0.000002°T^3 \tag{8.23}$$

$$P = 334.32956° + 4069.03403°T - 0.01032°T^2 - 0.00001°T^3 \tag{8.24}$$

$$N' = 259.18328° + 1934.14201°T - 0.00208°T^2 - 0.000002°T^3 \tag{8.25}$$

$$h = 279.69668° + 36000.76892°T + 0.00030°T^2 \tag{8.26}$$

$$P_{\mathrm{S}} = 281.22083° + 1.71902°T + 0.00045°T^2 + 0.000003°T^3 \tag{8.27}$$

式中，T 是从 1899 年 12 月 31 日 12 世界时起算儒略世纪数。从天文年历中查得 1899 年 12 月 31 日 12 世界时的儒略日数为 2415020，并且 1 儒略世纪 = 36525 日，所以：

$$T = \frac{T_{\mathrm{t}} - 2415020}{36525} \tag{8.28}$$

此处 T_{t} 为计算时刻（以世界时计）的儒略日数，可以从天文年历中查得。式（8.28）也可写成

$$T = \frac{365K + n + l + (12 + T_0)/24}{36525} \tag{8.29}$$

式中，K 为从 1899 年 12 月 31 日 0 世界时起算的年数；n 为上述期间的闰年数；l 为从本年度开始到计算时刻的天数；T_0 为计算时刻的世界时（以小时为单位）。

利用以上六个天文参数就可以在式（8.19）和式（8.20）的基础上将引潮力位进一步展开。由于这种展开过程极其复杂和冗长，所以这里仅归纳主要的展开步骤，最后给出展开式中一些主要项的结果，而具体的展开原理及过程见附录一，展开步骤如下所示。

（1）找出引潮力位的拉普拉斯展开式［式（8.19）］中的 (c/r)，δ 和六个天文参数之间的关系，如对月亮有

$$\frac{c}{r} = 1 + 0.05490\cos(S - P) + 0.00297\cos 2(S - P)$$
$$+ 0.01002\cos(S - 2h + P) + 0.008252\cos 2(S - h) + \cdots \tag{8.30}$$
$$\sin\delta = \sin\varepsilon\sin S_1\cos\beta + \cos\varepsilon\sin\beta \tag{8.31}$$
$$S_1 = S + 0.1107\sin(S - P)t + \cdots \tag{8.32}$$

式中，ε 为黄赤交角；S_1 为月亮的真黄经。

（2）将上述关系式代入式（8.19），可将：

$$2\left(\frac{c}{r}\right)^3\left(\sin^2\delta - \frac{1}{3}\right)　（长周期波）$$

$$\left(\frac{c}{r}\right)^3\cos^2\delta\cos 2t　（半日波）$$

$$\left(\frac{c}{r}\right)^3\sin 2\delta\cos t　（周日波）$$

化为下列形式各项的组合式：

$$\frac{\cos^i}{\sin^i}(X)\frac{\cos^j}{\sin^j}(Y)\quad i,j = 0,1,2,\cdots$$

就是说，它是某一角度的正弦或余弦几次方乘积的组合，角度 X、Y 是上述天文参数的线性组合。

（3）利用三角学中的和差与积的关系式逐步将上面各项分开，化为合成角 $(X+Y)$ 和 $(X-Y)$ 的正弦和余弦函数，显然 $(X+Y)$ 和 $(X-Y)$ 应是六个天文参数 τ（或 τ_s）、S、h、P、P_s 和 N' 的线性组合。由此引潮力位式（8.19）中的每一种分潮波可以写成下列形式：

$$K_{ABCDEF}{}^{\cos}_{\sin}\{A\tau + BS + Ch + DP + EN' + FP_s\} \tag{8.33}$$

式中，K_{ABCDEF} 为相应的分潮波的系数，它是在进行数学换算时得到的常数。式（8.33）的每一项都表示一种分潮波。

（4）将各分潮波的系数 K_{ABCDEF} 分别乘以下列函数：

对于月亮	对于太阳	
$2G_0 = D(1 - 3\sin^2\varphi)$	$0.46051D(1 - 3\sin^2\varphi) = 0.92102G_0$	(8.34)
$G_1 = D\cos^2\varphi$	$0.46051D\cos^2\varphi = 0.46051G_1$	(8.35)
$G_2 = D\sin 2\varphi$	$0.46051D\sin 2\varphi = 0.46051G_2$	(8.36)

式中，G_0、G_1、G_2 为大地函数。这样就得到了各分潮波的振幅，式（8.33）大括号内的角度就是该分潮波相位。

（5）将这些余弦或正弦分潮波叠加，则得到引潮力位的杜德森展开式。

从以上展开过程可以看出，各分潮波之间具有不同的频率和振幅，而每一分潮波的频率和振幅都是固定的，不随时间而变化；另外，展开式中所包含的项数取决于两个因素，一是式（8.18）中所取的球谐项的多少，通常取至 T_2 和 T_3；二是式（8.30）、式（8.31）和式（8.32）（对于太阳有类似关系式）中所取的项数多少。显然在这些展开式中取的项数越多，则得到的分潮波就越多。杜德森公式在展开时，将系数 K_{ABCDEF} 小于 0.0001 的项全部略去，这正好相当于在式（8.18）中取至 T_3 项，而略去 T_4 以上各项。这样展开出 384 个正弦和余弦分潮波以及两个常潮波，共计 386 项，具体见附录一，而如今最多展开到 508 个波。通常在固体潮的研究中多采用表 8.2 中所列的十种主要分潮波，表 8.2 中所列的角频率是根据分潮波相位中的天文参数的角频率（表 8.1）算得的。若角频率已知，则周期很容易求得。

表 8.2　十种分潮波名称及参数

波名	符号	系数	$\frac{\sin}{\cos}\{相位\}$	幅角数	$\cos(\omega_i t + \varphi_i)$	角频率	周期
周日波							
月亮主周日波	O_1	+0.37689	$\sin(\tau - S)$	$\{145,555\}$	$\tau - S - 90°$	13.943036	25h49min
O_1 的椭圆波	Q_1	+0.07216	$\sin[(\tau - S) - (S - P)]$	$\{135,655\}$	$\tau - 2S + P - 90°$	13.398661	25 48
日、月赤纬波	K_1	-0.53050	$\sin(\tau + S)$	$\{165,555\}$	$\tau + S + 90°$	15.041069	23 56
K_{1m} 的椭圆波	M_1	-0.02964	$\sin[(\tau + S) - (S - P)]$	$\{155,655\}$	$\tau + P + 90°$	14.496694	24 51
K_{1m} 的椭圆波	J_1	-0.02964	$\sin[(\tau + S) + (S - P)]$	$\{175,455\}$	$\tau + 2S - P + 90°$	15.585443	23 55
半日波							
月亮主半日波	M_2	+0.90812	$\cos 2\tau$	$\{255,555\}$	2τ	28.984104	12h25min
太阳主半日波	S_2	+0.42286	$\cos[2\tau + 2(S - h)]$	$\{273,555\}$	$2\tau + 2S - 2h$	30.000000	12 00
M_2 的大椭圆波	N_2	+0.17387	$\cos[2\tau - (S - P)]$	$\{245,655\}$	$2\tau - S + P$	28.439730	12 39
M_2 的小椭圆波	L_2	-0.02567	$\cos[2\tau + (S - P)]$	$\{265,455\}$	$2\tau + S - P + 180°$	29.528479	12 07
M_2 的椭圆波	$2N_2$	+0.02301	$\cos[2\tau - 2(S - P)]$	$\{235,755\}$	$2\tau - 2S + 2P$	27.895355	12 55

在式（8.33）的分潮波相位中，τ 的系数 A 总是正整数，而后面五个天文参考数的系数 B、C、D、E、F 可正可负，通常由 -4 变到 +4。为了避免这些数出现负数，所以在 B 到 F 各数上加 5，则式（8.33）大括号内的数值变为

$$\{A\tau + (B+5)S + (C+5)h + (D+5)P + (E+5)N' + (F+5)P_S\}$$

天文参数前的系数称为幅角数（由于这种编排方式是杜德森建议的，因此又称杜德森编码），因为前三个数是角频率较大的天文参数的系数，所以用逗号将它们与后面三个系数隔开。杜德森展开式的 386 个分潮波的幅角数及其系数 K_{ABCDEF} 可从附录一中查得。有了幅角数，则各分潮波就按幅角数由小到大自动排列分类。幅角数的前三位数字称为分波

数，前三位数字的头两个数字称为群数，第一个数字称为类别数。例如，在表8.2中辐角数为265455，分波数为265，群数为26，类别数为2，即半日波。在少数情况下，B 到 F 五个系数可能超出 -4 ~ +4 的范围，此时用 X 代替5，用 E 代替6，用 I 代替-6，用 O 代替 -5。从附录一中可以看出，幅角数小的潮波角频率小，相对应于长周期波，反之，对应于短周期波。

通常为了实际计算，又将式（8.33）各分潮波的相位换成习惯上常见的形式。首先，在相位中附加一个经过适当选择的 90° 的倍数（倍数可为 0、±1 或 2），这样就使式（8.33）的所有分潮波，不论是"±sin"，还是"±cos"都用"+cos"表示，如表8.2中的 O_1 波是 $0.37689G_1\sin(\tau-S)$，从相位中减去 90°，则得 $0.37689G_1\sin(\tau-S)=0.37689G_1\cos(\tau-S-90°)$；又如 M_1 波是 $-0.02964G_1\sin[(\tau+S)-(S-P)]=-0.02964G_1\cos[(\tau+S)-(S-P)+90°]$。按照习惯，总是将余弦波写成如下形式：

$$\cos(\tau-S-90°)=\cos(\omega_i t+\varphi_i)$$

式中，ω_i 为分潮波的角频率；φ_i 为某初始时刻的初相位；t 为计算 φ_i 的初始时刻到引潮力位的那一瞬间的时间间隔。由此引潮力位 T_A 的杜德森展开式的最后式为

$$T_A=\sum_{i=1}^n A_i\cos(\omega_i t+\varphi_i) \tag{8.37}$$

式中，A_i 为分潮波的振幅，等于系数 K_{ABCDEF} 和相应的大地函数的乘积；n 为展开的项数，如可为 386。

引潮力位的这个杜德森展开式是潮汐分析的理论基础。

第二节　地球固体潮平衡潮现象

假设地球是一个刚体，则在引潮力的作用下，地球所产生的一切潮汐现象都称为平衡潮，现在就用引潮力位来讨论这些平衡潮现象。

一、大地水准面潮汐

假设在没有引潮力作用下，刚体地球的外部存在着一个大地水准面，其方程为

$$W_0=C \tag{8.38}$$

式中，W_0 为大地水准面上的重力位；C 为常数。

实际上这个大地水准面就是覆盖在刚体地球表面的静止海水面，当有引潮力作用时，此大地水准面将因潮汐运动而发生形变。根据图8.4可知，形变后的大地水准面形状如图8.11所示的虚线椭圆所示。此时原来大地水准面上的 A 点上升至 A' 点，B 点下降到 B' 点。AA' 或 BB' 称为大地水准面平衡潮高，通常用 ζ_0 表示。

在 A' 点的地球重力位 W 可用泰勒级数展开式的一阶项表示成

$$W(A')=W_0+\zeta_0\frac{\partial W}{\partial r_A}$$

式中，W_0 为原来大地水准面上 A 点的重力位；r_A 为 A 点的地心向径。

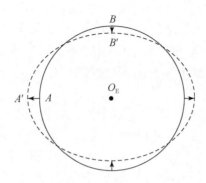

图 8.11　大地水准面潮汐

此外，在 A' 点还作用了引潮力位 $T(A)$。假设在引潮力作用下发生形变后的大地水准面仍是一个等位面，则其方程式为

$$W_0 + \zeta_0 \frac{\partial W}{\partial r_A} + T(A) = C$$

与式（8.38）相减，则得

$$\zeta_0 \frac{\partial W}{\partial r_A} + T(A) = 0$$

按位的定义 $\frac{\partial W}{\partial r_A} = -g$，所以求得大地水准面平衡潮高为

$$\zeta_0 = \frac{T(A)}{g} \tag{8.39}$$

式中，g 为地球的平均重力值。

二、重力固体潮

在地球是刚体的情况下，引潮力沿地球重力方向（即垂直于大地水准面的方向）的分量称为刚体地球的重力固体潮。如图 8.12 所示，$F+P$ 为引潮力，g_v 为其垂直分量（向下为正）。我们将引潮力位 $T(A)$ 对 A 点的地心向径 r_A 求导数就可求得重力固体潮，即

$$g_v = -\frac{\partial T}{\partial r_A} \tag{8.40}$$

将式（8.15）代入式（8.40），求导后再令 $r_A = R$，则得按勒让德多项式展开的重力固体潮为

对月亮：

$$g_{v_M} = -\frac{4}{3} \frac{D}{R} \left(\frac{c}{r} \right)^3 (3\cos^2 z - 1) \tag{8.41}$$

对太阳：

$$g_{v_S} = -\frac{4}{3} \frac{D_S}{R} \left(\frac{c_S}{r_S} \right)^3 (3\cos^2 z_S - 1) \tag{8.42}$$

若在式（8.18）中取至二阶项，并将它代入式（8.40），求导后再令 $r_A = R$，则得按拉

普拉斯方法展开的重力固体潮为

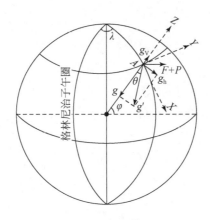

图 8.12　重力固体潮

对月亮：

$$g_{v_M} = -\frac{2D}{R}\left(\frac{c}{r}\right)^3\left[3\left(\sin^2\varphi - \frac{1}{3}\right)\left(\sin^2\delta - \frac{1}{3}\right) + \cos^2\varphi\cos^2\delta\cos 2t + \sin 2\varphi\sin 2\delta\cos t\right] \quad (8.43)$$

对太阳：

$$g_{v_S} = -\frac{2D_S}{R}\left(\frac{c_S}{r_S}\right)^3 \cdot \left[3\left(\sin^2\varphi - \frac{1}{3}\right)\left(\sin^2\delta_S - \frac{1}{3}\right) + \cos^2\varphi\cos^2\delta_S\cos 2t + \sin 2\varphi\sin 2\delta_S\cos t_S\right]$$

$$(8.44)$$

与引潮力位一样，还可将式（8.44）按杜德森方法展开成

$$g_v = \sum_{i=1}^{n} H_i\cos(\omega_i t + \varphi_i) \quad (8.45)$$

在式（8.45）中振幅 H_i 和式（8.37）不同，它为

$$H_i = K \cdot c_0 \cdot B \quad (8.46)$$

式中，K 和式（8.37）中的系数 K_{ABCDEF} 相同；c_0 对于月亮为 $c_0 = \frac{4D}{R} = 1.6455\text{g. u.}$，对于太阳为 $c_S = 0.46051 \times \frac{4D}{R} = 0.7578\text{g. u.}$；$B$ 是纬度 φ 的函数，分别为 $\frac{1}{4}(3\sin^2\varphi - 1)$、$\frac{1}{2}\cos^2\varphi$ 和 $\frac{1}{2}\sin 2\varphi$。

以上这些重力固体潮的公式是在刚体地球的条件下推导出来的，因此用这些公式求得的引潮力垂直分量又称重力固体潮的理论值。该值是可以计算出来的，计算方法将在下节讨论。

三、地倾斜固体潮

对于刚体地球，沿大地水准面水平方向的引潮力分量 g_h 将引起垂线方向的变化，这就是说，地球上一点的垂线方向应是重力（减去引潮力垂直分量）和引潮力水平分量的合力方向，如图 8.12 中的 g' 所示。由于引潮力水平分量 g_h 的作用使垂线方向 g 偏离的 θ 一般很小，因此可以写为

$$\theta = \frac{g_h}{g} \tag{8.47}$$

由于垂线偏离，则过 A 点的水平面发生同样的倾斜，这就相当于地平面倾斜，所以垂线方向的这种变化称为地倾斜固体潮。将引潮力位式（8.15）对水平方向求导数，并令 $r_A = R$，则可求得引潮力的水平分量为

对于月亮：

$$g_h = -\frac{\partial T}{r_A \partial z} = \frac{4D}{R}\left(\frac{c}{r}\right)^3 \sin z \cos z \tag{8.48}$$

所以

$$\theta = \frac{2D}{gR}\left(\frac{c}{r}\right)^3 \sin 2z \tag{8.49}$$

对于太阳同样可得

$$\theta_S = \frac{2D_S}{gR}\left(\frac{c_S}{r_S}\right)^3 \sin 2z_S \tag{8.50}$$

在实际应用和观测中，通常只能记录出地倾斜固体潮的 SN 和 EW 两个分量，即子午圈和卯酉圈分量。这里也分别用 ξ_0、η_0 表示。由此按垂线偏差所规定的方向，可得

$$\left.\begin{array}{l} \xi_0 = -\dfrac{g_x}{g} \\[3mm] \eta_0 = -\dfrac{g_y}{g} \end{array}\right\} \tag{8.51}$$

式中，g_x 为引潮力在子午圈上的分量；g_y 为引潮力在卯酉圈上的分量。

为了求得 g_x、g_y，将引潮力位的拉普拉斯展开式［式（8.19）］分别对子午圈和卯酉圈方向求偏导数，再令 $r_A = R$ 即可。

对于月亮：

$$g_{x_M} = -\frac{\partial T}{r_A \partial \varphi} = -\frac{D}{R}\left(\frac{c}{r}\right)^3 \cdot \left[3\sin 2\varphi\left(\sin^2\delta - \frac{1}{3}\right) - \sin 2\varphi\cos^2\delta\cos 2t + 2\cos 2\varphi\sin 2\delta\cos t\right] \tag{8.52}$$

在对卯酉圈方向求偏导数时，应先将 $t = t_0 + \lambda$ 代入式（8.19）。此处 t_0 为对格林尼治子午圈的平月亮时角；λ 为观测点的经度。由此得

$$g_{y_M} = -\frac{\partial T}{r_A \cos\varphi \partial \lambda} = -\frac{2D}{R}\left(\frac{c}{r}\right)^3 \cdot \left[-\cos\varphi\cos^2\delta\sin 2t - \sin\varphi\sin 2\delta\sin t\right] \tag{8.53}$$

对于太阳同样可得

$$g_{x_S} = -\frac{D_S}{R}\left(\frac{c_S}{r_S}\right)^3 \cdot \left[3\sin 2\varphi\left(\sin^2\delta_S - \frac{1}{3}\right) - \sin 2\varphi\cos^2\delta_S\cos 2t_S + 2\cos 2\varphi\sin 2\delta_S\cos t_S\right] \tag{8.54}$$

$$g_{y_S} = -\frac{2D_S}{R}\left(\frac{c_S}{r_S}\right)^3 \left[-\cos\varphi\cos^2\delta_S\sin 2t_S - \sin\varphi\sin 2\delta_S\sin t_S\right] \tag{8.55}$$

按式（8.51）将式（8.52）～式（8.55）分别除以 g，则得地倾斜固体潮的两个分量 ξ_0 和 η_0。同理，也可以按杜德森方法将地倾斜固体潮展开式和式（8.45）相似的形式，

这里不再赘述。

第三节 重力固体潮理论值计算

计算重力固体潮理论值的方法很多，这里只介绍我国曾采用过的两种方式，天顶计算法以及杜德森展开式计算法。

一、天顶距计算法

这种方法是按照式（8.41）和式（8.42）进行计算的，为了提高计算精度，若要求达到 $0.01\,\mathrm{g.u.}$ 时，对月亮的重力固体潮还必须在式（8.41）中扩充一项，至 $n=3$ 阶；而对太阳的重力固体潮式（8.42）顾及 $n=2$ 阶已足够。按式（8.40）将式（8.16）对 r_A 求导数后，并令 $r_A=R$，再将它与式（8.41）相加，则得顾及三阶项的月亮的重力固体潮理论值为

$$g_{v_M} = -\frac{4}{3}\frac{D}{R}\left(\frac{c}{r}\right)^3(3\cos^2 z-1) - \frac{2D}{c}\left(\frac{c}{r}\right)^4(5\cos^3 z-3\cos z) \tag{8.56}$$

此外，为了便于计算，还要对此计算公式进行必要的换算。按天文学可知，在式（8.56）中 (c/r) 可用月亮的地平视差来表示。从图8.13中很容易看出：

$$\sin P_0 = \frac{R}{c}, \quad \sin P = \frac{R}{r}$$

由此，

$$\frac{c}{r} = \frac{\sin P}{\sin P_0} \tag{8.57}$$

式中，P 为月亮的瞬时地平视差；P_0 为月亮的平均地平视差。

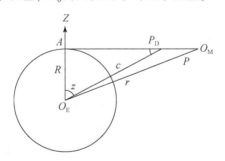

图8.13 月亮的地平视差

将式（8.57）代入式（8.56），可得

$$g_{v_M} = -\frac{4D}{R}\left(\frac{\sin P}{\sin P_0}\right)^3\left(\cos^2 z-\frac{1}{3}\right) - \frac{2D}{R}\left(\frac{\sin P}{\sin P_0}\right)^4\sin P_0\left[\cos z(5\cos^2 z-3)\right] \tag{8.58}$$

同理对太阳可求得

$$g_{v_S} = -\frac{4D_S}{R}\left(\frac{\sin P_S}{\sin P_{0S}}\right)^3\left(\cos^2 z_S-\frac{1}{3}\right) \tag{8.59}$$

在式（8.58）和式（8.59）中，$\frac{4D}{R}=c_0$。在式（8.46）中已求得为 1.6455g. u. ；$\frac{4D_S}{R}=c_S$，已求得为 0.7578g. u. 。月亮或太阳的瞬时地平差 P 可从天文年历中查得，而平均地平视差是常数：月亮 $P_0=57'02''.52$；太阳 $P_{0S}=8''.79$。剩下的就是计算月亮或太阳的地心天顶距 z。这是计算的关键。按图8.6，可得

$$cosz=sin\varphi sin\delta+cos\varphi cos\delta cost \tag{8.60}$$

式中，φ 为观测点的纬度，是已知值；δ 为月亮或太阳的瞬时赤纬，可从天文年历中查得，因此只有月亮或太阳的时角 t 需要计算。从天文学中可知，它的计算公式为

对于月亮：

$$\left.\begin{array}{l} t=t_0+\lambda \\ t_0=\tau_{*0}-\alpha_0 \\ \tau_{*0}=\tau_{*0}^0+T_0+\mu T_0 \end{array}\right\} \tag{8.61}$$

式中，t 为世界时 T_0 的月亮时角（应是地方时角）；t_0 为世界时 T_0 的月亮格林尼治时角；λ 为观测点经度；α_0 为世界时 T_0 的月亮视赤经，可从天文年历中查得；τ_{*0} 和 τ_{*0}^0 分别为世界时 T_0 和零时的恒星时，τ_{*0}^0 可从天文年历中查得；μT_0 为平时化恒星时的改正值，也可从天文年历中查得。

对于太阳：

$$\left.\begin{array}{l} t_S=t_{0S}+\lambda \\ t_{0S}=T_0\pm12^h+\eta \end{array}\right\} \tag{8.62}$$

式中，t_S 为世界时 T_0 的太阳时角（应是地方视时角）；t_{0S} 为世界时 T_0 的太阳格林尼治时角；η 为时差，可从天文年历中内插而得。

综上所述，我们只要按以上步骤利用天文年历即可算出世界时 T_0、纬度为 φ、经度为 λ 处的重力固体潮的理论值。

二、杜德森展开式计算法

该方法的计算公式为式（8.45），前面已经讲过，杜德森展开式中包含了 386 个潮汐分波，即在式（8.45）中，$n=386$。而目前又将它展到 508 个波，但是在计算重力固体潮的理论值时，无须逐项进行计算，因为其中有的分波的振幅是很小的。如果要求计算精度达到 0.01g. u. ，则只需取振幅大于 0.001g. u. 的分潮波来计算就行了。例如，在我国有的采用了 109 个主要分潮波，这些分潮波的振幅系数的总和的绝对值占杜德森展开式中的振幅系数总和的 97%，所以理论值计算的精度是可以满足要求的，计算步骤如下所示。

（1）计算初相 φ_i，初始时刻一般选在每月 0^h（北京时）。将它化为世界时 T_0，然后代入（8.29）式算出 T_0 时刻的儒略世纪数 T。

将 T 代入式（8.23）～式（8.27），算出初始时刻的五个天文参数 S、h、P、N'、P_S。而初始时刻 T_0（世界时）的平太阴时 τ 的计算公式按式（8.22）可写为

$$\tau=15°T_0+h-S+\lambda \quad （以度为单位）$$

式中，λ 为观测点的经度（适于东经）。有了初始时刻的六个天文参数，则可由以下公式求得初相：

$$\varphi_i = A\tau + BS + Ch + DP + EN' + FP_S \pm n90°$$

式中，系数 A、B、C、D、E、F 可以从附录一中附表 1.1 按幅角数查得，系数 n 为 0、±1 或 2（表 8.2）。

前面已经讲过，各分潮波的角频率 ω_i 是已知值，则计算时刻的分潮波相位 $[\omega_i(t'-8)+\varphi_i]$ 就可算出。此处 t' 为从初始时刻（北京时）至计算时刻（北京时）的钟点数，化为世界时则为 $(t'-8)$。

（2）计算振幅 H_i，从附录一中查得各分潮波的系数 K_{ABCDEF}，将它和观测点的纬度 φ 代入式（8.46）就可算出各分潮波的振幅 H_i。

（3）求出振幅 H_i 和相位 $[\omega_i(t'-8)+\varphi_i]$ 后，再按式（8.45）将各分潮波叠加，就可算出重力固体潮的理论值。

在这种方法中，为了避免 t' 值过大而使角频率中引起积累误差，所以每月 1 日 0^h 计算一次初相 φ_i。重力固体潮理论值是在观测点上计算出每小时的数值，一年一次编成用表备查，现在都采用电算。

第四节　弹性地球模型潮汐响应——勒夫数

在讲地球平衡潮现象时，是将地球当成刚体。然而实际上地球并非刚体，它是具有一定黏滞性的弹性体，因此，在日月引潮力的作用下，地球的固体部分会产生潮汐运动。这就使地球本身不仅发生形变，而且由于体膨胀则使内部密度也发生变化。由此，地球的重力位、重力以及垂线方向等都将有所改变。显然，在地面上用仪器观测到的各种地球潮汐值和计算得到的理论值是不相符合的。勒夫（A. E. H. Love）引进了几个参数，将这些潮汐理论值和观测值联系起来，这些参数是和地球内部的弹性和密度分布有关的，称为勒夫数，它们都是无量纲数。

一、勒夫数

（一）勒夫数 h

如图 8.14 所示，A 为地球表面上任一点。若地球是刚体，则在引潮力的作用下 A 点

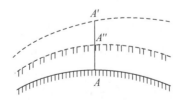

图 8.14　平衡潮高与固体潮高关系图

不动；若 A 点是覆盖在刚体地球表面上的平静海水面上（即大地水准面）的一点，则在引潮力的作用下，A 点将随海水上升至 A' 点，上升的距离为 $AA' = \zeta_0$，它就是式（8.39）的平衡潮高。

但是地球是弹性体，在引潮力作用下，地球的固体表面也将产生形变，则 A 点上升至为 A'' 点，上升的距离为 $AA'' = \zeta$，称它为地球的固体潮高（即径向位移）。此两种潮高有下列比例关系：

$$\zeta = h\zeta_0 = h \frac{T}{g} \tag{8.63}$$

比例系数 h 为勒夫数之一，其定义是地球表面的固体潮高和平衡潮高之比。若将引潮力位 T 展开成球函数级数，则式（8.63）可写成

$$\zeta = \sum_{n=2}^{\infty} h_n \frac{T_n}{g} \tag{8.64}$$

这就是说在引潮力位展开式中的各阶项 T_n 有相应阶的勒夫数 h_n。

（二）勒夫数 l

引潮力会使固体弹性地球表面上任一点产生径向位移和水平位移。它在子午圈和卯酉圈方向上的分量为 u_φ、u_λ，而相应的，在海水面上一点在引潮力作用下产生的水平位移的两个分量按式（8.51）求得为

$$u_\varphi^0 = \frac{1}{g} \frac{\partial T}{\partial \varphi}, \quad u_\lambda^0 = \frac{1}{g} \frac{\partial T}{\cos\varphi \partial \lambda}$$

此两种水平位移有下列比例关系：

$$u_\varphi = lu_\varphi^0 = l \frac{1}{g} \frac{\partial T}{\partial \varphi} \tag{8.65}$$

$$u_\lambda = lu_\lambda^0 = l \frac{1}{g} \frac{\partial T}{\cos\varphi \partial \lambda} \tag{8.66}$$

比例系数 l 为勒夫数之二，其定义是地球表面固体潮水平位移和平衡潮水平位移之比。同样将引潮力位 T 用球函数级数表示，则式（8.65）和式（8.66）可写成

$$u_\varphi = \frac{1}{g} \sum_{n=2}^{\infty} l_n \frac{\partial T_n}{\partial \varphi} \tag{8.67}$$

$$u_\lambda = \frac{1}{g} \sum_{n=2}^{\infty} l_n \frac{\partial T_n}{\cos\varphi \partial \lambda} \tag{8.68}$$

（三）勒夫数 k

在引潮力作用下，固体弹性地球发生形变，并使地球内部的密度发生变化，由此引起地球重力位的变化。重力位的这种变化称为附加位，用 T' 表示，它和平衡潮的引潮力位有下列比例关系：

$$T' = kT \tag{8.69}$$

比例系数 k 为勒夫数之三，其定义为地球形变所产生的附加位和平衡潮引潮力位之比。若将 T 表示成球函数级数，则式（8.69）可变为

$$T' = \sum_{n=2}^{\infty} k_n T_n \tag{8.70}$$

二、勒夫数线性组合

我们知道，地球潮汐运动是一种极为复杂的自然现象，因而由固体潮引起的地球弹性形变、重力场的变化以及海潮运动等各种现象混为一体，相互影响。由此，以上三个勒夫数之间一定是互相联系而成为一种组合形式，这种组合形式往往是能实际观测到的，现在来讨论几种综合的地球潮汐现象。

（一）相对于弹性地球表面的海潮

如图 8.15 所示，引潮力引起覆盖在地球表面上的海水面上一点 A 的海潮高应由两部分组成：一部分是与引潮力位 T 相应的平衡潮高 $AA' = \zeta_0$，另一部分是由地球形变所产生的附加位 T' 又使海水面由 A' 上升至 A'''。按式（8.39）和式（8.69）海水面上升的绝对高度为

$$\zeta_1 = AA''' = \frac{T+T'}{g} = (1+k)\frac{T}{g} \tag{8.71}$$

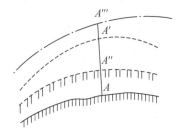

图 8.15　相对于弹性地球表面的海潮

但是地球固体表面的 A 点又在引潮力作用下上升至 A'' 点，因此实际能观测到的海潮高为

$$\Delta\zeta = AA''' - AA'' = \zeta_1 - \zeta$$

将式（8.71）和式（8.64）代入可得

$$\Delta\zeta = \sum_n (1 + k_n - h_n)\frac{T_n}{g} \tag{8.72}$$

令

$$\gamma_n = 1 + k_n - h_n \tag{8.73}$$

则

$$\Delta\zeta = \sum_n \gamma_n \frac{T_n}{g} = \gamma\zeta_0 \tag{8.74}$$

式（8.74）说明海水面相对于弹性地球表面的海潮高和平衡潮高之比等于常数 γ，γ 是勒夫数的线性组合。

实际海潮高 $\Delta\zeta$ 可用测潮计进行观测，平衡潮高可以计算出来（采用重力固体潮理论值相似的计算方法），因此比例系数 γ 是可以求得的。

（二）重力变化

在地球表面上的任一点引潮力引起的重力变化 Δg 应由两部分组成，一部分是引潮力的垂直分量 Δg_1，另一部分是引潮力使弹性地球固体表面升降而引起的重力变化 Δg_2。而第一部分 Δg_1 又包含两个因素的影响，一个是刚体地球的引力垂直分量 $\Delta g_1'$，（即重力固体潮理论值 g_v），另一个是与形变附加位相应的引力垂直分量 $\Delta g_1''$，因此可以写出

$$\Delta g = \Delta g_1' + \Delta g_1'' + \Delta g_2 \tag{8.75}$$

式中，$\Delta g_1' = -\dfrac{\partial T}{\partial r_A}\bigg|_{r_A=R} = g_v$；$\Delta g_1'' = -\dfrac{\partial T'}{\partial r_A}\bigg|_{r_A=R}$；$\Delta g_2 = \zeta\dfrac{\partial g}{\partial r_A}$，将式（8.11）对 r_A 求导数，并且将 T 表示成 n 阶项级数和，得

$$\Delta g_1' = -\sum_n \frac{n T_n}{r_A}\bigg|_{r_A=R} = -\sum_n \frac{n T_n}{R} \tag{8.76}$$

地面（当作半径为 R 的球面）上的形变附加位 T' 可用球函数级数表示，并按（8.70）式，得

$$T_R' = \sum_{n=2}^{\infty} Y_n(\theta,\lambda) = \sum_{n=2}^{\infty} k_n T_n \tag{8.77}$$

按管泽霖等（1981）附录 1 中的公式可得到地球外部一点（即 $r_A > R$）的形变附加位为

$$T_{r_A}' = \sum_{n=2}^{\infty} \left(\frac{R}{r_A}\right)^{n+1} Y_n(\theta,\lambda)$$

将上式对 r_A 求导数，并考虑式（8.77），只取 n 项和，得

$$\Delta g_1'' = \sum_n \frac{(n+1)}{r_A}\left(\frac{R}{r_A}\right)^{n+1} Y_n(\theta,\lambda)\bigg|_{r_A=R} = \sum_n \frac{(n+1)}{R} Y_n(\theta,\lambda) = \sum_n \frac{(n+1)}{R} k_n T_n \tag{8.78}$$

因为 Δg_2 的数值较小，可用圆球引力代替地球重力，即 $g = -\dfrac{GM}{r_A^2}$，则 $\dfrac{\partial g}{\partial r_A}\bigg|_{r_A=R} = \dfrac{2g}{R}$，顾及式（8.78）和式（8.64），只取 n 项和，可得

$$\Delta g_2 = -\frac{2g}{R}\zeta = -\frac{2g}{R}\sum_n h_n \frac{T_n}{g} = -2\sum_n h_n \frac{T_n}{R} \tag{8.79}$$

将式（8.76）、式（8.78）和式（8.79）代入式（8.75），得

$$\Delta g = -\sum_n \left(1 + \frac{2}{n}h_n - \frac{n+1}{n}k_n\right)\frac{n T_n}{R} \tag{8.80}$$

令

$$\delta_n = 1 + \frac{2}{n}h_n - \frac{n+1}{n}k_n \tag{8.81}$$

所以

$$\Delta g = -\sum_n \delta_n \frac{n T_n}{R} = -\delta g_v \tag{8.82}$$

比例系数 δ 称为重力固体潮的潮汐因子，它等于弹性地球在引潮力作用下产生的重力变化 Δg 和重力固体潮理论值之比。

从（8.81）式明显看出，重力固体潮的潮汐因子 δ_n 的形式是随着引潮力位展开式中的阶数不同而不同的。若在引潮力位展开式中只取至二阶项，即 $n=2$，则按式（8.81）得二阶的潮汐因子为

$$\delta_2 = 1 + h_2 - \frac{3}{2}k_2$$

重力变化可以通过精密重力仪在固定台站上连续记录出来，这就是重力固体潮观测值，它应该尽可能消除各种外界因素的影响（如温度、气压、电磁、仪器倾斜以及零点漂移等）。由于重力固体潮的观测值和理论值都可求得，所以潮汐因子 δ 也是可以求得的。

（三）　垂线相对于地面法线的偏离

如图 8.16 所示，GG' 为刚体地球的法线，也就是不受任何扰动影响的重力方向；gg' 是在引潮力作用下垂线偏离的方向，即瞬时垂线方向，它应由两部分组成，一部分是与平衡潮的引潮力位相应的垂线偏离，也就是地倾斜固体潮的理论值；另一部分是与形变附加位相应的垂线偏离。

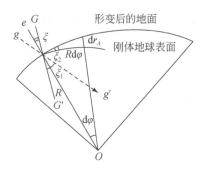

图 8.16　垂线相对于地面法线的偏离

显然在子午圈方向上可得

$$\xi_1 = \frac{\partial}{gR\partial\varphi}\left[T + T'\right] = \sum_n \frac{\partial}{gR\partial\varphi}(T_n + k_n T_n) \tag{8.83}$$

另外，弹性地球在引潮力作用下产生形变，形变表面的方程为

$$r_A = R + \xi = R + \sum_n h_n \frac{T_n}{g}$$

从图 8.16 中很容易看出，在子午面内形变地面相对于刚体地球表面的倾角为

$$\xi_2 = \frac{\mathrm{d}r_A}{R\mathrm{d}\varphi} = \sum_n \frac{h_n}{g}\frac{\partial T_n}{R\partial\varphi} \tag{8.84}$$

形变后地面的倾斜方向总是与瞬时垂线的偏离方向相同，因此垂线相对于地面法线的偏离在子午圈和卯酉圈方向上的分量为

$$\xi = \xi_1 - \xi_2 = \sum_n \frac{1 + k_n - h_n}{g} \cdot \frac{\partial T_n}{R\partial\varphi} \tag{8.85}$$

$$\eta = \eta_1 - \eta_2 = \sum_n \frac{1 + k_n - h_n}{g} \cdot \frac{\partial T_n}{R\cos\varphi \partial \lambda} \tag{8.86}$$

按式（8.73），式（8.85）和式（8.86）又可写为

$$\xi = \sum_n \frac{\gamma_n}{g} \frac{\partial T_n}{R \partial \varphi} = \gamma \xi_0 \tag{8.87}$$

$$\eta = \sum_n \frac{\gamma_n}{g} \frac{\partial T_n}{R\cos\varphi \partial \lambda} = \gamma \eta_0 \tag{8.88}$$

式（8.87）和式（8.88）说明实际地球的地倾斜固体潮和刚体地球的地倾斜固体潮（理论值）之比为常数 γ。前者可用水平摆倾斜仪观测出来，后者也可用计算重力固体潮理论值的同样方法计算出来，因此比例常数 γ 也可用此种方法求得。图 8.17 给出地倾斜固体潮的观测值（实线）和相应的理论值（虚线）的曲线图，图 8.17 中纵坐标为地倾斜固体潮值（以 ms 为单位），横坐标为观测日期（每日整点数）。

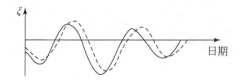

图 8.17　地倾斜固体潮的观测值和理论值曲线图

（四）垂线相对于地轴的偏离

上面所讲的垂线相对地面法线的偏离是与地壳倾斜有关的，在水平摆倾斜仪中用来量测垂线偏离的固定参考方向随地壳倾斜而倾斜。但在天文观测中，垂线偏离的情况就不同了，它会引起天文坐标（主要是纬度）的变化。而在用天文方法测定坐标时，垂线方向是以精密的水准管或水银槽来确定的。在这种情况下，它不随地壳的倾斜而偏离。但是如图 8.18 所示，由于地壳在引潮力作用下发生水平位移，这就引起垂线相对地轴 PP' 的偏离 $\Delta\varphi'$。图 8.18 中 ξ_1 和图 8.16 一样，它的数值可用式（8.83）计算。$\Delta\varphi'$ 可按式（8.67）求得

$$\Delta\varphi' = \sum_n l_n \frac{\partial T_n}{gR \partial \varphi} \tag{8.89}$$

从图 8.18 可以看出，ξ_1 使垂线向地轴倾斜，增大天文坐标，$\Delta\varphi'$ 则使垂线背离地轴倾斜，减小天文坐标，由此垂线相对地轴的偏离为

$$\Delta\varphi = \xi_1 - \Delta\varphi' = \sum_n \frac{1 + k_n - l_n}{Rg} \frac{\partial T_n}{\partial \varphi} \tag{8.90}$$

$$\Delta\lambda = \eta_1 - \Delta\lambda' = \sum_n \frac{1 + k_n - l_n}{Rg\cos\varphi} \frac{\partial T_n}{\partial \lambda} \tag{8.91}$$

令 $\Lambda_n = 1 + k_n - l_n$，则得

$$\Delta\varphi = \sum_n \frac{\Lambda_n}{Rg} \frac{\partial T_n}{\partial \varphi} = \Lambda \xi_0 \tag{8.92}$$

$$\Delta\lambda = \sum_n \frac{\Lambda_n}{Rg\cos\varphi}\frac{\partial T_n}{\partial \lambda} = \Lambda\eta_0 \tag{8.93}$$

式（8.92）和式（8.93）说明实际垂线相对于地轴的偏离和平衡潮引起的垂线偏离之比为一常数 Λ。$\Delta\varphi$ 和 $\Delta\lambda$ 是天文经、纬度在引潮力作用下产生的变化，可通过天文观测获得，而平衡潮引起的垂线偏离就是地倾斜固体潮理论值，所以比例系数 Λ 也是可以求得的。

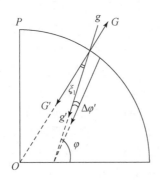

图 8.18 垂线相对于地轴的偏离

综上所述，我们只要通过不同的观测手段（海潮、重力、地倾斜以及天文等）求得比例系数 δ、γ 和 Λ，由于它们都是勒夫数 h、k 和 l 的线性函数，因此这三个勒夫数也就可以解算出来。为此必须在世界各地设立许多固定台站，装备各种精密仪器，以便对地球固体潮进行观测。上述这些比例系数是否求得准确，主要取决于台站观测设备的质量，观测方法的好坏、观测资料的多少和优劣以及观测资料的分析处理是否合理等。这些都是地球固体潮观测中必须认真解决的问题。

第五节　固体潮作用

固体潮主要是由日月引潮力作用而引起的地球本身的一种弹性形变现象，而这种形变和引潮力具有相应的变化规律，并且它也是到目前为止能够预先算出力源大小的唯一的一种地球形变现象。正是因为这一点，它才在许多科学领域中，如大地测量学、地球物理学、天文学、海洋学、地震学以及空间科学等得到广泛的应用。尤其在近几年来出现的地球动力学方面的研究上应用更广。这里只对几种较为突出的作用进行论述。

一、在高精度重力基准网中的潮汐校正

为了建立重力测量基准，在世界范围或某一地区（或国家）要建立重力基准网，如1971 年通过的国际重力基准网（IGSN-71）。因为它是一切重力测量的控制基础，所以要求具有很高的精度。但是地面点总是受到日月引潮力的作用，使重力值发生随时间的变化。这种变化在 6h 内最大可能达到 3.5g.u. 的幅度，这就必须在重力观测值中加以改正以消除其影响，此项改正称为重力固体潮改正或简称潮汐改正。具体改正办法是先算出重力固体潮理论值，再乘以潮汐因子 δ，即可求出实际潮汐改正值。由于各地的 δ 是变化的，

所以各改正地区应乘以本地相应的 δ 值。但在一般情况下，潮汐改正值不大，所以可采用整个地球潮汐因子的平均值，如 1.20 或 1.16，这样只会带来 5% 的误差。当要求精度更高时，各地都需具体计算本地的潮汐因子。

二、重力长期变化

地面点的重力变化可分为周期性和长期性两种，前者是与地球相对于日月的运动有关的，如引潮力的作用；后者则是由于地球的物理和地质运动过程所引起的。检测和研究重力的长期变化是地球动力学中的一个课题。过去由于重力测量的精度受到限制，所以对这个问题研究很少。现在随着重力测量精度不断提高，尤其是高精度绝对重力仪的出现，使对这个问题的研究变为可能，但必须在一些经过选择的固定点上进行重复的重力测量。由于重力的长期变化是很微小的，有人估计每年可能只有 0.01g. u. 左右的变化，因此，对这样的重力测量，除了要求仪器设备和观测条件极为良好之外，还必须对重力固体潮进行仔细的研究和分析，求得相应精度的潮汐改正，只有这样才能发现重力的长期变化。

三、卫星轨道中的潮汐摄动

利用卫星轨道摄动（离开正常轨道的变化）研究地球重力场时，要将许多非重力场的摄动消除，如大气阻力、太阳光压以及日、月引力等。其中日、月引力不仅直接作用于卫星而产生轨道摄动，而且地球本身在引潮力作用下随时间而变化的弹性形变产生的附加位也叠加在地球重力场的摄动位中。这种附加位对卫星轨道同样产生摄动影响，称为潮汐摄动。当卫星高度在 1000km 左右时，此项摄动约为日、月引力对卫星轨道直接摄动的 15% 左右。因此必须在观测的卫星轨道摄动中消除这种影响。

另外，在利用卫星推求地球重力场参数时应考虑到潮汐摄动。但由于固体潮是卫星轨道摄动的一个来源，因此反过来也可以利用卫星观测的轨道摄动来研究固体潮。

四、固体潮影响

目前利用激光测距仪测定地面站至卫星和月亮的距离已能达到 1～2cm 的高精度，而用甚长基线干涉仪测定长度为几百千米甚至几千千米的基线两端点的地心坐标差，其精度也能达 5～10cm。由于它们的精度很高，所以在地球动力学的研究中可以用来监视地壳运动，也可用在检核和加强大地坐标网的结构与精度上。但是根据理论计算，由于引潮力引起的地球固体潮（即径向潮汐形变）和地球固体潮的地面倾斜（即切向潮汐形变）最大分别达到 40cm 和 25cm，远远超过上述测距的精度，因此这是不可忽视的影响。在甚长基线干涉系统中要考虑切向潮汐形变，在激光测卫和激光测月的工作中必须考虑径向潮汐形变。

（一）固体潮与岁差–章动的关系

从天文学可知，地球在空间不是一个自由转动的天体。由于日月对地球赤道隆起部分的引力作用而形成一对力偶，此力偶使地球产生一种附加转动，这种转动和地球的周日转动合成，则使地轴绕黄道轴作长周期的旋进而产生岁差。同时，由于月亮在绕地球转动时又受到许多摄动力的影响，如太阳的引力，则其轨道不可能是固定不变的，于是月亮对地球赤道隆起部分的引力作用而形成的力偶也随之有大小和方向的变化，这就使瞬时地轴绕其平均位置作短周期振荡而产生章动。现在我们再从固体潮的观点来看岁差-章动现象，根据式（8.19），即引潮力位的拉普拉斯展开式，将其中的田形周日潮函数对观测点纬度求导数，则可求得引潮力的南北分量为$-2\cos2\varphi\sin2\delta\cos t$。再结合图8.19可以看出，田形引潮力的南北分量在地球赤道和两极各形成一对最大的力偶，而在纬度45°处，此力偶为零。由于地球是椭球形，故在赤道上的力偶矩大于两极上的力偶矩。这样田形引潮力的南北分量使地球赤道向黄道方向旋转，同样，田形引潮力的东西分量也有类似作用。实际上这就是地球的旋转轴在空间的转动，即岁差-章动，显然在拉普拉斯展开式的三种形式的引潮力只有田形潮才会引起这种现象。根据杜德森展开式，引潮力位可展成许多不同振幅和频率的分潮波，从表8.2中可以查到K_1波的频率为15.041°/h。此频率正好和地球的旋转角速度是一样的。因此，相应地引潮力的这个分波总是使地球的赤道面作长期转动，这就是岁差。而其他周日分波则使赤道平面产生周期性的振荡，即形成不同频率和振幅的章动项。由此可知，固体潮可用来研究岁差和章动。

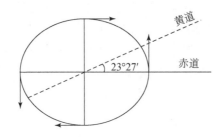

图8.19　田形引潮力南北分量在地球赤道和两极形成的力偶

（二）固体潮对地球自转速度的影响

在天文观测和古生物研究中都发现地球旋转速度有长期减速的趋势，因为固体潮滞后、海潮摩擦和大气摩擦等都将减少地球自转速度。古生物学家对珊瑚化石的研究也证实了不同地质年代的日长确实不断地增长，如在距今约4.4亿年的志留纪，每年有407天，折合现代的计时单位，当时的日长为21.5h。在距今约2.7亿年的二叠纪，当时的日长为22.8h，平均每十万年日长增加2s，这对人类社会来说可能微不足道，然而对宇宙演化来说却是一个很重要的事实，它说明地球在发展变化着。当然，引起这种变化的因素是多方面的，这里只讨论固体潮对地球转速长期减慢的影响。如图8.20所示，按式（8.19）引潮力位的拉普拉斯展开式可知，地球在引潮力的作用下将产生扇形潮形变。但地球是有一定黏滞性的弹性体，具有内摩擦，致使地面隆起不是在天体（如月亮）处于地面点天顶的那一瞬间出现，而是滞后于引潮力作用的瞬间，此时地球自转了一个ε角，称为滞后角。这样月亮又对地球两相对方向上的形变隆起部分（图8.20中的A、B两点）则产生一对方向相反的附加的引潮力。此两力对地球自转轴的力矩N使地球沿其自转的反方向旋转，因而地球的自转速度减慢了。地球自转速度除了具有上述长期变化外，还有一种周期性的变化，它也是与固体潮密切相关的。根据能量守恒定律计算，这种周期性变化主要有以下几点：每 7 天其转速要变化 1.50ms；每 91 天其转速变化 9.35ms；每 9 年其转速变化 339.74ms。这种周期性变化的变化率最大时（即由慢到快或由快到慢的交替时刻），也许对地震将产生某种触发作用。

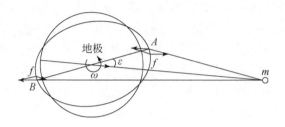

图 8.20　固体潮对地球自转速度的影响

（三）　固体潮和极移的关系

地球的自转轴不仅在外力（引潮力）作用下可以在空间不断地改变方向（即岁差–章动），而且它在地球内部的位置也会发生变化，这就是所谓的地极移动，简称极移。从天文学中可以知道，当地球是刚体并且又是相对于自转轴的对称体时，可通过理论计算得出极移的周期为 305 天，称为欧拉周期。但是地球并不是刚体，而是弹性体，因此欧拉周期也就从未被实际发现过。在实际中观测到的极移的真周期约为 428 天，称为钱德勒周期，钱德勒周期可通过天文观测求得。

习　　题

（1）推导证明地球上各点所受到的惯性离心力是一个平行力场，并计算该场值。

（2）依据二阶引潮力位拉普拉斯展开式，描述其实际意义。

（3）什么是地球固体潮平潮汐现象？

（4）分别用杜德森展开式计算法和天顶距计算法计算重力固体潮理论值，并比较两者有何差异。

（5）什么是勒夫数，它们能够反映地球的什么性质？

（6）固体潮为何会影响地球自转速度？月球现在只有一面面向地球，假设月球为均质球体，试计算曾经月球自转时间变化 1s 需要多长时间？

（7）简述大地坐标系的基本特征。

（8）地球固体潮的定义，并至少列举五个地球固体潮相关的突出作用。

（9）勒夫数 h 和 k 的定义，并利用其推导地球海水面上一点 A 在引潮力 T 的作用下所产生的实际海潮高和平衡潮高的关系式。

（10）给出平衡潮高与引潮力位的关系式，说明各个量的含义并画出平衡潮高的示意图。

（11）引潮力位的展开形式名称以及不同展开式的主要特征。

（12）根据图 8.21 推导距地心为 r 月球对如图所示的地球上一点 A（距月心为 r'）的引潮力位的表达式，月球质量为 m，地球质量 M，万有引力常数 G，z 为 A 点的天顶距。

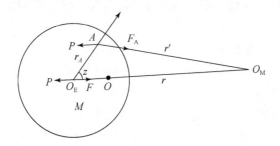

图 8.21　固体潮对地球自转速度的影响

第九章 地球重力场模型及地球形状

地球重力场是地球的基本物理特性之一，反映了地球内部物质的空间分布及其运动变化，同时决定着大地水准面的起伏和变化，研究地球重力场及其时变是人类更深层次认识地球的必经之路。重力场模型是指用来表示地球重力位的一组已知系数，其核心是位系数值，现广泛应用于卫星发射、重力数据处理、高精度大地水准面确定、全球高程基准统一、动态海面地形确定和地球内部结构探测等科学和工程应用研究。在似大地水准面的逼近和求解中，重力位模型的精度能够很大程度影响似大地水准面计算精度。

地球自然表面的形状是相当复杂的，以前的许多学者都不去直接研究它，而是研究大地水准面的形状。这是因为地球表面上有 70% 左右的地区是被海水覆盖的，前面已经讲过，所谓大地水准面就是与静止海平面相重合的一个重力等位面。另外，在大地测量中，不管是哪一种测量仪器的安置，总是以铅垂线，即大地水准面的法线为依据，并以静止的海平面作为起算面的，所以研究大地水准面形状也是大地测量的任务之一。

在 19 世纪以前，由于当时大地测量的精度不高，同时测量区域也不大，于是就没有专门去研究地球的重力场，同时还把大地水准面当作是一个旋转椭球体面，也就是说在大地水准面上的重力方向就是旋转椭球体的法线方向，地球表面离开大地水准面的高度就是离开旋转椭球体的高度。以后，随着大地测量精度的提高，发现大地水准面并不是一个旋转椭球体面，它相对于旋转椭球体面有着 100m 左右的起伏，并且两者的法线也不重合，所以大地水准面是一个比较复杂的曲面。研究大地水准面的形状、除了要研究与大地水准面非常接近的一个平均椭球体以外，还要研究大地水准面相对于椭球体的起伏以及两者法线间的偏差。

解决上述问题的主要依据是扰动位，扰动位是根据斯托克斯问题解算出来的。根据斯托克斯问题的要求，在大地水准面外部不得有质量存在，所以必须将地球的质量加以调整，去掉大地水准面以外的质量。地球质量的调整是依据重力资料整理的内容进行的，由于这样的大地水准面形状是对地球的质量调整以后求得的，所以，这一章主要探讨调整后的地球形状。

第一节 地球重力场模型

研究和确定地球重力场，其实是确定地球的重力异常场（扰动重力场），即地球重力场的基本参数，包括位异常（扰动位）、重力异常、大地水准面差距、垂线偏差等，这些基本参数可通过如下数学函数来表达：

$$V(R,\theta,\lambda) = \frac{GM}{R}\Big[1 + \sum_{n=2}^{\infty}\sum_{m=0}^{n}\Big\{\Big(\frac{a}{R}\Big)^n\big[C_{nm}(\cos m\lambda + S_{nm}\sin m\lambda)P_{nm}\cos\theta\big]\Big\}\Big] \quad (9.1)$$

这是以球谐函数级数形式表示的地球引力位，式中 R、θ、λ 分别为地球重力场计算点的地心矢径、极距和经度（图9.1）；GM 为引力常量与地球质量的乘积，简称为地心引力常数；C_{nm} 和 S_{nm} 为引力位球谐函数系数，简称位系数；α 为地球的长半径；$P_{nm}(\cos\theta)$ 为勒让德函数；n 为阶次；m 为级。当 n 为某一定值时，m 由 0 变化到 n，称为完全阶次。引力位球谐函数级数式中的第一项表示质量为 M 的均匀正球体的引力位，求和符号中各项为地球形状和质量分布不同于均匀正球体引力位的增减部分。要细微地表达地球引力位，就必须精确地推出各个阶次的位系数 C_{nm} 和 S_{nm}。

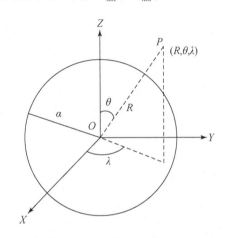

图 9.1　地球引力位球谐函数表示的坐标系

球谐函数级数的各个未知系数的集合 $\begin{bmatrix} C_{nm}, & S_{nm} \end{bmatrix}$ 称为地球重力场模型，由该模型可以推导出以上所述的地球重力场基本参数，因此，当前确定地球重力场的理论又归结为地球重力场模型的理论及位系数的计算和大地水准面的确定及其精化。无论是前者还是后者，都需要有全球的地面重力实测数据得到的重力异常来解算。有了地球重力场模型，就可以计算地球上面各点的位异常及重力异常。位系数 C_{nm}、S_{nm} 的阶次决定了计算出的异常波长或异常空间频率，阶次越高，得到的异常频率越高，反映了浅部地质体的重力效应；阶次越低，得到的异常频率越低，反映了深部地质体的重力效应。要得到高频率或短波长的异常，要求卫星观测值的分辨率或精度要高。

地球重力场模型的建立，有利于大地测量学、地球物理学、地球动力学、海洋学和空间科学的发展。就地球物理学来说，地球重力场模型能够给出大尺度的重力变化，反应较大范围内平均的或较深部位的异常质量分布，因而可以用来研究地壳深部及上地幔构造特征。在实际应用中，一般将复杂的地球重力场解析化，并基于位函数的泛函，可以十分方便地表示和提供大地水准面、重力异常、垂线偏差、扰动重力等派生物，对确定地球形状起到极大的作用。

虽然地面重力测量工作是传统大地测量工作中较方便和功效较高的一种测量工作，但毕竟还是耗时多、劳动强度大，特别是有许多难以到达的地区。这致使重力测量数据的地面覆盖率和分辨率受到极大地限制，这是在确定地球重力场模型，包括推算大地水准面时提高其精度和分辨率的最大障碍。卫星重力探测技术则是为全球高覆盖率、高分辨率和高精度重力测量开辟了新的有效途径，这将导致以前所未有的精度和分辨率确定地球重力场的精细结构成为可能。

由 Molodensky 边值问题的边界条件，可得到重力异常 $\Delta g(R,\theta,\lambda)$ 与扰动位系数 C_{nm} 和 S_{nm} 的关系式为

$$\Delta g(R,\theta,\lambda) = \frac{GM}{R}\left[1 + \sum_{n=2}^{\infty}\sum_{m=0}^{n}(n-1)\left(\frac{a}{R}\right)^n(C_{nm}\cos m\lambda + S_{nm}\sin m\lambda)P_{nm}\cos\theta\right] \quad (9.2)$$

由球谐函数的正交关系，得

$$\begin{Bmatrix}C_{nm}\\S_{nm}\end{Bmatrix} = \frac{1}{4\pi}\iint_{\delta}\frac{R^2}{GM}\left(\frac{R}{a}\right)^n\frac{1}{n-1}\Delta g(R,\theta,\lambda)\begin{Bmatrix}\cos m\lambda\\\sin m\lambda\end{Bmatrix}P_{nm}\cos\theta\mathrm{d}\delta \quad (9.3)$$

式中，δ 为单位球面。

用实测重力数据，由式（9.2）可得到由地表平均重力异常 $\Delta g(R,\theta,\lambda)$ 解算的重力位系数–地球重力场模型。因此，如果已知地球表面的平均重力异常 $\Delta g(R,\theta,\lambda)$，则可求解出地球重力场模型–扰动位系数。

由于推算位系数时所采用的资料类型和数量不同，所以有不同的地球重力场模型，表 9.1 中所列的是目前的主要地球重力场模型。

表 9.1　地球重力场模型

名称	完全阶次/阶次	发表年份	推算模型所用的资料
SE1	15	1966	S
WDS66	24	1966	G
OSU68	14	1968	G、S
KOCH70	8	1970	G, S
GEM1	22	1972	S
GRIM1	31	1975	S
GEM9	30	1977	S
OSU81	180	1981	A、G、GEM9
HAJELA84	250	1983	G
TEG1	50	1988	G、S
GEMT2	50	1989	A、G、S
OSU89a	360	1989	A、G、GEMT2
GRIM4C3	60	1992	A、G、S
JGM1	70	1993	A、G、S
GFZ93a	360	1993	A、G、GRIM4C3
EGM96S	70	1996	S
EGM96	360	1996	A、EGM96S、G
PGM2000a	360	2000	A、G、S

续表

名称	完全阶次/阶次	发表年份	推算模型所用的资料
EIGEN-1	119	2002	S
GGM01S	120	2003	S
TUM-1S	60	2003	S
ITG-GRACE02S	180	2007	S
EGM2008	2190	2008	A、G、S
AIUB-GRACE02S	100	2010	S
GO_CONS_GCF_2_SPW_R1	210	2010	S
JYY_GOCE04S	230	2014	S
EIGEN-6C4	2190	2014	A、G、S
GOCE	2190	2015	EGM2008、S
IGGT_R1	240	2017	S
XGM2019e_2159	2190	2019	A、G、S、T
SGG-UGM-2	2190	2020	A、EGM2008、S
Tongji-GMMG2021S	300	2022	S(GOCE)，S(GRACE)Geoid

注：A 为卫星测高数据；S 为重力卫星数据（如 GRACE、GOCE、LAGEOS）；G 为地面重力测量数据（如地面、船载和机载测量）；T 为地形数据。

五十多年来，模型的种类、精度、分辨率都在不断增加和提高，截至 2022 年，已发布的地球重力场模型已达近 180 多个，发布的重力场模型的最大阶次达 2190 阶次，对应的空间分辨率约为 5′（9km）。

2008 年 4 月美国国家地理空间情报局（National Geospatial-Intelligence Agency，NGA）发布的全球超高阶地球重力场模型 EGM2008 是当前使用最多的重力场模型，它的计算中使用了几乎精度最高的 5′×5′ 分辨率全球重力异常，模型球谐展开达到了 2190 阶，相比较于之前广泛应用的 EGM96 等地球重力模型取得了巨大进步，使得应用地球重力模型进行的大地水准面、重力位计算、不同尺度重力场分析等计算更加精确，同时 EGM2008 也是部分超高阶地球重力场模型推算所需的资料。

为了获得更高的精度，超高阶次的地球重力场模型（2190 阶次）研制也在不断发展，地球重力场模型研制需要综合多种不同种类的数据，如重力卫星数据、地面重力测量数据和卫星测高数据，其中重力卫星数据能够提供在全球区域的原始重力信息，地面重力测量提供部分区域重力信息，而卫星测高则主要提供海洋区域的重力信息。

地球引力位函数是表征地球重力场的基本函数，一切重力场参数都是该函数的泛函。这个纯量函数的梯度场与地球自转产生的离心力场合成地球外空间重力矢量场，引入适当的参考位（正常位）函数，可定义地球重力场的扰动位函数。对大地水准面上的扰动位函数施以简单的线性算子运算可导出重力异常，大地水准面起伏和垂线偏差等有重要应用价值的重力参数（函数）。一切所需的重力场参数都可从给定的地球重力场模型导出，使地球重力场模型在重力场研究和应用中具有很高的理论和应用价值。

第二节　利用重力异常确定大地水准面

一、大地坐标系与天球坐标系

（一）大地坐标系

长期科学观测表明，地球的自转是非常稳定的，自转轴相对地球本身的方向变化非常小。为了建立大地坐标系，假定地球是刚性的，即不能有任何变形，其自转轴相对自身是不动的。在这种情况下，作为参考基准，选择参数合适的地球椭球，将其椭球中心置于地球质心上。在全球地心直角坐标系 $O_{x_1x_2x_3}$（图9.2）内，令地球椭球的极轴（又称地球椭球的对称轴）与地球旋转轴 O_{x_3} 重合（地球椭球极轴与椭球面的交点称地球椭球的极点，位于北方的称北极点，位于南方的称南极点）。$O_{x_1x_2}$ 位于赤道平面内，并令子午面 $O_{x_1x_3}$ 为地球椭球起始大地子午面（通常选取这个面为格林尼治子午面），它与地球椭球面的交线称起始大地子午线。以这种地球椭球为基本参考架的坐标系称为大地坐标系，大地坐标系是一种全球统一的地球坐标系。

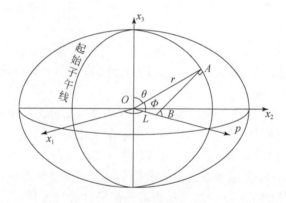

图9.2　大地坐标系统

地球椭球面上任意一点的位置是由大地经度 L 和大地纬度 B 所决定的，大地经度 L 是过该点的大地子午面与一个特别选定起始大地子午面（格林尼治子午面）的夹角，由起始大地子午面起向东为正；大地纬度 B 是过该点的地球椭球面的法线（即该点正常重力方向）与地球椭球赤道面的夹角，由赤道面起向北为正。另外，地面任一点 A 到地球椭球面的距离 AA_z 称大地高，地表面任一点的位置是由大地高、大地经度、大地纬度三个大地坐标决定的。

地面点的这三个大地坐标是不能直接观测出来的，它们与地球椭球的参数有关，当地球椭球的参数选定并在地球内部定位后，地面点的大地高、大地经度、大地纬度可以根据直接观测到的地面点的正高，天文经度、纬度计算出来。

(二) 天球坐标系

1. 天球

在浩瀚的宇宙中存在难以数计的星系，每个星系中又有上千万，甚至多达几万亿颗恒星。我们所在的银河系就有约一千亿颗恒星，太阳只是其中很普通的一个。

太阳系由太阳和围绕它几乎在同一平面内公转的几颗行星组成，这几颗行星自里向外为水星、金星、地球、火星、木星、土星、天王星和海王星。火星与木星相距最远，在它们之间存在许多小行星。太阳约占太阳系总质量的 99.9% 。为了描述天体在空间的方向，我们引进天球的概念。如果以地球质心 O 为中心，以任意长度为半径作一个球，一切天体都以 O 为中心，把它们按径向方向投影到这个球面上，这个球面称为天球。天球的中心还可选择为观测者，也可选择为地心和日心，视具体问题而定。天体在天球上的位置只表示天体相对于天球中心的方向，不涉及天体到天球中心的距离。首先，我们在天球上定义一些点和圈，用以建立表示天体方向的天体坐标。

黄道面：地球围绕太阳公转的轨道平面，黄道面在空间的位置也随时间变化，但变化非常小。

白道面：月亮绕地球旋转的轨道面。

天球赤道：将地球赤道平面向外延伸，与天球相交所组成的天球大圆，在天球赤道以北的部分称北天，以南的部分称南天。

天顶与天底：观测者所在位置的铅垂线与天球交于两点，上方（即观测者头顶）的一点称天顶，用 Z 表示；下方一点称天底，用 Z' 表示。

地平圈：过地心做一与观察者铅垂线相垂直的平面称地平面，地平面与天球的交线。

天极：地球自转轴延长线与天球的交点称天极，位于北方的称北天极，用 P 表示；位于南方的称南天极，用 P' 表示。

天球上子午圈与天球下子午圈：天球上的圆弧 PZP' 称天球上子午圈；$PZ'P'$ 称天球下子午圈；它们所在的面称天球子午面。

黄极：黄道面与天球的交线，称天球黄道，过天球中心并垂直于黄道面的直线与天球的交点称黄极。黄道面以北的称北黄极，用 Π 表示；黄道面以南的称南黄极，用 Π' 表示。

春分点、秋分点、夏至点及冬至点：黄道与天球赤道相交于 T、Ω 两点，分别称为春分点和秋分点，即太阳由南向北通过天球赤道面的点称春分点（约在每年的 3 月 21 日），这是空间位置的一个重要参考点。天球黄道上与 T、Ω 相隔 90° 的两点（♋和♑），即为夏至点和冬至点。

图 9.3（a）是天顶、天底、地平圈和北天极、南天极和天球赤道的相对位置；图 9.3（b）是天极、黄极与天球赤道、黄道的相对位置。在图 9.3（a）中，地平圈与天球赤道交于 E、W 两点，分别称为东点和西点；地平圈上与 E 和 W 相隔 90° 的两点 S、N 称为南点和北点；天球赤道与天球上、下子午圈的交点 Q 和 Q' 分别称为上、下赤道点，称为上点和下点。

2. 天球坐标系

我们描述空间一点位置，常用直角坐标系 (x, y, z) 或空间极坐标系 (r, λ, θ)。

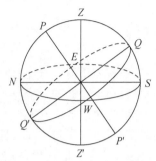
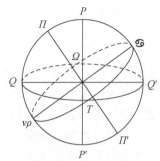

(a) 天顶、地平圈、天极和天球赤道的相对位置　　(b) 天极、天球赤道和黄极、黄道的相对位置

图 9.3　天球相对位置

在描述地球上某一点的位置时，往往用经纬度（λ，φ）和高程（h）。同理，描述天体位置时，就要用天球坐标系。天球坐标系是根据天球上面定义的点、圈来表示天体方向的坐标系，天球坐标系对我们比较有用的是地平坐标系、赤道坐标系和黄道坐标系。

1）地平坐标系

地平坐标系是以地平圈为基本圈、以天顶为极点的坐标系，如图 9.4（a）所示，该坐标系的原点是观测者的位置，它的两个坐标是方位角 A 和天顶距 z，或者是方位角 A 和地平纬度 h。天顶距 z 是天顶 Z 与天体 M 之间的大圆弧（通过球心的圆称大圆）；方位角 A 是以观测者子午圈（即通过天顶 Z 和北天极 P 所做的大圆）ZP 方向顺时针到 M 点的球面角。天顶距自天顶向下度量；地平纬度 h（又称高度角）向北量为正，向南为负；方位角自北起向东度量。

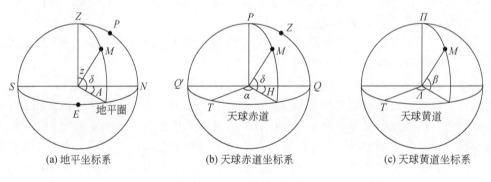

(a) 地平坐标系　　　　　　(b) 天球赤道坐标系　　　　　　(c) 天球黄道坐标系

图 9.4　天球坐标系

2）赤道坐标系

赤道坐标系是以天球赤道为基本圈，以北天极为极点的坐标系，如图 9.4（b）所示。该坐标系的原点是地心，它的两个坐标是赤纬 δ（与地球上纬度的概念相似）和赤经 α（与地球上经度概念相似），或者是赤纬 δ 和时角 H。赤经是由春分点逆时针，即向东度量；赤纬向北量为正，向南为负；时角由天球上子午圈起顺时针，即向西度量。在实用中，时角常常用时间表示，时间与角度的换算关系为 360°对应 24h。

3）黄道坐标系

黄道坐标系是以天球黄道为基本圈，以北黄极为极点的坐标系，如图9.4（c）所示。该坐标系的原点是地心，它的两个坐标是黄经 Λ 和黄纬 β。黄经由春分点起逆时针，即向东度量；黄纬向北为正，向南为负。

地面上用来测量天体的经典仪器是沿铅垂线安放的，因而通过天文观测可以确定铅垂线的方向。一点的铅垂线与天球赤道的交角称天文纬度，与某一特别选定的起始天球子午面的交角称天文经度。天文经、纬度也常常采用该点到大地水准面的法线，即该点在大地水准面上投影点的法线来定义，天文经、纬度也称为地理经、纬度。

二、扰动位、大地水准面差距和垂线偏差

（一）扰动位

我们知道，不管怎样使选择的平均椭球体非常接近大地水准面，两者之间毕竟是有差异的。由此，同一点上的重力位 W 与正常重力位 U 之差称之为扰动位 T。

$$T = W - U \tag{9.4}$$

选择正常重力位时，应使它的离心力位与地球重力位中的离心力位相同，因此扰动位具有引力位的性质。如果大地水准面上或其外部各点的 W 和 U 都相等，即扰动位 $T=0$，那么正常位水准面和重力位水准面合二为一，此时平均椭球体面就是大地水准面。显然，如果能够求得扰动位，那么就可以推算出大地水准面和平均椭球体面之间的差异（也就是大地水准面差距和垂线偏差）。

由于我们所选择的椭球体面很接近于大地水准面，正常重力位 U 与重力位 W 的差值很小，所以扰动位 T 在重力位 W 中起着改正项的作用。

（二）大地水准面的差距

假设大地水准面外部没有质量，同时地球总质量不变。在图9.5中，S 为平均椭球体面，Σ 为大地水准面，P_0 点为 Σ 面上 P 点在 S 面上的投影。由于这两个面距离很近，所以不去区别两个面的法线。用 N 表示两个面之间的距离，称为大地水准面的差距。在选择椭球体面时，我们规定大地水准面的 $W_0 = C$ 和平均椭球体面 $U_0 = C$，两个曲面方程的常数 C 是相等的。

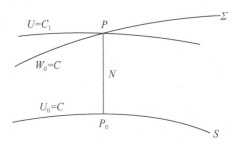

图9.5 大地水准面差距图

因为 $T = W - U$，则大地水准面上 P 点的重力位为

$$W_0 = U + T_0 \tag{9.5}$$

T_0 是大地水准面上的扰动位，因此大地水准面的方程式为 $W_0 = U + T_0 = C$，P 点上的正常重力位为 $U = W_0 - T_0 = C - T_0$，又因为 P_0 点上的正常重力位为 $U_0 = C$，所以根据 $\dfrac{\partial W}{\partial l} = -g$，两个水准面之间的距离 N 可用两个水准面之间的位差 $\mathrm{d}U$ 求得，即

$$N = -\frac{\mathrm{d}U}{g_\varphi} = -\frac{U - U_0}{g_\varphi} = -\frac{W_0 - T_0 - U_0}{g_\varphi} \tag{9.6}$$

$W_0 = U_0 = C$，因此式（9.6）可以写成

$$N = \frac{T_0}{g_\varphi} = \frac{T_0}{\overline{g_\varphi}} \tag{9.7}$$

式中，g_φ 为正常重力。在不影响精度的情况下，为了计算方便，g_φ 总是用正常重力的平均值 $\overline{g_\varphi}$ 来代替。式（9.7）就是扰动位与大地水准面差距的关系式，称为布隆斯公式。

（三）垂线偏差

扰动位除了和大地水准面差距有关外，还和垂线偏差有关系，所谓垂线偏差就是某点的重力方向 g 与相应点的正常重力 g_φ 方向之间的夹角。由于大地水准面距离平均椭球体面很近，所以可以认为 P 点的 g_φ 方向与平均椭球体法线 g_φ 的方向是一致的。图 9.6 中的 ⊕ 就是大地水准面上 P 点的垂线偏差。如果大地水准面 Σ 与平均椭球体面 S 平行，则垂线偏差 ⊕ 为零，因此可以说垂线偏差表示的是两个面的倾斜角度。

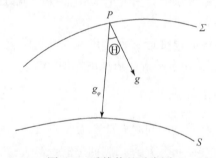

图 9.6　垂线偏差示意图

为了讨论方便，应先规定垂线偏差的正负号，如图 9.7 所示，假定重力 g_0 的方向偏在正常重力 g_φ 的西南方，则认为垂线偏差在子午圈方向的分量 ξ 和卯西圈方向 η 的分量为正，反之为负。我们选择一个坐标系，把原点设在 P 点，Z 轴与正常重力 g_φ 方向重合，X 轴为子午圈方向，正方向指向北，Y 轴为卯西圈方向，正方向指向东。因此，当垂线偏差分量 ξ 和 η 是正值时，重力 g_0 在 X 轴和 Y 轴上的分量 g_x 和 g_y 为负值。

由图 9.7 看出：

$$\left.\begin{aligned} \tan\xi &= -\frac{g_x}{g_z} \\[2mm] \tan\eta &= -\frac{g_y}{g_z} \end{aligned}\right\} \tag{9.8}$$

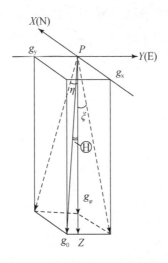

图 9.7　垂线偏差分量及正负号

根据重力分量形式表示式

$$g_x = \frac{\partial W}{\partial x} = g\cos(g,x) = -G\int_M \frac{x-\xi}{r^3}\mathrm{d}m + \omega^2 x \\ g_y = \frac{\partial W}{\partial y} = g\cos(g,y) = -G\int_M \frac{y-\eta}{r^3}\mathrm{d}m + \omega^2 y \\ g_z = \frac{\partial W}{\partial z} = g\cos(g,z) = -G\int_M \frac{z-\zeta}{r^3}\mathrm{d}m$$

得到重力在各坐标轴上的分力为

$$g_x = \frac{\partial W_0}{\partial x}, \quad g_y = \frac{\partial W_0}{\partial y}$$

由于 $T_0 = W_0 - U$，则上式可以写成

$$g_x = \frac{\partial T_0}{\partial x} + \frac{\partial U}{\partial x}, \quad g_y = \frac{\partial T_0}{\partial y} + \frac{\partial U}{\partial y}$$

根据图 9.7 所选择的坐标系，正常重力 g_φ 的方向是垂直于 XY 平面的，因此

$$\frac{\partial U}{\partial x} = \frac{\partial V}{\partial y} = 0$$

则

$$g_x = \frac{\partial T_0}{\partial x}, \quad g_y = \frac{\partial T_0}{\partial y}$$

并将此式代入式（9.8）中，得

$$\tan\xi = -\frac{1}{g_z}\frac{\partial T_0}{\partial x} \\ \tan\eta = -\frac{1}{g_z}\frac{\partial T_0}{\partial y}$$

$$(9.9)$$

实践证明，垂线偏差分量通常小于 $1'$，因此可以假设 $\tan\xi \doteq \xi$，$\tan\eta \doteq \eta$，同时将 x 和

y 的坐标微分，用子午圈弧长及卯酉圈弧长的微分表示，并用地球的平均半径 R 代替子午圈曲率半径和卯酉圈曲率半径，而以 $\bar{g}_\varphi$ 代替 g_z，则式（9.9）可以写成：

$$\xi = -\frac{1}{\bar{g}_\varphi R}\frac{\partial T_0}{\partial \varphi}$$

$$\eta = -\frac{1}{\bar{g}_\varphi R\cos\varphi}\frac{\partial T_0}{\partial \lambda}$$

（9.10）

根据式（9.7），式（9.10）又可写成：

$$\xi = -\frac{1}{R}\frac{\partial N}{\partial \varphi}$$

$$\eta = -\frac{1}{R\cos B}\frac{\partial N}{\partial \lambda}$$

（9.11）

由于垂线偏差数值很小，式中经纬度 λ，φ 的精度要求不高，亦可用大地经纬度 L、B 来代替。这就是扰动位（或大地水准面差距）和垂线偏差之间的关系。

（四）重力测量的基本微分方程

根据上面的讨论可知，要想求得大地水准面上某一点相对于平均椭球体面的差距 N 和垂线偏差分量 ξ 与 η，就必须已知大地水准面上该点的扰动位 T_0，因为扰动位是重力位和正常位之差，所以它与重力和正常重力之差即重力异常是有关系的，由此我们可以通过重力异常解算扰动位。

所谓的重力异常有两种，一种是大地水准面上的重力 g_0 和平均椭球体面上相应点的正常重力 g_φ 之差值，称为混合重力异常（g_0-g_φ）；另一种是同一点上的重力 g_0 和正常重力 g_γ 之差值，称为纯重力异常。通常采用混合重力异常。为了解算扰动位，首先需要导出扰动位 T_0 和混合重力异常（g_0-g_φ）之间的关系式

在大地水准面 Σ 上有

$$g_0 = -\left(\frac{\partial W_0}{\partial n}\right)_\Sigma = -\left(\frac{\partial U}{\partial n}\right)_\Sigma - \left(\frac{\partial T_0}{\partial n}\right)_\Sigma$$

在平均椭球体面 S 上有

$$g_\varphi = -\left(\frac{\partial U}{\partial n'}\right)_S$$

因此，重力异常为

$$g_0 - g_\varphi = -\left(\frac{\partial U}{\partial n}\right)_\Sigma + \left(\frac{\partial U}{\partial n'}\right)_S - \left(\frac{\partial T_0}{\partial n}\right)_\Sigma$$

（9.12）

式中，n 和 n' 为两个不同水准面的法线，由于它们之间的差别很小，这里可不加区别。按泰勒级数将 $\left(\frac{\partial U}{\partial n}\right)_\Sigma$ 在 S 面上展开：

$$\left(\frac{\partial U}{\partial n}\right)_\Sigma = \left(\frac{\partial U}{\partial n}\right)_S + N\left(\frac{\partial^2 U}{\partial n^2}\right)_S + \cdots$$

由于 $\left(\frac{\partial^2 U}{\partial n^2}\right)_S$ 的乘数 N 是一个很小的数值，所以可以将 S 面当作球面，即半径 R 的方

向和椭球体面的法线方向 n 相重合，并且用均质圆球的引力位来代替正常位，即 $U = \dfrac{GM}{R}$，这对结果是无影响的，因此：

$$\left(\frac{\partial^2 U}{\partial n^2}\right)_S = \frac{\partial^2}{\partial R^2}\left(\frac{GM}{R}\right) = 2\frac{GM}{R^3} = 2\frac{g_\gamma}{R}$$

将以上两式代入式（9.7）中，则得

$$g_0 - g_\varphi = -\frac{2Ng_\gamma}{R} - \left(\frac{\partial T_0}{\partial n}\right)_\Sigma$$

由于大地水准面 Σ 是未知的，因此不能将它作为边界面，而是用椭球体面来代替。但由于 T_0 很小，所以在现有的情况下又可以将球面当作边界面（顾及地球扁率 α 级精度），由此，上式括号中 Σ 面的法线方向可以看作是地心向径方向 r_A，再顾及式（9.7），最后求得

$$g_0 - g_\varphi = -\frac{2T_0}{R} - \frac{\partial T_0}{\partial r_A} \tag{9.13}$$

这就是扰动位 T_0 和重力异常（$g_0 - g_\varphi$）的关系式，称为重力测量基本微分方程式。

由式（9.7）及式（9.10）可以看出，要求出大地水准面差距 N 和垂线偏差分量 ξ 和 η，就必须知道大地水准面上的扰动位 T_0，所以确定扰动位就成了研究地球形状的主要问题了。但是扰动位是无法直接测得的，而是通过式（9.13），按照它与重力异常的关系，利用边值问题来解算的。

三、大地水准面扰动位的解

这里具体介绍利用重力异常求解扰动位的方法，由于扰动位 T_0 是一个微小量，所以在解 T_0 时，将边界面当作球面。解出来的 T_0 在球外是调和的，并在无穷远处是正则（趋向于零）的函数，而在球面上满足式（9.13）的条件，那么式（9.13）可成下列形式：

$$g_0 - g_\varphi = -\frac{2T_0}{R} - \frac{\partial T_0}{\partial r_A} = -\frac{1}{r_A^2}\frac{\partial}{\partial r_A}(r_A^2 T)\bigg|_{r_A = R}$$

假设有一个辅助函数为

$$E = -2T - r_A\frac{\partial T}{\partial r_A} = -\frac{1}{r_A}\frac{\partial}{\partial r_A}(r_A^2 T)$$

这个函数 E 在球面上的数值为

$$E_\sigma = -2T_0 - R\left(\frac{\partial T_0}{\partial r_A}\right)_\sigma = R(g_0 - g_\varphi)$$

式中，σ 表示球面。

如果函数 E 在球外是调和的，并在无穷远是正则的，则可将上式作为边值条件，并应用布阿桑积分（$V = \dfrac{1}{4\pi}\displaystyle\int_\sigma f(\theta,\ \lambda)\dfrac{r_A^2 - R^2}{Rr^3}\mathrm{d}\sigma$）式求得函数 E，然后再通过 E 求 T，具体计算如下：

根据布阿桑积分，求得 E 为

$$E = -\frac{1}{r_A}\frac{\partial}{\partial r_A}(r_A^2 T) = \frac{r_A^2 - R^2}{4\pi R}\int_\sigma \frac{E_\sigma}{r^3}\mathrm{d}\sigma$$

我们的目的并不是求出 E，而是求出 T，为此，将上式左右两边同乘以 $r_A\mathrm{d}r_A$，并在 $\infty > r_A \geqslant R$ 的范围内对 r_A 进行积分，得

$$r_A^2 T\mid_{r_A}^{\infty} = -\frac{1}{4\pi R}\int_\sigma E_\sigma \mathrm{d}\sigma \int_{r_A}^{\infty}\frac{r_A^3 - R^2 r_A}{r^3}\mathrm{d}r_A \tag{9.14}$$

先求式（9.14）右边的内积分。在图9.8中，假设 M 是以 O 点为球心，R 为半径的球面上的一点，A 为球外一点。

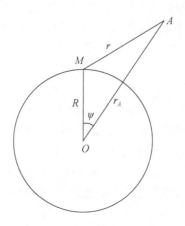

图9.8 M、A 和 O 三点位置图

在三角形 MOA 中，有

$$r^2 = R^2 + r_A^2 - 2Rr_A\cos\psi \tag{9.15}$$

由于 $\dfrac{\partial}{\partial r_A}\left(\dfrac{1}{r}\right) = -\dfrac{\partial r}{r^2 \partial r_A}$，根据式（9.15），可得

$$\frac{\partial r}{\partial r_A} = \frac{r_A - R\cos\psi}{r}$$

由此

$$\frac{\partial}{\partial r_A}\left(\frac{1}{r}\right) = -\frac{1}{r^2}\frac{\partial r}{\partial r_A} = -\frac{r_A - R\cos\psi}{r^3}$$

将两端乘以 $-2r_A^2$，并且同时减去 $\dfrac{r_A}{r}$，得

$$-2r_A^2\frac{\partial}{\partial r_A}\left(\frac{1}{r}\right) - \frac{r_A}{r} = \frac{1}{r^3}\left[2r_A^2(r_A - R\cos\psi) - r_A r^2\right] \tag{9.16}$$

再根据式（9.15），变形为 $r_A^2 - R^2 = 2r_A^2 - r^2 - 2r_A R\cos\psi$，将它两边乘以 $\dfrac{r_A}{r^3}$，得

$$\frac{r_A^3 - R^2 r_A}{r^3} = \frac{2r_A^3 - 2r_A^2 R\cos\psi}{r^3} - \frac{r_A}{r} = \frac{2r_A^2(r_A - R\cos\psi)}{r^3} - \frac{r_A}{r}$$

将上式代入式（9.16）中，则得

$$\frac{r_A^3-R^2 r_A}{r^3}=-2r_A^2\frac{\partial}{\partial r_A}\left(\frac{1}{r}\right)-\frac{r_A}{r}$$

所以，式（9.14）右边的内积分得

$$\int\frac{r_A^3-R^2 r_A}{r^3}\mathrm{d}r_A=-2\int r_A^2\frac{\partial}{\partial r_A}\left(\frac{1}{r}\right)\mathrm{d}r_A-\int\frac{r_A}{r}\mathrm{d}r_A$$

可以利用分部积分求得上式右边第一项积分：

$$\int r_A^2\frac{\partial}{\partial r_A}\left(\frac{1}{r}\right)\mathrm{d}r_A=\frac{r_A^2}{r}-2\int\frac{r_A}{r}\mathrm{d}r_A$$

因此，

$$\int\frac{r_A^3-R^2 r_A}{r^3}\mathrm{d}r_A=-2\frac{r_A^2}{r}+3\int\frac{r_A}{r}\mathrm{d}r_A \tag{9.17}$$

现在来计算式（9.17）右边的第二项积分。考虑到式（9.15），可以把它写成下列形式：

$$\int\frac{r_A}{r}\mathrm{d}r_A=\int\frac{r_A\mathrm{d}r_A}{\sqrt{r_A^2+R^2-2Rr_A\cos\psi}}=r+R\cos\psi\ln(r+r_A-R\cos\psi)$$

将上式代入式（9.17），得

$$\int\frac{r_A^3-R^2 r_A}{r^3}\mathrm{d}r_A=-2\frac{r_A^2}{r}+3r+3R\cos\psi\ln(r+r_A-R\cos\psi) \tag{9.18}$$

式（9.18）积分的上下限为 r_A 和 ∞。我们先来求出 $r_A=\infty$ 时的数值。先将式（9.15）改写为

$$r^2=r_A^2\left[1+\left(\frac{R^2}{r_A^2}-2\frac{R}{r_A}\cos\psi\right)\right]$$

再将上式按牛顿二项式定理展开，得

$$r=r_A\left[1+\left(\frac{R^2}{r_A^2}-2\frac{R}{r_A}\cos\psi\right)\right]^{1/2}=r_A\left[1+\frac{1}{2}\left(\frac{R^2}{r_A^2}-2\frac{R}{r_A}\cos\psi\right)+\cdots\right]$$

$$=r_A-R\cos\psi+\frac{R^2}{2r_A}+\cdots$$

而

$$\frac{1}{r}=\frac{1}{r_A}\left[1+\left(\frac{R^2}{r_A^2}-2\frac{R}{r_A}\cos\psi\right)\right]^{-1/2}=\frac{1}{r_A}\left[1-\frac{1}{2}\left(\frac{R^2}{r_A^2}-2\frac{R}{r_A}\cos\psi\right)-\cdots\right]$$

$$=\frac{1}{r_A}+\frac{R}{r_A^2}\cos\psi-\frac{R^2}{2r_A^3}+\cdots$$

当 r_A 很大时，$r\approx r_A-R\cos\psi$，$\frac{1}{r}\approx\frac{1}{r_A}+\frac{R}{r_A^2}\cos\psi$，$\ln(r+r_A-R\cos\psi)=\ln(2r_A-2R\cos\psi)\approx\ln 2r_A$。因为 $2R\cos\psi$ 比起 $2r_A$ 来讲是一个微小值，所以在上式中略去。

将 r、$\frac{1}{r}$ 和 $\ln(r+r_A-R\cos\psi)$ 三式的化简式代入式（9.18）中，即得该积分取上限时的数值：

$$\int^{\infty}\frac{r_A^3-R^2 r_A^2}{r^3}\mathrm{d}r_A=r_A-5R\cos\psi+3R\cos\psi\ln 2r_A\mid^{\infty}$$

实际上，当取 $r \approx r_A$，$\dfrac{1}{r} \approx \dfrac{1}{r_A}$ 时，上式就不含 $5R\cos\psi$ 项。这里保留该项，主要是使公式仍保持斯托克斯公式的原始形式，没有其他意义。

从上式形式上看，当 $r_A \to \infty$ 时，此积分值不是有限的，为了说明它是有限的，将它代入式（7.10）中，并讨论一下它的性质。这时，

$$r_A^2 T \big|^{\infty} = -\frac{1}{4\pi R} \int_{\sigma} E_{\sigma}(r_A - 5R\cos\psi + 3R\cos\psi \ln 2r_A)\, \mathrm{d}\sigma \tag{9.19}$$

根据前面的假设，平均椭球体的质量等于大地水准面内的质量，平均椭球体的质心和大地水准面的质心均与坐标原点重合，则从第二章第三节正常重力公式推导过程中已经知道，在 T 内不包含零阶和一阶球函数。又由于扰动位 T 是重力位之差，所以 T 具有引力位的性质，而不含离心位表达式。利用式

$$V = \sum_{n=0}^{\infty} V_n = \sum_{n=0}^{\infty} \frac{1}{r_A^{n+1}} \left[A_n P_n(\cos\theta) + \sum_{K=1}^{\infty} (A_n^K \cos K\lambda + B_n^K \sin K\lambda) P_n^K(\cos\theta) \right]$$

T 可改写为

$$T = \sum_{n=2}^{\infty} \frac{1}{r_A^{n+1}} \left[A_n P_n(\cos\theta) + \sum_{k=1}^{n} (A_n^k \cos k\lambda + B_n^k \sin k\lambda) P_n^k(\cos\theta) \right]$$

由此，

$$r_A^2 T = \sum_{n=2}^{\infty} \frac{1}{r_A^{n-1}} \left[A_n P_n(\cos\theta) + \sum_{k=1}^{n} (A_n^k \cos k\lambda + B_n^k \sin k\lambda) P_n^k(\cos\theta) \right]$$

所以

$$\lim_{r_A \to \infty} r_A^2 T = 0$$

这就是说当 r_A 为任意数值，甚至 $r_A \to \infty$ 时，式（9.19）右边的积分式有限。

顾及式（9.18）及式（9.19），则式（9.14）可以写成：

$$r_A^2 T = -\frac{1}{4\pi R} \int_{\sigma} E_{\sigma} \cdot \left[\left(-\frac{2r_A^2}{r} + 3r + 3R\cos\psi \right) \ln(r + r_A - R\cos\psi) - r_A + 5R\cos\psi - 3R\cos\psi \ln 2r_A \right] \mathrm{d}\sigma \tag{9.20}$$

将式（9.20）两边同除以 r_A^2，并令

$$S(r_A, \psi) = \frac{2}{r} - 3\frac{r}{r_A^2} + \frac{1}{r_A} - 5\frac{R}{r_A^2}\cos\psi - 3\frac{R}{r_A^2}\cos\psi \ln \frac{r + r_A - R\cos\psi}{2r_A} \tag{9.21}$$

$S(r_A, \psi)$ 称为广义的斯托克司函数。再将 $R(g_0 - g_{\varphi})$ 代入后，得

$$T = \frac{1}{4\pi} \int_{\sigma} (g_0 - g_{\varphi}) S(r_A, \psi)\, \mathrm{d}\sigma \tag{9.22}$$

这就是球的整个外部空间的扰动位。假设在式（9.22）中令 $r_A = R$，则式（9.15）为 $r = 2R\sin\dfrac{\psi}{2}$，这样求得球面上的扰动位为

$$T_0 = \frac{1}{4\pi R} \int_{\sigma} (g_0 - g_{\varphi}) S(\psi)\, \mathrm{d}\sigma \tag{9.23}$$

$$S(\psi) = \csc\frac{\psi}{2} - 6\sin\frac{\psi}{2} + 1 - 5\cos\psi - 3\cos\psi \ln\left(\sin\frac{\psi}{2} + \sin^2\frac{\psi}{2} \right) \tag{9.24}$$

式中，$S(\psi)$ 为斯托克斯函数。式 (9.23) 就是用来求大地水准面上的扰动位 T_0。

四、大地水准面差距公式

有了扰动位 T_0 以后，就可以求出大地水准面差距 N。将式 (9.23) 代入式 (9.7) 中得

$$N = \frac{1}{4\pi\bar{\gamma}R}\int_{\sigma}(g_0 - g_\varphi)S(\psi)\mathrm{d}\sigma$$

为了实际应用，将球面面元 $\mathrm{d}\sigma$ 写成显式。如图 9.9 所示，设 P_0 点为极点，在该点上要确定 N 值，面元 $\mathrm{d}\sigma$ 的坐标为 ψ 和 A，这里 ψ 为极距，A 为方位角，从图 9.9 中很容易求出 $\mathrm{d}\sigma = R^2\sin\psi\mathrm{d}\psi\mathrm{d}A$，将它代入上式中，得

$$N = \frac{R}{4\pi\bar{\gamma}}\int_0^{2\pi}\int_0^{\pi}(g_0 - g_\varphi)S(\psi)\sin\psi\mathrm{d}\psi\mathrm{d}A \tag{9.25}$$

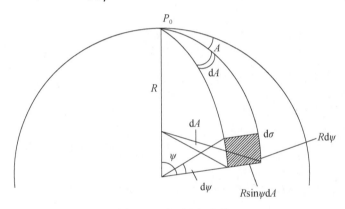

图 9.9 球面坐标换算

这就是大地水准面差距 N 的最后公式，称为斯托克斯公式，只要在整个地球表面上已知重力异常 $(g_0 - g_\varphi)$ 就可以求得 N 值。

式 (9.26) 中 R 为地球的平均半径，$R = \sqrt[3]{a^2b}$，a 是赤道半径，b 是极半径；ψ 是计算点到面元的极距（球面距）；A 是计算点到面元方向的方位角；$\bar{\gamma}$ 是球面上正常重力的平均值。根据 $g_\varphi = g_e(1 + \beta\sin^2\varphi)$，将上式对整个球面积分，得

$$\int_{\sigma}g_\varphi\mathrm{d}\sigma = g_e\int_{\sigma}(1 + \beta\sin^2\varphi)\mathrm{d}\sigma = g_e\int_{\sigma}\mathrm{d}\sigma + g_e\beta\int_{\sigma}\sin^2\varphi\mathrm{d}\sigma$$

上式第一项积分即为球面面积 $4\pi R^2$，而第二项积分为

$$\int_{\sigma}\sin^2\varphi\mathrm{d}\sigma = \int_0^{2\pi}\int_{-\frac{\pi}{2}}^{\frac{\pi}{2}}R^2\sin^2\varphi\cos\varphi\mathrm{d}\varphi\mathrm{d}\lambda = 4\pi R^2\int_0^{\frac{\pi}{2}}\sin^2\varphi\cos\varphi\mathrm{d}\varphi = \frac{4}{3}\pi R^2$$

于是

$$\int_{\sigma}g_\varphi\mathrm{d}\sigma = 4\pi R^2 g_e + \frac{4}{3}\pi R^2 g_e\beta$$

将上式两边除以球面面积，则得球面上的正常重力平均值为

$$\bar{g}_\varphi = g_e\left(1 + \frac{1}{3}\beta\right) \tag{9.26}$$

式中，β 为地球扁率。

同理，采用式 (9.22) 可求出 σ 面外某一水准面上的 N，称为广义的斯托克斯公式，即

$$N = \frac{1}{4\pi \bar{g}_\varphi} \int_\sigma (g_0 - g_\varphi) S(r_A, \psi) \mathrm{d}\sigma \tag{9.27}$$

五、垂线偏差公式

将式 (9.23) 代入式 (9.10) 中，得

$$\xi = -\frac{1}{4\pi \bar{g}_\varphi R^2} \int_\sigma (g_0 - g_\varphi) \frac{\partial}{\partial \varphi} S(\psi) \mathrm{d}\sigma$$

$$\eta = -\frac{1}{4\pi \bar{g}_\varphi R^2 \cos\varphi} \int_\sigma (g_0 - g_\varphi) \frac{\partial}{\partial \lambda} S(\psi) \mathrm{d}\sigma$$

但是

$$\frac{\partial}{\partial \varphi} S(\psi) = \frac{\mathrm{d}}{\mathrm{d}\psi} S(\psi) \frac{\partial \psi}{\partial \varphi}, \quad \frac{\partial}{\partial \lambda} S(\psi) = \frac{\mathrm{d}}{\mathrm{d}\psi} S(\psi) \frac{\partial \psi}{\partial \lambda}$$

再将 $\mathrm{d}\sigma = R^2 \sin\psi \mathrm{d}\psi \mathrm{d}A$ 代入，则

$$\left. \begin{aligned} \xi &= -\frac{1}{4\pi \bar{g}_\varphi} \int_0^{2\pi} \int_0^\pi (g_0 - g_\varphi) \frac{\mathrm{d}}{\mathrm{d}\psi} S(\psi) \frac{\partial \psi}{\partial \varphi} \sin\psi \mathrm{d}\psi \mathrm{d}A \\ \eta &= -\frac{1}{4\pi \bar{g}_\varphi \cos\varphi} \int_0^{2\pi} \int_0^\pi (g_0 - g_\varphi) \frac{\mathrm{d}}{\mathrm{d}\psi} S(\psi) \frac{\partial \psi}{\partial \lambda} \sin\psi \mathrm{d}\psi \mathrm{d}A \end{aligned} \right\} \tag{9.28}$$

为了求 $\frac{\partial \psi}{\partial \varphi}$ 和 $\frac{\partial \psi}{\partial \lambda}$，假设在图 9.10 中，$P_0(\varphi, \lambda)$ 是垂线偏差计算点，它到面元的球面距离为 ψ，N 点是北极，通过 N 点作两条大圆弧，并分别通过 P_0 点和流动点 M（即面元 $\mathrm{d}\sigma$），则大圆弧 $\overset{\frown}{NP_0} = 90° - \varphi$。大圆弧 $\overset{\frown}{NM} = 90° - \varphi'$，$P_0M$ 方位角为 A，在 N 点上两大圆弧的夹角为 $(\lambda' - \lambda)$。

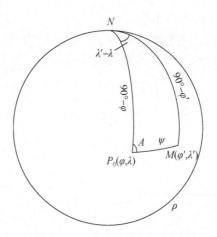

图 9.10　计算垂线偏差关系图

在球面三角形 NP_0M 中：

$$\sin\psi\sin A = \cos\varphi'\sin(\lambda'-\lambda) \tag{9.29}$$

$$\sin\psi\cos A = \cos\varphi\sin\varphi'-\sin\varphi\cos\varphi'\cos(\lambda'-\lambda) \tag{9.30}$$

$$\cos\psi = \sin\varphi'\sin\varphi+\cos\varphi\cos\varphi\cos\varphi(\lambda'-\lambda) \tag{9.31}$$

将式（9.31）中对 φ 和 λ 求偏导数：

$$-\sin\psi\,\frac{\partial\psi}{\partial\varphi} = \sin\varphi'\cos\varphi-\cos\varphi'\sin\varphi\cos(\lambda'-\lambda)$$

$$-\sin\psi\,\frac{\partial\psi}{\partial\lambda} = \cos\varphi\cos\varphi'\sin(\lambda'-\lambda)$$

将以上两式分别与式（9.29）和式（9.30）进行比较就可得出：

$$\frac{\partial\psi}{\partial\varphi} = -\cos A,\qquad \frac{\partial\psi}{\partial\lambda} = -\sin A\cos\varphi$$

再将以上两式代入式（9.28）中，则得

$$\xi = \frac{1}{4\pi\,\overline{g}_\varphi}\int_0^{2\pi}\int_0^\pi(g_0-g_\varphi)\cos A\sin\psi\,\frac{\mathrm{d}}{\mathrm{d}\psi}S(\psi)\,\mathrm{d}\psi\mathrm{d}A$$

$$\eta = \frac{1}{4\pi\,\overline{g}_\varphi}\int_0^{2\pi}\int_0^\pi(g_0-g_\varphi)\sin A\sin\psi\,\frac{\mathrm{d}}{\mathrm{d}\psi}S(\psi)\,\mathrm{d}\psi\mathrm{d}A$$

式中，ξ 和 η 以角秒为单位。

假设

$$Q(\psi) = -\frac{1}{2\overline{\gamma}}\sin\psi\,\frac{\mathrm{d}}{\mathrm{d}\psi}S(\psi)$$

而

$$\frac{\mathrm{d}}{\mathrm{d}\psi}S(\psi) = -\frac{\cos^2\dfrac{\psi}{2}}{\sin\psi}\left[\csc\frac{\psi}{2}+12\sin\frac{\psi}{2}-32\sin^2\frac{\psi}{2}+\frac{3}{1+\sin\dfrac{\psi}{2}}-12\sin^2\frac{\psi}{2}\ln\left(\sin\frac{\psi}{2}+\sin^2\frac{\psi}{2}\right)\right] \tag{9.32}$$

所以，

$$\left.\begin{aligned}\xi &= -\frac{1}{2\pi}\int_0^{2\pi}\int_0^\pi(g_0-g_\varphi)Q(\psi)\cos A\mathrm{d}\psi\mathrm{d}A\\[4pt]\eta &= -\frac{1}{2\pi}\int_0^{2\pi}\int_0^\pi(g_0-g_\varphi)Q(\psi)\sin A\mathrm{d}\psi\mathrm{d}A\end{aligned}\right\} \tag{9.33}$$

这就是求垂线偏差分量的两个公式，它们称为维宁·曼尼斯公式。$Q(\psi)$ 称为维宁·曼尼斯函数。只要在整个地球表面上已知重力异常 (g_0-g_φ) 就可以求得 ξ 和 η。

同理，采用式（9.21），可求得 σ 面外某一水准面上的 ξ 和 η：

$$\left.\begin{aligned}\xi &= \frac{1}{4\pi\overline{g}_\varphi r_A}\int_\sigma(g_0-g_\varphi)\frac{\partial S(r_A,\psi)}{\partial\psi}\cos A\mathrm{d}\sigma\\[4pt]\eta &= \frac{1}{4\pi\overline{g}_\varphi r_A}\int_\sigma(g_0-g_\varphi)\frac{\partial S(r_A,\psi)}{\partial\psi}\sin A\mathrm{d}\sigma\end{aligned}\right\} \tag{9.34}$$

式中，

$$-\frac{\partial S(r_A,\psi)}{\partial \psi}=\frac{R}{r_A}\sin\psi\left[\frac{2r_A^2}{r^3}+\frac{3}{r}-\frac{5}{r_A}+\frac{3R}{r_A}\cos\psi\ \frac{r+r_A}{r+p-R\cos\psi}-\frac{3}{r_A}\ln\frac{r+r_A-R\cos\psi}{2r_A}\right] \quad (9.35)$$

到此为止，以上我们导出了求大地水准面差距的斯托克斯公式和求垂线偏差分量的维宁·曼尼斯公式，至于这两个公式的具体计算方法请查阅有关大地测量方面的书刊。

第三节　利用重力异常确定地球形状

前面所讲的是利用大地水准面上的重力异常按斯托克斯公式和维宁·曼尼斯公式来确定大地水准面的形状，如果还有水准测量和天文大地测量资料，则地球表面形状也就可以确定了。我们知道，地面一点 A 的大地高可以写成

$$H=H^g+N \quad (9.36)$$

式中，H 为大地高，即地面点到椭球体面的距离；H^g 为正高，即地面点到大地水准面的距离；N 为大地水准面差距。

根据重力位将大地高按式（9.36）分成两部分。如图9.11所示，即利用大地水准面来划分。按 $\frac{\partial W}{\partial l}=-g$，大地水准面 $W_O=C_O$ 与通过 A 点的重力位水准面 $W_A=C_A$ 之间的位差为

$$W_O-W_A=\int_O^A g\mathrm{d}h \quad (9.37)$$

式中，$\mathrm{d}h$ 为水准测量各站的高差。如果在相应的测站上进行了重力测量，则 $\int_O^A g\mathrm{d}h$ 是可以求得的。在图9.11中，O 为水准零点，O' 为 A 点在椭球体面上的投影，A' 为 A 点在大地水准面上的投影。

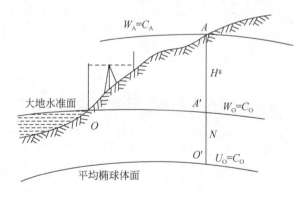

图9.11　大地高、正高的划分

现在就以 A' 点将大地高 $H=O'A$ 分为两部分，对于 A 和 A' 来说，有位差：

$$W_{A'}-W_A=\int_{A'}^A g\mathrm{d}H \quad (9.38)$$

式中，$\mathrm{d}H$ 为 AA' 间单元高差。假设 $\int_{A'}^A \mathrm{d}H=H^g$ 为 A 点的正高，同时由于 O 点与 A' 都位于大

地水准面上，因此 $W_O - W_A = W_{A'} - W_A$，再用 AA' 之间的重力积分平均值 g_m 来代替式 (9.38) 右边的 g，则得

$$H^g = \frac{\int_O^A g\mathrm{d}h}{g_m} \tag{9.39}$$

这就是正高公式，如果再用大地水准面上的重力异常按斯托克斯公式 [式 (9.25)] 算出大地水准面差距 N，则地面点的大地高即可求得。

在图 9.11 中，我们只顾及高程方面的差异，没有考虑平面位置方面的差异。如果将 A 点的天文经、纬度加正常重力线弯曲（应当加重力线弯曲，这里已做了近似），得到大地水准面上 A' 点的天文经、纬度。若从平均椭球体面起算，将 A' 点的天文经、纬度作为大地经、纬度，得到的不是 A' 点而是 O' 点，如图 9.12 所示。它们之间在平面位置方面的差异，即为垂线偏差 ξ、η。可按式 (9.34) 即维宁·曼尼斯公式计算。将 O' 的大地经、纬度（A' 点的天文经、纬度），加上垂线偏差改正以后，即得 A' 点的大地经、纬度，从而大地水准面的平面位置也就确定了。

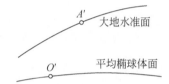

图 9.12　天文经、维度与大地经、纬度之间的关系

一、莫洛金斯基方法

莫洛金斯基方法与斯托克斯方法有许多类同之处，它也是根据扰动位来解算所有的相关数据，但是它是利用地面上的重力异常去解算地面上的扰动位，这里仍从大地高的划分开始讨论。

图 9.13 与图 9.11 相同的符号具有同样的意义。

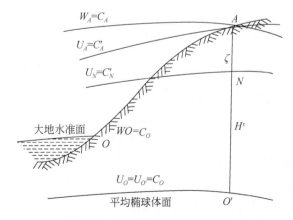

图 9.13　地面扰动位计算关系图

在这里划分大地高时利用了正常重力位 U，假设通过 A 点的正常重力位为 U_A，则 A 与 O' 两点的正常重力位差为 $(U_{O'}-U_A)$。现在 A 与 O' 之间选择一 N 点，将此正常重力位差分成两部分：

$$U_{O'}-U_A = U_{O'}-U_N+U_N-U_A \tag{9.40}$$

式中，U_N 为通过 N 点的正常重力位。所选择的 N 点的条件为

$$U_{O'}-U_N = W_O-W_A \tag{9.41}$$

按式（9.37），得

$$U_{O'}-U_N = \int_O^A g\mathrm{d}h \tag{9.42}$$

此外，从图 9.13 可以看出

$$U_{O'}-U_N = \int_{O'}^A g_\gamma \mathrm{d}H \tag{9.43}$$

式中，$\mathrm{d}H$ 为 $O'N$ 间的单元高差；g_γ 为与其相应的正常重力。如果用 $O'N$ 间的积分平均值 $\overline{g_\gamma}$ 来代替 g_γ，并设 $\int_{O'}^N \mathrm{d}H = H'$，称为 A 点的正常高，则按式（9.42）及式（9.43），得

$$H' = \frac{\int_O^A g\mathrm{d}h}{\overline{g_\gamma}} \tag{9.44}$$

按式（9.40）大地高的另一部分 (U_N-U_A) 仍通过扰动位来计算。不过这里的扰动位 T_A 是地面点 A 的数值，即

$$T_A = W_A-U_A$$

或写成：

$$U_A = W_A-T_A \tag{9.45}$$

由式（9.41）可得 $W_A = W_O-W_{O'}+U_N$，代入式（9.45），并将椭球体面上 O' 点的正常重力位用 U_O 来代替，则上式变为

$$U_A = W_O-U_O+U_N-T_A$$

所以，

$$U_N-U_A = U_N-(W_O-U_O+U_N-T_A) = T_A-(W_O-U_O) \tag{9.46}$$

从图 9.13 同样可得

$$U_N-U_A = \int_N^A g_\gamma \mathrm{d}H \tag{9.47}$$

由于 AN 的距离很小，式（9.47）中的 g_γ 可用 N 点的 g_{γ_N} 来代替，并设 $\int_N^A \mathrm{d}H = \zeta$，即 AN 的距离。ζ 称为高程异常，因此按式（9.46）及式（9.47）可得

$$\zeta = \frac{T_A-(W_O-U_O)}{g_{\gamma_N}} \tag{9.48}$$

当 $W_O=U_O$ 时，式（9.48）变为

$$\zeta = \frac{T_A}{g_{\gamma_N}} \tag{9.49}$$

将式（9.49）与式（9.7）相比较，可以看出两者形式是类似的，但在计算高程异常

时，应用的是地面的扰动位，而在计算大地水准面差距时用的是大地水准面上的扰动位。显然，地面点 A 的大地高为

$$H = H^r + \zeta \tag{9.50}$$

它是正常高与高程异常之和，同理，地面 A 点的垂线偏差为

$$\left.\begin{array}{l} \xi = -\dfrac{1}{g_{\gamma_N} r_A}\dfrac{\partial T_A}{\partial \varphi} \\[4mm] \eta = -\dfrac{1}{g_{\gamma_N} r_A \cos\varphi}\dfrac{\partial T_A}{\partial \lambda} \end{array}\right\} \tag{9.51}$$

式（9.51）与式（9.10）类似，不同的是这里用到的也是地面上的扰动位，式中，r_A 是计算点 A 的地心向径。

莫洛金斯基方法与斯托克斯方法除去正常高与正高不同以外，主要的区别为前者是用地面上的扰动位计算高程异常和地面上的垂线偏差，后者是用大地水准面上的扰动位计算大地水准面差距和大地水准面上的垂线偏差。另外，用斯托克斯方法解算大地水准面上的扰动位，要已知大地水准面上的重力异常，因此必须对地面重力进行改正。前面已经讨论过，不管做怎样细致的工作，各种改正都存在着一定的缺陷。而莫洛金斯基方法却无须对地面重力进行改正，因而从改正观点看，它不存在上述困难。

二、地形表面、似大地水准面及地面重力异常

（一）地形表面

由图9.14看出，从椭球体面起算截取 A 点的正常高度 N 点，它与 A 点的高度有一差值，即高程异常。另外，它们之间还有平面位置之间的差异。利用 A 点的天文经、纬度 λ_A 与 φ_A 作为大地经、纬度，由平均椭球体面起算，得出的不是 A 点而是 N 点，它们之间还存在着垂线偏差与正常重力线弯曲的差异，考虑到这些差别之后，可以将 N 点的大地

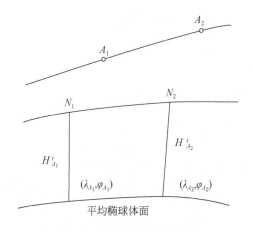

图9.14　地形表面示意图

经、纬度（即 A 点的天文经、纬度）改化成 A 点的大地经、纬度，从而也确定了地球表面的平面位置。

　　如果将 N_1、N_2 等点联成一个曲面，则称为地形表面，它与真正的地球表面是有差异的。它是一个可以根据地面观测资料来确定的已知面，所以它也是真正地球表面的近似面，因而也可以称它为近似的地球表面。

（二）似大地水准面

　　我们已知地形表面至平均椭球体面的距离是正常高 H^r，地形表面到地面的距离为高程异常，按图 9.13 得

$$H = H^r + \zeta$$

　　但是按照通常的概念，总是利用大地水准面将大地高分成两部分（正高和大地水准面的差距），所以在莫洛金斯基方法中，为了和习惯上的概念相吻合，将大地高用似大地水准面划分成两部分，如图 9.15 所示。从地面起算向下取各点的正常高，或者从椭球体起算，向上取各点的高程异常，可以得到一个曲面，称为似大地水准面。由于这个面与大地水准面很接近，因此采用这一名称。

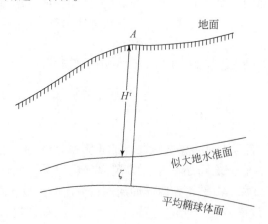

图 9.15　似大地水准面示意图

（三）地面重力异常

　　地面重力异常也有纯重力异常和混合重力异常之分，纯重力异常是地面 A 点的实测重力 g_A 与同一点上的正常重力 g_{γ_A} 之差；混合重力异常是地面 A 点实测重力 g_A 与地形表面相应的 N 点（图 9.14 中 A_1 与 N_1）上的正常重力 g_{γ_A} 之差。

　　g_{γ_N} 可将椭球体面上的正常重力 g_φ 归算到地形表面而得。由于正常重力场是人为的，也是比较规则的，而且它的全部质量都包含在椭球体内，其外部没有任何质量，因此可按空间改正求得

$$g_{\gamma_N} = g_\varphi - 3.086H$$

式中，H 为正常高，g.u.。由于正常高和水准测量高程相差不大，所以可用水准测量高

程。这个改正可以说是严格的，因为它不牵涉地球质量的调整问题。又因为地形表面和地面比较接近，所以 g_A 和 g_{γ_N} 之差也是较小的数值，这就为下面利用地面混合重力异常解算地面扰动位创造了有利条件。

三、解算地面扰动位

在莫洛金斯基方法中，解算地面扰动位的原理与解算大地水准面上扰动位的原理相似。所不同的是解算大地水准面上扰动位是用大地水准面上的重力异常，而解算地面扰动位是用地面混合重力异常，即地面实测重力和地形表面上相应点的正常重力之差，即

$$g - g_{\gamma} = g_A - g_{\gamma_N} = g - (g_{\varphi} - 3.086H) \tag{9.52}$$

式（9.52）与大地水准面上的自由空气异常在数值上完全一样，因此这样计算出来的重力异常可以说是大地水准面上的，也可以说是地面上的。不过两者概念不同，如果是大地水准面上的重力异常，就有调整地球问题，因此是近似的。如果说是地面重力异常，就是精确的，因为平均椭球体外没有质量，也就不存在调整问题。这里的边值条件为

$$g - g_{\gamma} = -\frac{2T_A}{r_A} - \frac{\partial T_A}{\partial r_A} \tag{9.53}$$

式（9.53）与式（9.13）相似，但要注意，式（9.13）的边界面是大地水准面，这里的边界是地面。

有了边值条件，就可以解算地面的扰动位。由于地球表面比起大地水准面要复杂得多，因此不能像解大地水准面扰动位那样把地球表面看成球面进行解算。在这里解算扰动位的方法是不同的，它要根据所谓积分方程用逐次趋近法进行解算。这里不去进行烦琐公式的推导，只将地面扰动位的最后结果写出

$$\begin{cases} T_A = T_0 + T_1 + \cdots \\ T_0 = \dfrac{1}{4\pi R} \iint_{\sigma} (g - g_{\gamma}) S(\psi) \mathrm{d}\sigma \\ T_1 = \dfrac{1}{4\pi R} \iint_{\sigma} \delta g_1 S(\psi) \mathrm{d}\sigma \\ \cdots \end{cases} \tag{9.54}$$

式中，$S(\psi)$ 为斯托克斯函数；R 为平均椭球体的平均半径；$(g - g_{\gamma})$ 为地面混合重力异常；σ 为球面；$\delta g_1 = \dfrac{1}{2\pi} \displaystyle\int_{\sigma} (g - g_{\gamma}) \dfrac{H^{\mathrm{r}} - H_0^{\mathrm{r}}}{r^3} \mathrm{d}\sigma$、$H^{\mathrm{r}}$ 和 H_0^{r} 分别为流动点及计算点的正常高，r 为它们之间的距离。

从式（9.54）可以看出，地面扰动位 T_A 是 T_n 的级数式，其中 T_0 项就是把地面看成球面时的扰动位，它是主项，但实际上地面并非球面。而是起伏较大的复杂曲面，所以要加上改正项 T_1、T_2 等。T_0 称为零次逼近公式，$(T_0 + T_1)$ 称为一次逼近公式；还有两次或更多次的逼近公式。在实际中一般采用零次逼近公式，对个别地形起伏较大的地区则采用

一次逼近公式。

按式（9.49）和式（9.54），高度异常的计算公式为

$$
\begin{cases}
\zeta = \zeta_0 + \zeta_1 + \cdots \\
\zeta_0 = \dfrac{1}{4\pi g_\gamma R}\iint_\sigma (g - g_\gamma) S(\psi)\,\mathrm{d}\sigma \\
\zeta_1 = \dfrac{1}{4\pi g_\gamma R}\iint_\sigma \delta g_1 S(\psi)\,\mathrm{d}\sigma \\
\vdots
\end{cases}
\tag{9.55}
$$

将式（9.54）代入式（9.51）可得地面垂线偏差的计算公式：

$$
\begin{cases}
\zeta = \zeta_0 + \zeta_1 + \cdots \\
\zeta_0 = -\dfrac{1}{2\pi}\int_0^{2\pi}\int_0^\pi (g - g_\gamma) Q(\psi)\cos A\,\mathrm{d}\psi\mathrm{d}A \\
\zeta_1 = -\dfrac{1}{2\pi}\int_0^{2\pi}\int_0^\pi \delta g_1 Q(\psi)\cos A\,\mathrm{d}\psi\mathrm{d}A - \dfrac{1}{g_\gamma}\Big(g - g_\gamma + \dfrac{2T_0}{R}\Big)\dfrac{\partial H^r}{r_A\partial B} \\
\vdots \\
\eta = \eta_0 + \eta_1 + \cdots \\
\eta_0 = -\dfrac{1}{2\pi}\int_0^{2\pi}\int_0^\pi (g - g_\gamma) Q(\psi)\sin A\,\mathrm{d}\psi\mathrm{d}A \\
\eta_1 = -\dfrac{1}{2\pi}\int_0^{2\pi}\int_0^\pi \delta g_1 Q(\psi)\sin A\,\mathrm{d}\psi\mathrm{d}A - \dfrac{1}{g_\gamma}\Big(g - g_\gamma + \dfrac{2T_0}{R}\Big)\dfrac{\sec B}{r_A}\dfrac{\partial H^r}{\partial L}
\end{cases}
\tag{9.56}
$$

将这节确定地球形状的方法与确定大地水准面的方法相比较，可以看出在理论上前者比后者严密，后者因避免不了归算问题，毕竟是近似的。但在实践中前者要求有更多的重力和地形测量资料，因此往往不能很准确地计算 T_1 与 T_2 项，也就得不出很好的结果，但是在平原地区两者差别并不大，目前这种方法在实际应用中还受到一定的限制。

第四节　精确大地水准面的应用

一、国防安全与军事方面的应用

军事地球物理学是一门应用地球物理学，它是将地球物理学的理论、方法与技术应用于军事领域，以解决军事应用问题为目的，以发展军事应用地球物理理论、方法与技术为目的，推进国防安全的科学。作为地球物理学与军事科学交叉结合的应用学科，学科内涵是运用地球物理理论、方法与技术解决各种军事领域和国防建设中的问题的应用学科。军事地球物理学所涉及的范围很广，研究内容既有特殊性，又有普遍性。有些研究成果既可用于军事领域又可用于国民经济建设，特别是国防建设中的应用地球物理理论、方法与技术几乎都可以应用于民用工程中。换句话说，军事地球物理学中各种研究与实践活动也正是应用已有的地球物理理论、方法与技术来解决军事领域和国防建设中的问题。所以，军

民融合发展国防地球物理学理论、方法与技术是发展方向。

重力场是重要的军事地球物理环境资源，其对远程弹道导弹命中精度、水下无源导航和地下空间探测等都有着重要的意义和应用价值。

（一）　重力异常对远程弹道导弹命中精度的影响

弹道导弹的飞行时刻受到地球重力场的作用，因此必须按照发射坐标系描述的弹道飞行。也就是说，弹道导弹发射点和打击目标一经确定，其飞行弹道就可以相应计算出来，如图 9.16 所示。但这是基于弹道上任意点的重力参数均为理想情况下的一种假设，而飞行轨迹所经地域重力场任何与理想情况不一致的因素均会导致导弹命中精度受影响。目前美国的陆基和海基导弹均已实现了重力场弹上实时修正，如美国海军"三叉戟"-Ⅱ型潜射弹道导弹命中精度已经达到百米。

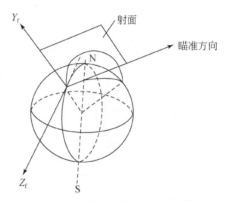

图 9.16　基于发射点垂线建立的发射坐标系

重力异常对远程弹道导弹命中精度的影响主要体现在以下几个方面。一是由于重力异常无法通过弹上惯性导航系统敏感，会直接影响导弹命中精度；二是发射场重力模型存在误差，将会影响惯导系统标定准确性，进而影响导弹的导航精度，引起落点偏差；三是尽管重力异常的偏差值非常微小，但由于导弹在飞行末段的速度非常快，在惯性作用下，微小的偏差也会对导弹命中精度产生较大影响；四是受飞行空间扰动引力的影响，弹道下方的扰动引力场对飞行轨道会引起摄动，即由于受地球扰动引力场的影响，导弹的实际运动坐标、速度和轨迹会偏离理论设计值，造成落点偏差，如图 9.17 所示。

重力是矢量，既有大小又有方向，大小用重力加速度来衡量，方向则用垂线偏差来表示。一般而言，弹道计算依赖于在参考椭球面上的法线建立弹道坐标系，但由于存在垂线偏差，使得导弹是按照一种近似发射坐标系，即实际铅垂线发射坐标系的弹道来飞行，如图 9.18 所示。因此，发射点垂线偏差引起的定向误差会影响导弹的命中精度。研究表明，南北向垂线偏差分量仅对弹着点的横向偏差有影响，而东西向垂线偏差分量则同时影响弹着点的纵向偏差和高度偏差。

（二）　重力匹配导航方面的应用

海洋占地球表面积的 70.8%，蕴藏着丰富的生物、矿产、化学和动力资源，探索和开

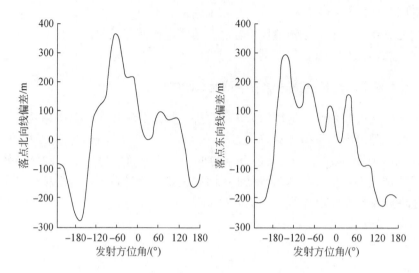

图 9.17   不同发射方位角下扰动引力引起的偏差

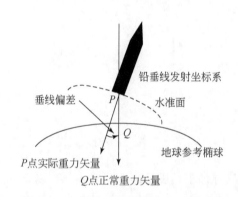

图 9.18   基于参考椭球面的弹道计算坐标系

发海洋将成为人类主要的生产活动，而水下航行器必将成为这生产活动中的重要工具。潜艇是水下航行器应用于军事领域的典型代表，因其隐蔽性好，突击力强，作战半径大，对制空权、制海权依赖性低，是世界军事强国传统的海上中坚。卫星导航（如 GPS、GLONASS、北斗等）、无线电导航（多普勒）、天文导航和声呐导航等在导航时由于需要与外界信息的交换，很容易受到外界的干扰、隐蔽性较差；而重力辅助导航系统利用的是地球重力场信息，其信息的测量不受测区环境的影响、不需要发射和接受其他电磁信号，是真正的无源导航，特别是在军事上有着突出的战略意义和战略用途。

无源重力导航是在研究重力扰动及垂线偏差对惯性导航系统精度的影响的基础上发展起来的一种利用重力敏感仪表的测量实现的图形跟踪导航技术，它要求事先制作好重力分布图，图中的各路线都有特殊的重力分布。重力分布图存储在导航系统中，利用重力敏感仪器测定重力场特性来搜索期望的路线，通过人工神经网络和统计特性曲线识别法使运载体确认、跟踪或横过路线，到达目的地。

重力匹配的方法主要有两种：扩展卡尔曼滤波匹配方法和相关匹配方法。

扩展卡尔曼滤波匹配方法的主体思想就是将存储的数据图作为系统的量测方程,把惯导系统的误差方程、重力仪器误差方程等作为状态方程,组合在一起进行卡尔曼滤波,从而获得系统状态的最优估计,最终实现对惯导系统的重调校正,提高整个系统的导航精度,延长惯导系统的重调周期。按照量测方程的建立模式,该方法又可以分为重力异常匹配方式、重力梯度匹配方式、重力异常和重力梯度联合匹配方式和重力垂线偏差方式四种。

相关匹配方式是通过实测量序列与数据图中所有可能的基准序列进行相关,计算实测数据和基准序列的相关度,然后将最相关的基准序列对应的位置定位为匹配位置。

在安装有重力仪、重力梯度仪的系统内,不仅可以进行重力异常、重力梯度的直接匹配,而且还可以利用重力梯度实时计算重力异常和垂向偏差,在卡尔曼滤波器中进行速度误差的估计。重力匹配导航方式之一是利用水下运载体上安装的测深仪和重力计为测量设备,根据实时获得的重力异常与载体上保存的重力异常海图进行匹配,利用扩展卡尔曼滤波实时估计载体位置;方式之二是根据水下运载体单轴或三轴安装的重力梯度仪实时获取的重力图梯度值与载体上保存的重力梯度图进行匹配,利用扩展卡尔曼滤波进行各种导航误差的估计。

假设重力异常观测和重力异常数据库资料有足够的精度,潜艇运动按照图9.19中路线由 A 至 B 行驶,$ABCD$ 四个航线点的定位精度为 $10'$,取陀螺漂移为 $0.01(°)/h$,系统噪声参数 $q=4.0mGal/s$,$T=10.0$,重力异常平滑加权系数 $\alpha=0.8$,加速度零漂移为 10^{-5}。收敛的数字结果见表9.2。计算结果表明纯惯导状态系统误差随时间增大,当进行重力异常匹配时可以对漂移误差进行校正,采用信息更新序列作为对计算方程的反馈,取代卡尔曼滤波算法中估计误差的协方差方程,因为顾及了方程实际计算误差对系统的反馈,计算结果更加合理。常规潜艇采用的定位方法和惯性导航设备的缺陷使得潜艇难以完成长时间的下潜任务。采用重力异常辅助导航可以克服这一缺陷,但为了保证重力异常可辅助性,需要严格规划航行路线以保证重力异常数据可以起辅助导航作用。

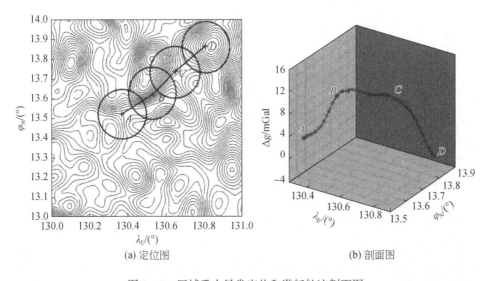

(a) 定位图   (b) 剖面图

图9.19 区域重力异常定位和潜艇航迹剖面图

表9.2　收敛判断结果

点位	A	B	C	D
重力异常值/mGal	4.1	11.8	9.8	−2.11
漂移误差	10′	10′	10′	10′
判断结果收敛范围	(130.4°E, 13.5°N)	(130.5°E, 13.6°N)	(130.6°E, 13.7°N)	(130.7°E, 13.8°N)

二、南水北调工程的应用

南水北调西线工程位于我国西部的四川省、青海省境内，是从长江上游调水入黄河上游的引水工程，也是解决我国西北地区和华北地区干旱缺水的战略性工程。该地区属高原地区，海拔为3000～5200m，河谷冲刷剧烈，横断面大多数呈"V"字形，相对高差为1000～1500m，高寒缺氧、气候变化异常，自然环境恶劣，地质条件复杂，测区人烟稀少，交通极为困难，测绘基础工作薄弱，工作难度大，野外条件极其艰苦。为满足第一期工程前期工作的需要，为规划、设计、地质、勘探、水文等提供基础测绘数据资料，须进行引水线路2700km^{2}的1:25000地形图和六个水库1000km^{2}的1:10000地形图测量。

由于时间短、任务急、工作量大、测区条件差，采用常规测量方法消耗的资源多，工期长。根据测区情况，迫切需要采用"精化测区大地水准面"这一技术，提高GPS高程的测量精度。

针对南水北调测区建立似大地水准面的步骤如下所示。

（1）利用该地区及周边加密重力点成果、数字高程模型，由严格积分法完成布格、均衡异常的归算，采用多项式移动拟合法与移去-恢复技术计算格网平均空间异常。

（2）利用360阶次的重力场模型（EGM96、WDM94等）确定该地区的模型重力异常及模型大地水准面。

（3）采用重力法（斯托克斯、莫洛金斯基方法）与移去-恢复技术计算（似）大地水准面。计算方法是首先在实际空间重力异常中移去模型的影响，获得剩余空间重力异常，用剩余空间重力异常采用重力法计算剩余（似）大地水准面；再在剩余（似）大地水准面的结果中恢复模型的影响部分，获得重力（似）大地水准面。

（4）利用该测区18个控制点的高程成果与上述建立的重力（似）大地水准面计算的高程差值，采用平面拟合的方法计算出重力大地水准面的纠正参数，再用纠正参数，完成对似大地水准面的纠正计算与精度分析。

利用GPS技术结合重力、水准资料施测像控点高程在南水北调测区的成功应用，大幅度地减少了传统外业测量的工作量，并使费用高、难度大、周期长的传统低等级水准测量工作减少到了最低限度，大力推进了GPS技术在国家基本比例尺测图中的运用，经济效益和社会效益均非常显著。

按此种方法施测像控点高程，能够做到一次测量同时完成平面、高程测量，充分发挥了GPS测量方便、高效、精度高、成本低的优势。据不完全统计，本测区用此方法施测像控点高程，比采用GPS均匀地连测已知高程点后采用拟合的方法求像控点高程，工作效率提高40%以上，直接节约生产经费约为70万元。

习　　题

（1）简述大地坐标系的基本特征。

（2）天球坐标系的种类以及各自的基本圈和极点。

（3）扰动位与大地水准面差距的关系式，并描述关系式中各个量的含义。

（4）计算大地水准面扰动位和地面扰动位分别采用哪种重力异常，并给出相应的定义。

（5）给出垂线偏差与扰动位、大地水准面差距的关系式，并描述关系式中各个量的含义。

（6）大地坐标系的定义，以及利用大地坐标系如何来确定地面上一点。

（7）列举两种计算地球形状的计算方法，并阐述哪种计算方法结果更准确，原因是什么？

（8）利用斯托克斯方法建立地球形状与大地水准面扰动位 T_0、观测重力异常之间的关系（g_m 重力平均值）。

参 考 文 献

拜尔 L A. 1988. 井中重力测量的解释与应用. 北京:石油工业出版社.

蔡劭琨. 2014. 航空重力矢量测量及误差分离方法研究. 长沙:国防科学技术大学.

陈鑑华,张兴福,陈秋杰,等. 2020. 融合 GOCE 和 GRACE 卫星数据的无约束重力场模型 Tongji-GOGR2019S. 地球物理学报,63(9):3251-3262.

陈兰芹,李世京. 2003. 我国建成新一代重力基本网. 中国测绘报,2003-05-09(001).

陈清满,王硕仁,袁东方. 2021. "雪龙2"号国内首套 Sea Ⅲ 型海洋重力仪应用分析. 极地研究,33(3):451-458.

陈善. 1986. 重力勘探. 北京:地质出版社.

陈文进. 2020. 重力反演莫霍面的理论与方法. 武汉:中国地质大学出版社.

邓友茂,王振亮,孙诚业. 2021. CG 型重力仪性能对比分析. 大地测量与地球动力学,41(4):432-435.

邓振球,王欣观,谢德顺. 1992. 新疆地球物理场特征. 新疆地质,(3):233-243.

丁文龙,林畅松,漆立新,等. 2008. 塔里木盆地巴楚隆起构造格架及形成演化. 地学前缘,(2):242-252.

丁绪荣. 1984. 普通物探教程. 北京:地质出版社.

董焕成. 1993. 重磁勘探教程. 北京:地质出版社.

付建伟. 2010. 重力测井技术若干进展. 地球物理学进展,25(2):596-601.

傅容珊,刘斌. 2009. 固体地球物理学基础. 合肥:中国科技大学出版社.

高印. 1995. 位场数据处理的一项新技术——小子域滤波法. 石油地球物理勘探,30(2):240-244.

顾功叙. 1990. 地球物理勘探基础. 北京:地质出版社.

管泽霖,宁津生. 1984. 地球形状及外部重力场. 北京:测绘出版社.

管志宁. 2005. 地磁场与磁力勘探. 北京:地质出版社.

郭恩志,房建成,俞文伯. 2005. 一种重力异常对弹道导弹惯性导航精度影响的补偿方法. 中国惯性技术学报,(3):30-33.

郭良辉,孟小红,石磊,等. 2009. 重力和重力梯度数据三维相关成像. 地球物理学报,52(4):1098-1106.

郝洪涛,刘少明,韦进,等. 2019. CG-6 型重力仪零漂特性研究. 大地测量与地球动力学,39(10):1086-1090.

郝卫峰,李斐,鄢建国. 2010. 基于新近数据的月球地形、重力场及内部构造研究进展. 地球物理学进展,25(6):1926-1934.

郝迎磊. 2020. 基于 EGM2008 模型和多面函数的大地水准面拟合的研究. 长春:长春工程学院.

何亚军,陈晓茜. 2021. 多类地球重力场模型的高程异常精度比较. 地理空间信息,19(6):60-63.

胡德昭,朱慧娟. 1995. 地球物理学原理及应用. 南京:南京大学出版社.

蒋宏耀,张立敏. 1997. 我国考古地球物理学的发展. 地球物理学报,(S1):379-385.

蒋宏耀,张立敏. 2000. 考古地球物理学. 北京:科学出版社.

金旭,傅维洲. 2003. 固体地球物理学基础. 长春:吉林大学出版社.

奎奥 D,普里托 C. 1985. 重力勘探应用. 曾华霖译. 北京:石油工业出版社.

李勇,周荣军,Densmore A L,等. 2006. 青藏高原东缘大陆动力学过程与地质响应. 北京:地质出版社.

李舟波,孟令顺,梅忠武. 2004. 资源综合地球物理勘查. 北京:地质出版社.

刘向东,刘习凯,马东,等. 2019. 超导重力仪器:机遇与挑战. 导航与控制,18(3):7-13.

刘仲兰,李江海,崔鑫,等. 2018. 阿留申俯冲带几何学特征及运动学成因模式. 地质论评,64(3):543-550.

楼海,王椿镛,王飞. 2000. 卫星重力资料揭示的新疆天山地区构造动力学状态. 地震学报,(5):482-490.

罗孝宽,郭绍雍. 1991. 应用地球物理教程——重力、磁法. 北京:地质出版社.

骆迪,刘展. 2012. 基于场源内部理论的井中重力正演方法研究. 物探化探计算技术,34(6):656-665,620.

马国庆,等. 2021. 多维多参量重磁及其梯度数据处理与反演技术. 北京:地质出版社.

马宗晋,杜品仁,洪汉净. 2003. 地球构造与动力学. 广州:广东科技出版社.

孟令顺,杜晓娟. 2008. 勘探重力学与地磁学. 北京:地质出版社.

孟令顺,傅维洲. 2004. 地质学研究中的地球物理基础. 长春:吉林大学出版社.

宁津生. 1994. 地球重力场模型及其应用. 冶金测绘,(2):1-8.

宁津生,邱卫根,陶本藻. 1990. 地球重力场模型理论. 武汉:武汉测绘科技大学出版社.

沙树勤. 1991. 地质学研究中的地球物理基础. 北京:地质出版社.

莎玛 P V. 2008. 地质学研究中的地球物理方法. 王恕铭等译. 北京:地质出版社.

孙中苗,夏哲仁,石磐. 2004. 航空重力测量研究进展. 地球物理学进展,(3):492-496.

滕吉文. 2002. 中国地球深部结构和深层动力过程与主体发展方向. 地质论评,(2):125-139.

滕吉文. 2003. 固体地球物理学概论. 北京:地震出版社.

滕吉文. 2021. 高精度地球物理学是创新未来的必然发展轨迹. 地球物理学报,64(4):1131-1144.

田钢,刘菁华,曾昭发. 2005. 环境地球物理教程. 北京:地质出版社.

王海滨,丁万庆,郭春喜. 2003. 精化大地水准面提高 GPS 高程测量精度. 广西水利水电,(4):1-3.

王懋基,蔡鑫,涂承林. 1997. 中国重力勘探的发展与展望. 地球物理学报,(S1):292-298.

王谦身,等. 2003. 重力学. 北京:地震出版社.

王瑞臣,杨海波,徐利明. 2010. 重力异常对弹道导弹射程的影响研究. 导弹与航天运载技术,(2):5-7.

王兴泰. 1996. 工程与环境物探新方法新技术. 北京:地质出版社.

郗钦文. 1991. 精密引潮位展开及某些诠释. 地球物理学报,34(2):182-194.

郗钦文. 1992. 精密引潮位展开的精度评定. 地球物理学报,35(2):150-153.

熊盛青,周锡华,郭志宏,等. 2010. 航空重力勘探理论方法及应用. 北京:地质出版社.

徐建桥,周江存,陈晓东,等. 2014. 武汉台重力潮汐长期观测结果. 地球物理学报,57(10):3091-3102.

许厚泽,孙和平,徐建桥,等. 2000. 武汉国际重力潮汐基准研究. 中国科学(D 辑:地球科学),(5):
    549-553.

许厚泽,周旭华,彭碧波. 2005. 卫星重力测量. 地理空间信息,(1):1-3.

许厚泽,陆洋,钟敏,等. 2012. 卫星重力测量及其在地球物理环境变化监测中的应用. 中国科学:地球科
    学,42(6):843-853.

许志琴,等. 1992. 中国松潘–甘孜造山带的造山过程. 北京:地质出版社.

杨金玉,田振兴,韩波,等. 2015. 国内外重力异常编图进展及重力异常计算方法改进. 地球物理学进展,
    30(3):1070-1077.

恽玲骹,胡德昭,朱慧娟,等. 1987. 地球物理学原理及应用. 南京:南京大学出版社.

曾安敏,孙凤华,郭玉良. 2006. 2000 国家重力基本网与 1985 国家重力基本网的转换关系研究. 海洋测绘,
    (3):7-9.

曾华霖. 2005. 重力场与重力勘探. 北京:地质出版社.

曾昭发,吴燕冈,郝立波,等. 2006. 基于泊松定理的重磁异常分析方法及应用. 吉林大学学报(地球科学
    版),36(2):279-285.

张凤旭,张凤琴,刘财,等. 2007. 断裂构造精细解释技术——三方向小子域滤波. 地球物理学报,50(5):

1543-1550.

张红伟. 2013. 水下重力场辅助导航定位关键技术研究. 哈尔滨:哈尔滨工程大学.

张虹,周能,邓肖丹,等. 2019. 国外航空重力测量与数据处理技术最新进展. 物探与化探,43(5): 1015-1022.

张杰,孙文,梅宇庭,等. 2018. 重力场模型研究进展及最新重力位模型精度比较分析. 现代测绘,41(2): 40-43.

张志厚,廖晓龙,曹云勇,等. 2021. 基于深度学习的重力异常与重力梯度异常联合反演. 地球物理学报, 64(4):1435-1452.

郑伟,许厚泽,钟敏,等. 2010a. 地球重力场模型研究进展和现状. 大地测量与地球动力学,30(4):83-91.

郑伟,许厚泽,钟敏,等. 2010b. 国际重力卫星研究进展和我国将来卫星重力测量计划. 测绘科学,35(1): 5-9.

周波阳,崔家武,张兴福. 2018. 航空矢量重力测量水平分量向下延拓的输入输出法. 大地测量与地球动力学,38(9):903-907.

周浩,罗志才,周泽兵,等. 2022. 利用卫星跟踪卫星观测数据确定时变重力场球谐解的发展趋势. 地球与行星物理论评,53(3):243-256.

Abdelrahman E M. 1990. Discussion on "a least-squares approach to depth determination from gravity data" by O. P. Gupta. Geophysics,55:376-378.

Abdelrahman E M,Bayoumi A I,Elaraby H M. 1991. Short note:a least-squares minimization approach to invert gravity data. Geophysics,56:115-118.

Agocs W B. 1951. Least-squares residual anomaly determination. Geophysics,16:686-696.

Airy G B. 1855. On the computation of the effect of the attraction of mountain-masses,as disturbing the apparent astronomical latitude of stations in geodetic surveys. Philosophical Transactions of the Royal Society of London, 145:101-104.

Babu H V R,Rao D A,Raju D C V,et al. 1989. Magtran:a computer program for the transformation of magnetic and gravity anomalies. Computers & Geosciences,15:979-988.

Barbosa V C F,Silva J B C,Medeiros W E. 1999. Stability analysis and improvement of structural index estimation in Euler deconvolution. Geophysics,64(1):48-60.

Beiki M. 2010. Analytic signals of gravity gradient tensor and their application to estimate source location. Geophysics,75(6):I59-I74.

Beiki M, Pedersen L B. 2010. Eigenvector analysis of gravity gradient tensor to locate geologic bodies. Geophysics,75(6):I37-I49.

Beiki M,Pedersen L B,Nazi H. 2011. Interpretation of aeromagnetic data using eigenvector analysis of pseudo gravity gradient tensor. Geophysics,76(3):L1-L10.

Bell R E,Anderson R,Pratson L. 1997. Gravity gradiometry resurfaces. The Leading Edge,16:55-60.

Blakely R J. 1995. Potential Theory in Gravity and Magnetic Applications. Cambridge:Cambridge University Press.

Bowie W. 1917. The Gravimetric survey of the United States. Proceedings of the National Academy of Sciences.

Chandler V W,Koski J S,Hinze W J,et al. 1981. Analysis of multisource gravity and magnetic anomaly data sets by moving-window application of Poisson's Theorem. Geophysics,46:30-39.

Chapin D A. 1998a. The isostatic gravity residual of onshore South America:examples of the utility of isostatic gravity residuals as a regional exploration tool. In:Gibson R I, Millegan P S(eds). Geologic Applications of Gravity and Magnetics, Case Histories. SEG Geophysical Reference Series 8, AAPG Studies in Geology,43:

34-36.

Chapin D A. 1998b. Gravity instruments:Past,present,future. The Leading Edge,(1):100-112.

Corner B,Wilsher W A. 1989. Structure of the Witwatersrand Basin derived from interpretation of the aeromagnetic and gravity data. In:Garland G D(ed). Proceedings of Exploration'87:Third Decennial International Conference on Geophysical and Geochemical Exploration for Minerals and Groundwater. Ontario Geological Survey,3:960.

Dziewonski A M,Anderson D L. 1981. Preliminary reference Earth model. Physics of the Earth and Planetary. Interiors,25:297-356.

Elawadi E,Salem A,Ushijima K. 2001. Detection of cavities from gravity data using a neural network. Exploration Geophysics,32:75-79.

Eslam E,Salem A,Ushijima K. 2001. Detection of cavities and tunnels from gravity data using a neural network. Exploration Geophysics,32:204-208.

Evjen H M. 1936. The place of the vertical gradient in gravitational interpretations. Geophysics,1:127-136.

Fajklewicz Z J. 1976. Gravity vertical gradient measurements for the detection of small geologic and anthropogenic forms. Geophysics,41(5):1016-1030.

Fedi M,Quarta A. 1998. Wavelet analysis of the regional-residual and local separation of potential field anomalies. Geophysical Prospecting,46:507-525.

Florio G,Fedi M,Pasteka R. 2006. On the application of Euler deconvolution to the analytic signal. Geophysics, 71:L87-L93.

Ford C T,张宗美. 1985. 重力模型对洲际弹道导弹精度的影响. 国外导弹技术,5:12-22.

Fuller B D. 1967. Two-dimensional frequency analysis and design of grid operators. Mining Geophysics,42: 658-708.

Gerovska D,Stavrev Y,Arauzo-bravo M J. 2005. Finite-difference Euler deconvolution algorithm applied to the interpretation of magnetic data from northern Bulgaria. Pure and Applied Geophysics,162:591-608.

Gibb R A. 1968. The densities of Precambrian rocks from northern Manitoba. Canadian Journal of Earth Sciences, 5(3):433-438.

Gibson R I. 1995. Basement tectonics and hydrocarbon production in the Williston Basin:an interpretive overview. Williston Basin Symposium,12:3-9.

Gibson R I. 1998. Utility in exploration of continent-scale data sets. In:Gibson R I,Millegan P S(eds). Geologic Applications of Gravity and Magnetics,Case Histories. SEG Geophysical Reference Series 8,AAPG Studies in Geology,43:32-33.

Griffin W P. 1949. Residual gravity in theory and practice. Geophysics,14(1).

Gunn P J. 1975. Linear transformations of gravity and magnetic fields. Geophysical Prospecting,23(2):300-312.

Gupta V K,Ramani N. 1980. Some aspects of regional residual separation of gravity anomalies in a pre-Cambrian terrain. Geophysics,45(9):1412-1426.

Hammer S. 1963. Deep gravity interpretation by stripping. Geophysics,28:369-378.

Hartman R R,Teskey D J,Friedberg J L. 1971. A system for rapid digital aeromagnetic interpretation. Geophysics,36:891-918.

Heiskanen W A,Vening Meinesz F A. 1958. The Earth and Its Gravity Field. New York:McGraw-Hill.

Hinze W J. 1985. Is there a correlation between geophysical observations and seismicity in the Eastern United States? Seg Technical Program Expanded Abstracts,51(1):643.

Hinze W J. 2003. Bouguer reduction density,Why 2. 67? Geophysics,68(5):1559-1560.

Hood P J,Teskey D J. 1989. Aeromagnetic gradiometer program of the Geological Survey of Canada. Geophysics,

54(8):1012-1022.

Hsu S,Sibuet J C,Shyu C. 1996. High-resolution detection of geologic boundaries from potential field anomalies: an enhanced analytic signal technique. Geophysics,61:373-386.

Jekeli C. 1993. A review of gravity gradiometer survey system data analyses. Geophysics,58:508-514.

Kaftana I,Salk M,Senol Y. 2011. Evaluation of gravity data by using artificial neural networks case study: seferihisar geothermal area (Western Turkey). Journal of Applied Geophysics,75:711-718.

Kaula W M. 1966. Theory of Satellite Geodesy. Mass:Blaisdell Publ Co.

LaFehr T R. 1991a. Standardization in gravity reduction. Geophysics,56:1170-1178.

LaFehr T R. 1991b. An exact solution for the gravity curvature (Bullard B) correction. Geophysics, 56: 1179-1184.

Liang W,Li J C,Xu X Y, et al. 2020. A high-resolution Earth's gravity field model SGG-UGM-2 from GOCE, GRACE,satellite altimetry,and EGM2008. Engineering,6(8):860-878.

Miller H G,Singh V. 1994. Potential field tilt—a new concept for location of potential field sources. Journal of Applied Geophysics,32:213-217.

Mohan N L,Anandababu L,Roa S. 1986. Gravity interpretation using Mellin transform. Geophysics,52:114-122.

Morelli C. 1974. The International Gravity Standardization Network 1971. International Association of Geodesy Special Publication.

Nabighian M N,Hansen R O. 2001. Unification of Euler and Werner deconvolution in three dimensions via the generalized Hilbert transform. Geophysics,66:1805-1810.

Nabighian M N, Ander M E, Grauch V J S, et al. 2005. Historical development of the gravity method in exploration. Geophysics,70(6):63ND-89ND.

Nettleton L L. 1943. Recent experimental and geophysical evidence of mechanics of salt-dome formation. Bulletin of the American Association of Petroleum Geologists,27:51-63.

Nettleton L L. 1954. Regionals residuals and structures. Geophysics,19(1):1-22.

Oldham C H G,Sutherland D B. 1955. Orthogonal polynomials and their use in estimating the regional effect. Geophysics,20:295-306.

Oonincx P J, Hermand J P. 2004. Empirical mode decomposition of ocean acoustic data with constraint on the frequency range. Proceedings of the Seventh European Conference on Underwater Acoustics,Delft.

Osman O, Muhittin A, Osman N U. 2007. Forward modeling with forced neural networks for gravity anomaly profile. Mathematical Geosciences,39:593-605.

Pawlowski R S. 1995. Preferential continuation for potential-field anomaly enhancement. Geophysics,60(2):390.

Pinet N,Keating P,Brouillette P,et al. 2006. Production of a residual gravity anomaly map for Gaspésie(northern Appalachian Mountains),Quebec,by a graphical method. Geological Survey of Canada,Current Research,D1:8.

Qruc B. 2010. Depth estimation of simple causative sources from gravity gradient tensor invariants and vertical component. Pure and Applied Geophysics,167:1259-1272.

Sharpton V L,Grieve R A F,Thomas M D,et al. 1987. Horizontal gravity gradient—An aid to the definition of crustal structure in North America. Geophysical Research Letters,14:808-811.

Shaw R K,Agarwal B N P. 1997. A generalized concept of resultant gradient to interpret potential field maps. Geophysical Prospecting,45:513-520.

Silva J B C,Barbosa V C F. 2003. 3D Euler deconvolution:theoretical basis for automatically selecting good solutions. Geophysics,68:1962-1968.

Skeel D C. 1967. What is residual gravity? Geophysics,32:872-876.

Smith R S,Thurston J B,Dai T, et al. 1998. ISPI—the improved source parameter imaging method. Geophysical Prospecting,46:141-151.

Stavrev P, Reid A B. 2007. Degrees of homogeneity of potential fields and structural indices of Euler deconvolution. Geophysics,72(1):L1-L12.

Sun H,Zhang H, Xu J,et al. 2019. Influences of the Tibetan plateau on tidal gravity detected by using SGs at Lhasa,Lijiang and Wuhan Stations in China. Terrestrial Atmospheric and Oceanic Sciences,30(1):139-149.

Syberg F J R. 1972. A Fourier method for the regional residual problem of potential fields. Geophysical Prospecting,20:47.

Tarantola A, Valette B. 1982. Generalized nonlinear inverse problems solved using the least squares criterion. Reviews of Geophysics and Space Physics,20:219-232.

Thomas M D,Sharpton V L,Grieve R. 1987. Gravity patterns and Precambrian structure in the North American Central Plains. Geology,15(6):489.

Turgut S,Eseller G. 2000. Sequence stratigraphy,tectonics and depositional history in eastern Thrace Basin,NW Turkey. Marine and Petroleum Geology,7:61-100.

Valentin M,Gwendoline P, Michel D,et al. 2007. Tensor deconvolution:A method to locate equivalent sources from full tensor gravity data. Geophysics,72(5):I61-I69.

Vening Meinesz F A. 1950. Changes of deflections of the plumb-line brought about by a change of the reference-ellipsoid. Bulletin Geodesique,15:43-51.

Watts A B, Fairhead G D. 1999. A process-oriented approach to modeling the gravity signature of continental margins. The Leading Edge,18(2):258-263.

Woollard G P. 1943. A transcontinental gravitational and magnetic profile of North America and its relation to geologic structure. Geological Society of America Bulletin,54:747-790.

Woollard G P. 1979. The new gravity system-Changes in international gravity base station values and anomaly values. Geophysics,44:1352-1366.

附录一 杜德森编码

附表1.1 G_0 表

辐角数	系数		辐角数	系数		辐角数	系数		辐角数	系数	
05（或 S_{sa}）群			455	8254		565	6481		565	24	G_0
055.55	50458		465	-535		575	607		675	-12	
555	23411	G_0	545	-24	G_0'	585	-13		086.454	-26	
565	-6552		555	466	G_0'	076.554	-54		09 群		
575	64		565	73	G_0'	564	-14		091.555	20	
655	26	G_0'	655	-442		077.355	-47		755	14	
056.554	-16		665	-179		365	-19		092.556	32	
554	1176	G_0	675	-47		08 群			566	13	
556	-61	G_0	066.454	-43		081.655	42		093.355	25	
057.355	73		067.455	-116		082.456	16		555	478	
553	30	G_0	465	-58		656	26		565	200	
555	12		07（或 Mf）群			666	11		575	19	
555	7287	G_0	071.755	26		083.445	22		095.355	396	
565	-181		072.556	91		455	217		365	165	
575	-40		073.545	98		465	-14		375	16	
058.554	427	G_0	555	1370		555	13		455	11	G_0'
059.553	17	G_0	565	-88		655	569		0X 群		
06（或 Mm）群			655	15	G_0'	665	236		0X1.655	23	
062.656	68		074.554	-17		675	21		0X3.455	116	
063.445	-16		556	48		084.456	28		465	48	
645	-13		566	12		466	10		0X5.255	45	
655	1578		075.345	-36		555	-16		265	19	
665	-103		355	677		085.255	54		0E 群		
064.456	51		365	-44		455	2995		0E1.555	12	
555	-44		455	76	G_0'	465	1241		0E3.355	19	
654	-10		465	12	G_0'	473	117				
065.445	-542		555	15642		555	38	G_0'			

注：$G_0=\dfrac{1}{2}$（$1-3\sin^2\varphi$）为月亮、太阳的 T_2 中的大地系数，$G_0'=1.11803D\sin\varphi$（$3-5\sin^2\varphi$）为月亮的 T_3 中的大地系数，系数 K_{ABCDEF} 以 10^{-5} 为单位。未列出大地系数者 G_0 被省略。

附表1.2 G_1 表

辐角数	系数		辐角数	系数		辐角数	系数		辐角数	系数	
10 群			654	68		645	85		555	16	
105.955	11		137.445	258		655	−2964		175.445	87	
107.755	46		455	1371		665	−594		455	−2964	
109.555	28		137.555	−18	G_1'	675	17		465	−587	
11 群			655	−78		156.555	16		475	13	
115.755	−10	G_1'	665	24		654	−18		555	−241	G_1'
845	21		138.444	11		157.445	16		655	46	
855	108		454	64		455	−566		665	29	
117.555	−10	G_1'	139.455	−14		465	−124		675	17	
645	53		14（或 Q_1）群			158.454	−24		176.454	15	
655	278		143.535	−17		16（或 K_1）群			177.455	12	
118.654	21		745	−20		161.557	42	G_1	18（或 $OO1$）群		
119.445	10		755	−113		162.556	1029	G_1	182.556	−32	
466	54		144.546	−15		163.535	14		183.545	−16	
12 群			556	−130		545	−199		555	−492	
124.756	−13		145.455	12	G_1'	555	30		565	−96	
125.645	−23	G_1'	535	−218		555	17554	G_1	185.355	−240	
655	−58	G_1'	545	7105		557	−11	G_1'	365	−48	
748	180		555	37689		755	−26		455	−40	G_2'
755	955		645	16	G_1'	164.554	−147	G_1	465	−16	G_1'
126.556	−16		655	−108	G_1'	556	−423	G_1	555	−1623	
655	−11	G_1'	665	14	G_1'	165.455	−36	G_1	565	−1039	
754	15		755	−243		545	1050		575	−218	
127.455	−11		765	−40		555	−16817	G_1	585	−14	
545	218		146.544	12		555	−36233		19 群		
555	1153		554	115		565	−7182		191.655	−15	
128.544	14		147.355	−21		575	154		193.455	−78	
554	79		455	−21	G_1'	655	−13	G_1'	465	−15	
129.355	35		545	14		166.554	−423	G_1	655	−59	
13（或 Q_1）群			555	−491		167.355	−26		665	−38	
133.85	−23		565	107		553	−11	G_1	195.255	−19	
134.656	−61		148.554	−33		555	−756	G_1	455	−311	
135.435	−28		15（或 M_1'）群			565	29		465	−199	
545	−84	G_1'	152.656	−14		575	14		475	−42	
555	−211	G_1'	153.645	−63		168.554	−44	G_1	1X 群		
635	−42		655	−278		17（或 J_1）群			1X3.555	−50	
645	1360		154.656	15		172.656	−24		565	−32	
655	7216		155.435	17		173.445	−17		1X5.355	−41	
755	−13	G_1'	445	−197		645	18		365	−27	
855	−19		455	−1065		655	−566		IE 群		
136.456	−13		545	98	G_1'	665	−112		IE3.455	−12	
555	−39		555	−661	G_1'	765	−89	G_1			
644	11		565	86	G_1'	174.456	−18				

注：$G_1 = D\sin 2\varphi$ 为月亮、太阳的 T_2 中的大地系数，$G_1' = 0.72618 D\cos\varphi\,(1-5\sin^2\varphi)$ 为月亮的 T_3 中的大地系数，系数 K_{ABCDEF} 以 10^{-5} 为单位。未列出大地系数者 G_1 被省略。

附表 1.3　G_2 表

辐角数	系数		辐角数	系数		辐角数	系数		辐角数	系数	
20 群			24（或 N_2）群			755	53		556	92	G_2
207.855	15		243.635	−15		765	19		275.455	29	G_2'
209.655	18		855	−56		256.554	276		545	−147	
21 群			244.656	−147		257.355	−52		555	7858	
215.955	27		245.435	−63		455	17	G_2'	555	3648	G_2
217.755	111		545	−97	G_2'	555	107		565	3423	
219.555	69		555	−569	G_2'	565	−51		575	372	
22 群			556	14		575	18		276.554	92	G_2
225.755	−27	G_2'	645	−648		26（或 L_2）群			277.555	98	G_2
855	259		655	17387		262.656	−33		28 群		
226.656	−12		755	11	G_2'	263.645	24		283.655	123	
227.555	−27	G_2'	246.456	−33		655	−670		665	54	
645	−25		555	−97		264.456	−10		285.445	−12	
655	671		654	163		555	17		455	643	
228.654	54		247.445	−123		265.445	95		465	280	
229.455	130		455	3303		455	−2567		475	30	
22X.454	15		555	15	G_2'	545	−31	G_2'	555	48	G_2'
23 或（$2N_2$）群			655	17		555	525	G_2'	565	31	G_2'
234.756	−31		665	−12		565	99	G_2'	29 群		
235.535	−14		248.454	153		645	−12		293.555	107	
645	−27	G_2'	25 或（M_2）群			655	643		565	46	
655	−156	G_2'	252.756	−11		665	283		295.355	53	
745	−86		253.535	−40		675	40		365	23	
755	2301		755	−273		267.455	123		555	168	
236.556	−40		254.556	−314		465	59		565	146	
655	−25		655	14		27（或 S_2）群			575	47	
754	36		255.455	32		271.557	101	G_2	2X 群		
237.455	−29	G_2'	535	47	G_2'	272.556	2479	G_2	2X3.455	17	
545	−104		545	−3386		273.545	94		2X5.455	32	
555	2777		555	90812		555	42286	G_2	465	28	
238.554	189		655	86	G_2'	555	72				
239.355	85		655	16	G_2'	274.554	−354	G_2			

注：$G_2 = D\sin 2\varphi$ 为月亮、太阳的 T_2 中的大地系数；$G_2' = 2.59808 D\sin\varphi\cos^2\varphi\,(1-5\sin^2\varphi)$ 为月亮的 T_3 中的大地系数，系数 K_{ABCDEF} 以 10^{-5} 为单位。未列出大地系数者 G_2 被省略。

附表 1.4　G_3 表

辐角数	系数		辐角数	系数		辐角数	系数		辐角数	系数	
32 群			34 群			355.545	66	G_3'	655	−25	G_3'
327.655	−17	G_3'	345.645	18	G_3'	555	−1188	G_3'	665	−11	G_3'
33 群			655	−326	G_3'	36 群			37 群		
335.755	−56	G_3'	347.455	−61	G_3'	363.655	17	G_3'	375.55	−155	G_3'
337.555	−57	G_3'	35 群			365.455	67	G_3'	565	−68	G_3'

注：$G_3' = D\cos^3\varphi$ 为月亮的 T_3 中的大地系数，系数 K_{ABCDEF} 以 10^{-5} 为单位。

附录二 常用物理单位对照表

附表 2.1

物理量名称及符号	SI 制	CGS 制	单位换算式
引力位 V 和重力位 W	m^2/s^2	cm^2/s^2	$1 m^2/s^2 = 10^4 cm^2/s^2$
重力加速度 g 重力异常 Δg	m/s^2 $1 \text{ g. u.} = 10^{-6} m/s^2$	$1 Gal = 1 cm/s^2$ $1 mGal = 10^{-3} Gal$ $1 \mu Gal = 10^{-3} mGal$	$1 Gal = 10^4 \text{ g. u.}$ $= 10^{-2} m/s^2$ $1 mGal = 10 \text{ g. u.}$ $= 10^{-5} m/s^2$ $1 \mu Gal = 10^{-2} \text{ g. u.}$ $= 10^{-8} m/s^2$
重力位二阶导数 W_{xz}、W_{zz} 等 引力位二阶导数 V_{xz}、V_{zz} 等	$1/s^2$ $1 E （厄缶） = 10^{-9} s^{-2}$	$1/s^2$ $1 E （厄缶） = 10^{-9} s^{-2}$	相等
重力位三阶导数 W_{zzz} 引力位三阶导数 V_{zzz}	$MKS = 1/(m \cdot s^2)$ $nMKS = 10^{-9} MKS$ $pMKS = 10^{-12} MKS$	$CGS = 1/(cm \cdot s^2)$ $pCGS = 10^{-12} CGS$ $fCGS = 10^{-15} CGS$	$1 CGS = 100 MKS$ $1 pCGS = 0.1 nMKS$ $1 fCGS = 0.1 pMKS$
密度 ρ	kg/m^3 g/cm^3	g/cm^3	$1 g/cm^3 = 10^3 kg/m^3 （= 1 t/m^3）$
力 f	N（牛顿）$= kg \cdot m/s^2$	dyn（达因）$g \cdot cm/s^2$	$1 N = 10^5 dyn$
万有引力常数 G	$6.672 \times 10^{-11} m^3/(kg \cdot s^2)$	$6.672 \times 10^{-8} cm^3/(g \cdot s^2)$	相等